Tooped

D1719485

Mathematikgeschichte und Unterricht II

Günter Löffladt - Michael Toepell (Hrsg.)

Medium Mathematik

Anregungen zu einem
interdisziplinären Gedankenaustausch
Band 1

 div verlag
franzbecker

Die Deutsche Bibliothek
CIP-Einheitsaufnahme

Medium Mathematik : Anregungen zu einem
interdisziplinären Gedankenaustausch /
Günter Löffladt, Michael Toepell (Hrsg.). -
Hildesheim ; Berlin : Verlag Franzbecker
1 (2002)
(Mathematikgeschichte und Unterricht ; Bd. 2)
ISBN 3-88120-347-8

Das Werk ist urheberrechtlich geschützt. Alle Rechte, insbesondere die der
Vervielfältigung und Übertragung auch einzelner Textabschnitte, Bilder oder Zeich-
nungen vorbehalten. Kein Teil des Werkes darf ohne schriftliche Zustimmung des
Verlages in irgendeiner Form reproduziert werden (Ausnahmen gem. 53, 54 URG).
Das gilt sowohl für die Vervielfältigung durch Fotokopie oder irgendein anderes
Verfahren als auch für die Übertragung auf Filme, Bänder, Platten, Transparente,
Disketten und andere Medien.

© 2002 by Verlag Franzbecker, Hildesheim, Berlin

Vorwort

Der Einfluß der Mathematik auf unsere kulturelle Entwicklung ist unbestritten - und zweifellos auch prägend. In immer mehr wissenschaftliche Disziplinen dringt heute die mathematische Denkweise ein. Dabei ist die mathematische Methode nicht nur kennzeichnend für die exakten Naturwissenschaften, sondern wird auch in den Geisteswissenschaften, den Wirtschaftswissenschaften und den Gesellschaftswissenschaften zum bestimmenden Merkmal. Disziplinen wie Biologie, Musik, Psychologie, Linguistik und Medizin bedienen sich mathematischer Verfahren und Begriffsbildungen. Die mathematische Fachsprache - Funktionen, Formeln, Graphen - wird zunehmend zum Verständigungsmittel im wissenschaftlichen Verkehr. Aber auch der Alltag bleibt von dieser Entwicklung nicht unberührt, wie man deutlich an den Wirtschaftsseiten der Zeitungen erkennen kann. Die mathematische Ausdrucksweise und die entsprechende grafische Darstellungsform halten auch hier Einzug. Die Mathematik ist gewissermaßen das *Medium*, in dem und mit dem der interdisziplinäre wissenschaftliche und der alltägliche Austausch von Fakten und anderen Informationen erfolgt. In Konsequenz bedeutet das, daß immer mehr Menschen zwingend in Zukunft mathematische Termini und mathematische Zusammenhänge verstehen müssen. Es ist deshalb von fundamentaler Wichtigkeit, das Bild der Mathematik in der Öffentlichkeit so zu entwickeln, daß die Mathematik die Akzeptanz erfährt, die ihrer Bedeutung für zukünftige Aufgaben in unser Gesellschaft zukommt.

Mit dem *Ersten Internationalen Leibniz-Forum Altdorf-Nürnberg* wurde nun der Versuch unternommen, dieses "Medium Mathematik" dafür einzusetzen, Wissenschaftler, Lehrer und interessierte Laien miteinander ins Gespräch zu bringen. Um dieses Ziel zu erreichen wurden in die Fachtagung eine Lehrerfortbildung und besondere "Öffentliche" Veranstaltungen eingebettet. Leitaspekt für alle Referate war der historisch-entwickelnde Gesichtspunkt. Aufgrund des 350. Geburtstages des Universalgelehrten GOTTFRIED WILHELM LEIBNIZ wurde dieser Leitgedanke noch in Bezug auf ihn vertieft. Darüber hinaus waren die Referatsinhalte ausnahmslos gut auf die jeweilige Zuhörergruppe abgestimmt, so daß die Resonanz sehr positiv war, sowohl in der Zahl, als auch in der Bewertung.

Es ist deshalb besonders erfreulich, daß die größte Zahl der Beiträge in gedruckter Form erscheinen kann.

Mein ganz besonderer Dank gilt hier Herrn Professor Dr. Michael Toepell, zum einen für seine Bereitschaft diese Veröffentlichung in seine Buchreihe "Mathematikgeschichte und Unterricht" als Band II aufzunehmen und zum anderen für seine große Geduld und Beharrlichkeit bei der Fertigstellung dieses Bandes. Außerdem danke ich allen Referenten, die ihre sorgfältig ausgearbeiteten Manuskripte für eine Veröffentlichung zur Verfügung gestellt haben. Besonders herzlich danke ich auch dem Präsidenten des Fördervereins des Leibniz-Forums und Zentralvorstand der Firma Siemens AG, Herrn Dr.-Ing. Klaus Wucherer für seine großzügige finanzielle Förderung, ohne die dieses Leibniz-Forum nicht hätte durchgeführt werden können. In gleicher Weise danke ich dem Rektor der Friedrich-Alexander-Universität Erlangen-Nürnberg, Herrn Professor Dr. Gotthard Jasper, für die Übernahme der Schirmherrschaft dieser Veranstaltung und ebenso danke ich dem Ersten Bürgermeister der Stadt Altdorf, Herrn Rainer Pohl, für seine dauerhafte Unterstützung.

Ein weiterer Dank gilt dem Verlag Franzbecker KG für die Aufnahme dieser Veröffentlichung in sein Buchprogramm.

Nürnberg, im Winter 2001/02   Günter Löffladt

Dieser Band "Medium Mathematik - Anregungen zu einem interdisziplinären Gedankenaustausch" erscheint in der Buchreihe "Mathematikgeschichte und Unterricht", denn die interdisziplinäre Diskussion von Mathematik und ihrer Entwicklung wird weit überwiegend von Lehrenden an Schulen und Hochschulen geführt und gestaltet. Sie hat damit einen engen Bezug zur Vermittlung von Mathematik, d.h. zum Mathematikunterricht im umfassenden Sinne. Die Autoren sind sowohl Lehrer und Hochschullehrer der Mathematik und Mathematikdidaktik als auch der Ethik, Geschichte, Informatik, Philosophie und Physik. Ihre Beiträge zeichnen ein Bild der Universalität von Leibniz und seiner Zeit und mögen zu beziehungsreichen fachübergreifenden Unterrichtsgestaltungen anregen.

Für die Unterstützung bei der zum Teil recht mühevollen Übertragung und Layoutgestaltung der Texte möchte ich meiner Sekretärin Frau Mona Kittel und meinen studentischen Hilfskräften Claudia Blanke, Jessica Heidler, Carina Kunze und Cornelia Schimpf (alle Universität Leipzig) sehr herzlich danken.

                                                    Michael Toepell

Inhalt

Einführung

Einige Gedankensplitter zur Mathematik und ihrer Wertschätzung in der Öffentlichkeit

Günter Löffladt

Begriffe wie Faszination, Schönheit und Ästhetik werden im Allgemeinen weder mit dem Unterrichtsfach, noch mit der wissenschaftlichen Disziplin Mathematik in der breiten Öffentlichkeit in Verbindung gebracht. Schon eher werden Vokabeln wie unverständlich, schwierig, unbrauchbar, unnötig, überflüssig, aber auch Furcht und Angst mit diesem Fach verknüpft. Und dennoch wird jede von "ihrer" Disziplin überzeugte Mathematikerin und jeder von "seiner" Disziplin überzeugte Mathematiker je nach Temperament und Gemütslage die eingangs genannten Begriffe für zutreffend erachten. Nehmen wir nun an, diese Behauptung sei allgemein gültig, dann stellt sich zwingend die Frage, warum gelingt es uns nicht diese "unsere" Mathematikerfahrung so zu transportieren, daß bei unseren Zuhörern in Schule, Universität und Öffentlichkeit häufiger das Interesse an diesem Fach geweckt wird, die Freude im Umgang mit mathematischen Denkstrukturen und Sachverhalten zunimmt, sowie der hohe Stellenwert der Mathematik für die zukünftige Entwicklung in der öffentlichen Meinung besser erkannt wird, kurzum – der "mathematische Funke" überspringt.

Leider zeigt die Wirklichkeit jedoch, daß der Funke, noch ehe er etwas entzünden und das "mathematische Feuer" entfachen kann, durch "vererbte" Vorurteile, persönliche negative Erfahrungen und falsche Einschätzung der eigenen Fähigkeit erstickt wird. Eine Folge dieser für Lehrende wie Lernende deprimierende und frustrierende Erkenntnis ist die Tatsache, daß es wie kaum in einem anderen Fach soviel "mutmachende" und "zustandsbeschreibende" Literatur gibt, wie zum Beispiel "Die Furcht vor der Mathematik und ihre Überwindung" und "Mathe macht krank".

Einen weiteren Aspekt in Bezug auf die große Distanz zu diesem Fach, selbst von den Personen die Mathematik als Hilfswissenschaft nutzen, nennt der Astronom und Physiker HERMANN BONDI, wenn er fragt: "Ist es vielleicht die Form und der Stil in dem wissenschaftliche - und hier im Besonderen mathematische - Abhandlungen oder 'Paper' und andere Veröffentlichungen geschrieben sind". Und er schreibt wörtlich: "Die Leser solcher Paper erfahren fast nichts von den Gedanken und Intentionen des Autors; denn er muß - und ich glaube, ich habe recht, wenn ich sage, daß die reinen Mathematiker in dieser Hinsicht am schlimmsten sind, auch wenn es bei den Physikern und Chemikern wohl kaum besser aussieht - sein Resultat so präsentieren, als ob es ihm in einer plötzlichen Eingebung gekommen wäre, und darf auf keinen Fall durchblicken lassen, was ihn überhaupt dazu gebracht hat, gerade über dieses Problem hier nachzudenken." Und die Folge ist, so schreibt er weiter, "... eine bis an die Grenze der Lesbarkeit entkörperlichte und entpersönlichte Darstellung ..." Die Kritik von BONDI gipfelt schließlich in der Feststellung: "In den meisten Fällen sagt das Paper fast gar nichts darüber, wie das Resultat gefunden worden ist. Die in ihm vorgeführte Ableitung ist oft die fünfte, die dem Autor eingefallen ist."

Nicht unerwähnt darf in diesem Zusammenhang auch bleiben, daß die regelmäßig wiederkehrende und durch Verhärtung gekennzeichnete Diskussion in Bezug auf die Fragen: "Was ist die 'richtige' Mathematik?" und "Was ist das 'richtige' Maß an Mathematik?", sowie "Wieviel Mathematik braucht der 'computerbesitzende' moderne Mensch?" nicht nur forschende Mathematiker und Mathematikdidaktiker spaltet, sondern auch Mathematiklehrerinnen und -lehrer und damit kontraproduktiv auf das verbesserungswürdige Verhältnis "Mathematik und Öffentlichkeit" wirkt.

Dabei wird bei diesen Fragen das Für und Wider bezüglich der mathematischen Strenge in der Schule, sowie der Sinn und Unsinn der Verwendung mengentheoretischer und logischer Symbolik nur am Rande berührt, obwohl gerade diese Punkte Nichtmathematiker und hier wiederum die "Teilmenge" Eltern besonders häufig auf die Barrikaden treiben. Deshalb zunächst eine kleine "Bestandsbetrachtung", denn ungeachtet des bisher Gesagten beobachtet man ein eigenartiges Phänomen in Bezug auf die Mathematik. Einerseits besteht eine gravierende *Diskrepanz* zwischen der Stellung der Mathematik in den Wissenschaften und der Einschätzung in der Öffentlichkeit, andererseits fehlt es im Allgemeinen auch nicht an der Wertschätzung für dieses Fach, ganz im Gegenteil.

Die Problematik von Nutzen und Nutzlosigkeit mathematischer Denkweisen und Inhalte wird immer wieder von neuem thematisiert, ja geradezu kultiviert. Es scheint besonders in Deutschland ein Nährboden für diese stets gleiche Diskussion über den Bildungswert und die damit einhergehende Frage der kulturellen Bedeutung der Mathematik zu bestehen. Man kann sich gelegentlich des Eindrucks nicht erwehren, daß eine unüberbrückbare Kluft zwischen den Befürwortern und den Zweiflern besteht, die Mathematik als fundamentales, für die Zukunft in einer wirtschaftlich globalisierten Welt in allen ihren Facetten unverzichtbares Kulturgut betrachten. Gelegentlich werden in Diskussionen Meinungen vertreten, die an die Äußerung eines ehemals preußischen Kultusbeamten erinnern, der der Ansicht war "in einer einzigen Zeile des CORNELIUS NEPOS stecke mehr Bildungswert als in der ganzen Mathematik".

Natürlich stellt sich dabei sofort die Frage, ob diese auf solche Angriffe folgenden Rechtfertigungsdiskussionen ein rein deutsches Phänomen sind, oder ob der Eindruck täuscht.

Blättert man in der Literatur, dann findet man bereits im Jahr 1914 Folgendes: "Ja man kann geradezu die Frage aufwerfen, ob die Mathematik überhaupt mit den Interessen unserer gegenwärtigen Kulturepoche zusammenhängt. Schon bei oberflächlicher Betrachtung wird man sich kaum der Ansicht verschließen können, daß wenigstens in weit verbreiteten Kreisen, namentlich auch in Deutschland, nur ein geringes Verständnis für die Stellung vorhanden ist, welche sie tatsächlich zu den Grundlagen unserer Kultur einnimmt". Bemerkenswert ist dabei, daß dieses Zitat ein AUREL VOSS in seiner Veröffentlichung "Die Beziehungen der Mathematik zur Kultur der Gegenwart" schreibt, die im Rahmen der Reihe "Die Kultur der Gegenwart – Ihre Entwicklung und ihre Ziele", III: Teil, I. Abt. "Die mathematischen Wissenschaften" erschienen ist, für die kein Geringerer als der große Mathematiker FELIX KLEIN (1849 - 1925) verantwortlich zeichnet.

Falls dieses Zitat nicht eindeutig und aussagekräftig genug sein sollte, sei noch ergänzend auf einen Aufsatz in der "Neuen Züricher Zeitung" hingewiesen, in der eine Frau Professor BANDLE schreibt: "Noch immer ist das Bild des weltfremden, dümmlichen Mathematikers, der nur in seinen Formeln lebt, in den germanischen Ländern verbreitet ... ." Als ob dieses Urteil nicht eindeutig genug wäre, ergänzt der bekannte deutsche Mathematiker Professor ROLAND BULIRSCH diese Aussage noch und schreibt: "Am Bild der - zu nichts zu gebrauchenden, absolut nutzlosen - Mathematik haben deutsche Mathematiker nach Kräften mitgemalt".

Ein Fazit, das sich aus diesen Äußerungen ziehen läßt, ist in jedem Fall die Erkenntnis, daß die distanzierte, ja zum Teil pathologisch ablehnende Haltung von einem Großteil der Gesellschaft bezüglich der Mathematik nicht nur ihre Ursache am häufig anzutreffenden Desinteresse aufgrund falscher Einschätzung hat, sondern auch in der nicht selten anzutreffenden Abneigung der Mathematiker mit der Öffentlichkeit ins Gespräch kommen zu wollen. Damit soll es genug sein an "Bestandsbetrachtung", so daß nun der Blick auf zukünftiges Handeln gerichtet werden kann.

Zugegeben es ist nicht immer leicht, gelegentlich auch unmöglich, mathematische Denkprozesse und Ergebnisse allgemeinverständlich, also für jedermann, zu erläutern und darzustellen. In vielen Fällen ist es aber möglich, zumindest die allgemeinen Verknüpfungen in angemessener Form interessierten Laien nahe zu bringen. Niemand erwartet, daß der besondere Inhalt der mathematischen Theorie detailliert, noch gegebenenfalls der tiefgründige Beweis in allen Einzelheiten abgehandelt werden soll.

Nehmen wir uns doch ein Beispiel an FELIX KLEIN, der am Anfang des vorigen Jahrhunderts vor ähnlichen Problemen stand, als er gebeten wurde im Rahmen der oben erwähnten Buchreihe "Die Kultur der Gegenwart - ihre Entwicklung und ihre Ziele", den Bereich "Mathematische Wissenschaften" leitend zu betreuen. Er schreibt: "Daß es seine ganz besonderen Schwierigkeiten hat, im Rahmen der *Kultur der Gegenwart* die Mathematik in sachgemäßer Weise zur Geltung zu bringen, leuchtet von vornherein ein". Aber er hat dennoch die Federführung für das ganze Projekt übernommen. Die ersten Bände erschienen in den Jahren 1912 bis 1914.

Um Mißverständnisse zu vermeiden sei betont, daß auch heute noch reine und zweckfreie mathematische Forschung möglich sein muß, auch ganz im Sinne des bedeutenden englischen Mathematikers GODFREY HAROLD HARDY (1877 - 1947) der in seinem Buch "A Mathematician's Apology" schreibt: "Ich habe nie etwas gemacht, was *nützlich* gewesen wäre". Die Frage, die in diesem Zusammenhang bleibt, ist, inwieweit HARDY seine eigenen Beiträge richtig eingeschätzt hat. Weiteres wird die Geschichte lehren, denn ähnliches wurde auch über einzelne Arbeiten des genialen Mathematikers BERNHARD RIEMANN (1826 - 1866) von zahlreichen Zeitgenossen gedacht. Wir wissen aber heute, welche Erfolge HERMANN MINKOWSKI (1864 - 1909) mit den visionären Ideen RIEMANNs bei der mathematischen Grundlegung von EINSTEINs Relativitätstheorie erzielte.

Auch gilt es der Öffentlichkeit immer wieder deutlich zu machen, daß Mathematik mehr ist als ein Konglomerat von Axiomen, Lehrsätzen, Lemmata, Korrollaren und Beweisen, sowie eine Ansammlung von Formeln und Algorithmen. Wie schreibt hier der Mathematiker HANS FREUDENTHAL in seiner Veröffentlichung "Mathematica & Paedagogia" im Jahre 1957/58 zutreffend: "Die Aufgabe des Mathematikers beschränkt sich nicht auf die Schaffung und Weitergabe von Formeln, welche andere anwenden können. Es gibt einen mathematischen Geist (Esprit) ... ."

Die Mathematik braucht zweifellos positive öffentliche Anerkennung. Die Mathematik braucht Werbung, ja sie braucht gute, korrekte und gewinnbringende Publicity. Die Zeit im berühmten Elfenbeinturm – von singulären Fällen einmal abgesehen – ist grundsätzlich vorbei, denn spätestens bei der Verteilung der finanziellen Mittel könnte deutlich werden, daß das Bild der Mathematik in der Öffentlichkeit, so wenig eindrucksvoll, dynamisch und spektakulär ist, daß die oft für die Finanzen zuständigen Juristen die Notwendigkeit die Mathematik in allen ihren "Daseinsformen" - von Büchern, über Personen bis hin zu Räumen - zu fördern, einfach übersehen.

Allen Unkenrufen zum Trotz erzeugen gelegentlich auch sehr theoretische mathematische Ergebnisse größte öffentlich Aufmerksamkeit. Wie ein Blitz schlug im Jahr 1993 die Mitteilung ein, daß ein 350 Jahre altes mathematisches Problem bewiesen worden ist und sinnigerweise von einem hauptberuflichen Juristen formuliert worden ist. Aber wer war dieser Mann, dem es indirekt gelungen ist, die Mathematik von den üblichen zweizeiligen Meldungen in den Zeitungen fast auf die Titelseite zu katapultieren. Es war kein Geringerer als der König der Amateurmathematiker, der Franzose PIERRE FERMAT (1601 - 1665). Zweifellos zählt FERMAT zu dem größten Mathematikern überhaupt, auch dann, wenn er nicht das nach ihm benannte Problem hinterlassen hätte. Bekanntlich ist der Beweis des letzten Fermat'schen Satzes dem Mathematiker ANDREW WILES gelungen. Dieser Beweis umfaßt ca. 190 Seiten und er ist nur für wenige Mathematiker verstehbar - dennoch war er ein mathematischer Werbeträger ersten Ranges.

Obwohl der gelungene Beweis ein sehr theoretisches Problem betrifft, ist er in zweifacher Weise ein Triumph für die Mathematik der Gegenwart. Zum einen macht er deutlich, daß die geschickte, ja geniale Anwendung heutiger mathematischer Kenntnisse, Methoden und Verfahren - ohne die dieser Erfolg nicht möglich gewesen wäre - zum Ziel führen kann, zum zweiten wurde der Öffentlichkeit gezeigt, daß die Mathematik eine dynamische, sich laufend weiterentwickelnde Wissenschaft ist, in der es auch in Zukunft immer Neues zu entdecken gibt.

Um der Redlichkeit willen darf nicht unerwähnt bleiben, daß in den vergangenen acht bis zehn Jahren manches mit mehr oder weniger Geschick von Mathematikerinnen und Mathematikern, sowie von den Medien getan wurde, das Bild der Mathematik ihrer Bedeutung entsprechend ins rechte Licht zu rücken, jedoch bleibt noch viel zu tun, um die gravierenden Versäumnisse der Vergangenheit einigermaßen aufzuarbeiten. Ein Gradmesser für den erzielten Erfolg könnte eine nach unten abgeschlossene Rangscala sein, auf der die Anzahl derjenigen Menschen aufgetragen wird, die sich nicht mehr rühmen "nie ein Jota von Mathematik verstanden zu haben und es dennoch zu etwas gebracht haben". Noch dezidierter ausgedrückt, wenn wir in Deutschland soweit gekommen sind, daß studierte Personen gleichermaßen ein Bildungsdefizit empfinden, wenn ihnen der deutsche Dichterfürst GOETHE so unbekannt ist, wie der deutsche Mathematikerfürst GAUSS.

Die Mathematisierung in der Welt schreitet unaufhaltsam fort, vergleichbar an der zunehmenden Globalisierung der Wirtschaft und Wissenschaft. Kein Forschungsbereich, keine wissenschaftliche Disziplin, auch nicht der Alltag - wie die Wirtschaftsseiten etwa der Zeitungen heute schon zeigen - bleibt davon unberührt. Folglich wird es für immer mehr Menschen zwingend, in Zukunft mathematische Zusammenhänge zu verstehen und gegebenenfalls diese auch praktisch anwenden zu können. Das bedeutet aber auch, daß die Einstellung zum Fach Mathematik und das Verständnis für die Mathematik in weiten Bevölkerungskreisen positiv weiterentwickelt werden muß. Entsprechend müssen aber auch die Angebote und *Fortbildungsmöglichkeiten* außerhalb von Schule und Universität, aber in Zusammenarbeit mit diesen, zielgerichteter und damit zuhörerbezogener verstärkt werden.

Mathematik durchdringt immer mehr alle Bereiche unseres Lebens. Mathematik wird zum unverzichtbaren Bestandteil in unserem Alltag und fast in allen Wissenschaften. Sie ist gewissermaßen *Medium*, in dem und mit dem die Kommunikation in einer globalisierten Welt erfolgt. Es geht dabei nicht nur darum - mehr oder weniger - mitgestalten zu dürfen, sondern schlichtweg um die Frage der Kompetenz und der daraus resultierenden gesellschaftlichen und wirtschaftlichen Existenz unseres Landes.

Um auch die Menschen zu erreichen, die der Mathematik noch sehr reserviert gegenüberstehen, genügt es nicht, die Mathematik nur als eine formale Strukturwissenschaft mit großen Abstraktionsgrad darzustellen, sondern zu versuchen den Facettenreichtum der Mathematik auszuschöpfen, und den Zugang entsprechend motivierend zu gestalten. Eine der zahlreichen Zugangsmöglichkeiten wäre die historische. Das wäre auch ganz im Sinne der (nach TIMSS entstandenen) Erklärung von zehn mathematisch-naturwissenschaftlichen Institutionen, die überzeugend dargelegt haben, daß der Aspekt von "Mathematik als einer historisch gewachsenen und kulturell eingebetteten Wissenschaft Wesentliches zur Belebung, Bereicherung und zum Verständnis des Faches beitragen kann".

Aufbauend auf dieses inhaltliche Fundament wurde eine Plattform gesucht, die es erlaubt, auf hohem, aber verständlichen Niveau, rein mathematische Sachverhalte, sowie anwendungsbezogene Zusammenhänge zu erörtern und zu diskutieren. Ein besonderes Anliegen war auch, Wissenschaftler und Lehrkräfte, sowie interessierte Laien miteinander ins Gespräch zu bringen. Eine weitere Forderung war, Mathematik im Kontext zu Philosophie und Logik zu betrachten, sowie fächerübergreifende Themen aufzunehmen.

Um allen diesen Bedingungen zu genügen wurde im Jahr 1995 der Förderverein "*Leibniz-Forum Altdorf-Nürnberg* - für Mathematik und Philosophie und ihre Beziehungen zu Kultur und Bildung der Gegenwart" gegründet.

Die Wahl des Namens war nicht zufällig, sondern bezog sich auf die Tatsache, daß GOTTFRIED WILHELM LEIBNIZ (1646 - 1716) an der "Nürnbergischen Universität" zum Doktor der Jurisprudenz promovierte. LEIBNIZ war auch der Anlaß, weshalb die erste Aufgabe der Geschäftsführung des Vereins die Konzeption, Organisation und Durchführung des *Ersten Internationalen Leibniz-Forums Altdorf-Nürnberg* im Jahr 1996 war. In diesem Jahr wurde der 350. Geburtstag des großen Universalgelehrten gefeiert. Der gegründete Verein bot nun die notwendige Plattform, um Fachtagungen durchzuführen.

Das Novum dabei ist, daß in diese Fachtagung eine *Fortbildung* für Lehrerinnen und Lehrer eingebettet war, sowie mehrere öffentliche Veranstaltungen, zu denen jeder Zutritt hatte. Die angebotenen Referate wurden durch drei *Ausstellungen* ergänzt. Die Themen der Ausstellungen waren "Leibniz in Altdorf", "Mathematik zum Anfassen" und "Computer im Unterricht".

Aufgrund des 350. Geburtstages von GOTTFRIED WILHELM LEIBNIZ hatte die überwiegende Zahl der Referate ausnahmsweise einen "Leibnizbezug", dennoch war sehr erfreulich, daß der Facettenreichtum der Mathematik und

Philosophie durch die Themenvielfalt in besonderer Weise widergespiegelt wurde.

Besonders hervorzuheben ist die Tatsache, daß sowohl die Friedrich-Alexander-Universität Erlangen-Nürnberg als auch die politischen Vertreter, sowie die Medien regen Anteil an der ersten Veranstaltung dieser Art im Großraum Nürnberg nahmen.

So hatte der Rektor der Universität Erlangen-Nürnberg, Prof. Dr. GOTTHARD JASPER, die Schirmherrschaft übernommen und gleichzeitig auch die Eröffnung der Gesamtveranstaltung durchgeführt. Der besondere Rahmen, der durch den altehrwürdigen Hörsaal, in dem schon LEIBNIZ disputierte, geboten wurde, gab der ganzen Veranstaltung einen Hauch von Exklusivität.

Die Verbundenheit mit der Region und der Stadt Altdorf wurden durch die Grußworte des Regierungspräsidenten von Mittelfranken, KARL INHOFER, des Oberbürgermeisters der Stadt Nürnberg, LUDWIG SCHOLZ, und des Ersten Bürgermeisters der Stadt Altdorf, RAINER POHL, ausgedrückt. Die lokalen Medien nahmen sowohl die Einzelveranstaltungen, als auch die Gesamtveranstaltung wohlwollend zur Kenntnis und berichteten mehr oder weniger umfangreich.

Zudem war die große Anzahl der angemeldeten Teilnehmer beindruckend, sowie die überwältigende Resonanz bei der Bevölkerung des Großraums Nürnbergs. So kamen aus fünf europäischen Ländern 105 Professoren und Lehrer von Universitäten und Schulen und nahezu 1000 Personen nahmen die Gelegenheit wahr, an den drei öffentlichen Veranstaltungen, sowie an der Fachtagung und der Lehrerfortbildung teilzunehmen.

Um eine derartige Fachveranstaltung konzipieren und durchführen zu können, ist es natürlich notwendig, sowohl in ideeller als auch in finanzieller Weise ein Fundament zu haben.

Die finanzielle Basis wurde durch den Verein zur Förderung des *Leibniz-Forums Altdorf-Nürnberg* unter seinem Präsidenten Dr.-Ing. KLAUS WUCHERER geschaffen. Den ideellen Beitrag leistete ein *Wissenschaftlicher Beirat*, der durch Gespräche, Empfehlungen und Vermittlungen, sowie durch Übernahme von Konferenz- und Diskussionsleitungen der Geschäftsführung des *Leibniz-Forums Altdorf-Nürnberg* hilfreich zur Seite stand. Diesem Gremium gehörten folgende Mitglieder an:

Prof. Dr. P. BAPTIST, Universität Bayreuth

Prof. Dr. Dr. h.c. mult. H. BAUER, Universität Erlangen-Nürnberg

Prof. Dr. A. BEUTELSPACHER, Universität Gießen

Prof. Dr. H. BREGER, Leibniz-Archiv, Hannover

Prof. Dr. W.L. FISCHER, Universität Erlangen-Nürnberg

Prof. Dr. G. GÖRZ, Universität Erlangen-Nürnberg

Prof. Dr. E. KNOBLOCH, Technnische Universität Berlin

Prof. Dr. K. REICH, Universität Hamburg

Prof. Dr. Ch. THIEL, Universität Erlangen-Nürnberg

Prof. Dr. M. TOEPELL, Universität Leipzig

Ein Fazit das man aus dieser internationalen Fachveranstaltung ziehen kann, ist zweifellos die Tatsache, daß zwischen den Teilnehmern ein reger interdisziplinärer Gedankenaustausch zustande kam, und daß Ablehnung und Berührungsangst in der Bevölkerung - wie die Besucherzahlen gezeigt haben - bezüglich derartiger Veranstaltungen mit mathematischem Kontext, wenn nicht überwunden, so zumindest doch abgebaut werden konnten. So hat diese positive Resonanz alle, die zum Gelingen dieser Fachtagung beigetragen haben, ermuntert, diese Art von Veranstaltung in unterschiedlichster Form und Ausprägung zu einem festen Bestandteil werden zu lassen.

Diese Fachtagung zeigte weiter deutlich, daß Mathematik kein unnahbares, abweisendes und unverständliches Gebilde zu sein braucht, sondern durch ihren großen Facettenreichtum eine Faszination auch auf Menschen ausüben kann, die der Mathematik ferner stehen. Ist der Bann der Ablehnung, der oftmals nur emotional und weniger rational begründbar ist und der meist damit einhergehenden Furcht des "Nichtbegreifens" einmal gebrochen, dann könnte es auch gelingen, über die Schönheit geometrischer Gebilde zu der Ästhetik mathematischer Sätze und Formeln zu gelangen.

Literaturverzeichnis

[1] AUERBACH, F.: Die Furcht vor der Mathematik und ihre Überwindung, Jena 1924

[2] BAUER, F.L.: Einladung zur Mathematik, München 1999

[3] BIRKEMEIER, W : Über den Bildungswert der Mathematik, Leipzig - Berlin 1923

[4] BONDI, H.: Mythen und Annahmen in der Physik, Göttingen 1971

[5] BURNS, M.: Mathe macht mich krank, Ravensburg 1979

[6] COURANT, R.; ROBBINS, H.: Was ist Mathematik? Berlin 1973

[7] DAVIS, PH. J.; HERSH, R.: Erfahrung Mathematik, Basel/Stuttgart 1985

[8] HARDY, G.H.: A mathematician's apology, Cambridge 1967

[9] TOEPELL, M. (Hrsg.): Mathematik im Wandel, Anregungen zu einem fächerübergreifenden Unterricht, Band 1, Hildesheim 1998

[10] VOSS, A.: Die Beziehungen der Mathematik zur Kultur der Gegenwart. In: Die mathematischen Wissenschaften, 2. Lieferung, Leipzig 1914

Grußworte

Grußwort des
Ersten Bürgermeisters der Stadt Altdorf
Rainer Pohl

Hohe Festversammlung,

meine sehr geschätzten Damen und Herren,

ich freue mich sehr, heute mit Ihnen das *Erste Internationale Leibniz-Forum Altdorf-Nürnberg* eröffnen zu dürfen.

Namens des Stadtrates, der Verwaltung und der gesamten Bürgerschaft unserer Stadt entbiete ich ein herzliches *Grüß Gott*. Ich heiße Sie alle herzlich willkommen.

Wir verbinden unsere Zusammenkunft, um heute eines großen Gelehrten zu gedenken, der wichtige Jahre, wenn nicht zu sagen, die wichtigsten Jahre seines Lebens, in unserer Stadt verbracht hat. GOTTFRIED WILHELM LEIBNIZ war und ist mit der Geschichte der Reichstädtisch-Nürnbergischen Universität und damit mit der Geschichte der Stadt Altdorf untrennbar verbunden. Heute denken wir an den großen Philosophen und Mathematiker zurück.

Mein Dank für die Organisation der Festtage gilt an dieser Stelle dem Präsidenten des *Fördervereins Leibniz-Forum*, Herrn Dipl.-Ing. KLAUS WUCHERER, Vorstand der Siemens AG, für dessen jederzeitiges Verständnis und das große Engagement.

Danken möchte ich auch der Geschäftsführung des Leibniz-Forums für die umfangreichen Vorarbeiten: Vielen Dank meine Herren Oberstudienrat LÖFFLADT und Stadtarchivar RECKNAGEL.

Den Nürnberger Nachrichten und unserer Lokalredaktion vom "Boten" darf ich ebenfalls ein ganz herzliches Dankeschön für die gelungenen Sonderbeiträge aussprechen.

Mein besonderer Dank heute geht an Herrn Rektor Pfarrer Dr. MILLAUER von den Rummelsberger Anstalten für die gewährte Gastfreundschaft.

Die Stadt Altdorf kennt und schätzt den Stellenwert unseres *Wichernhauses*, und wir sind stolz darauf, diese größte bayerische Einrichtung der Behindertenfürsorge in unseren Mauern zu wissen.

Mit der heutigen Eröffnung beginnt eine dreitägige Fachtagung, bei der auch das Angebot für die Allgemeinheit nicht zu kurz kommt. Darüber freue ich mich besonders. Wir alle sind uns darüber einig, daß es unser Ziel sein muß, das Leben und Wirken von GOTTFRIED WILHELM LEIBNIZ, einem in seiner Art unvergleichlichen Universalgelehrten einer breiten Öffentlichkeit vorzustellen.

Ich wünsche uns allen viele gute Eindrücke und bleibende Erinnerungen. Allen Veranstaltungen wünsche ich einen guten Verlauf und allen Teilnehmern, Besuchern und Gästen einen guten Aufenthalt und schöne Tage in der Stadt Altdorf.

Grußwort des

Regierungspräsidenten von Mittelfranken

Karl Inhofer

Zunächst bedanke ich mich sehr herzlich, Herr LÖFFLADT, für die Einladung und für das freundliche Angebot, bei diesem *Ersten Internationalen Leibniz-Forum Altdorf-Nürnberg* ein kurzes Grußwort zu sprechen. Ich habe dieses Angebot sehr gerne und ganz spontan angenommen, weil ich die Idee eines solchen *Leibniz-Forums* für überzeugend und weil ich die Auseinandersetzung mit LEIBNIZ für in höchstem Maße spannend halte. Ich gratuliere Ihnen zu dieser Idee. Daß Sie dieses Forum hier in Altdorf - an historischer Stätte - veranstalten, hat seine - nicht nur lokalpatriotische - Berechtigung: obwohl LEIBNIZ als Student hervorragende Leistungen erbrachte, ließ man ihn in Leipzig - im Hinblick auf sein jugendliches Alter - nach Ablauf der üblichen fünf Studienjahre nicht zur Promotion zu. LEIBNIZ ging nach Altdorf, wo er kurz darauf promoviert wurde. Man sieht, der Umgang mit dem außergewöhnlichen, dem herausragenden Talent war zu allen Zeiten eine etwas schwierige Angelegenheit.

Daß Sie die Schubkraft seines 350ten Geburtstags für dieses Forum nützen wollen, ist verständlich. Ich glaube, man braucht ein solch focussierendes Datum, um LEIBNIZ, diesen letzten Polyhistor, wieder in den Blickpunkt zu rücken.

LEIBNIZ wirkte als Politiker und Diplomat, als Forscher und Denker, als Theologe, Philosoph, Jurist, Mathematiker und Techniker. Er war wirklich ein Mensch, eine Akademie in sich darstellend, wie ihn FRIEDRICH II. von Preußen einmal nannte. Einigermaßen bekannt ist, daß er

- die Konstruktion einer Rechenmaschine entwarf,

- den Einsatz der Kraft des Windes zur Grubenentwässerung im Harzbergbau plante,

- das binäre Zahlensystem mit den Ziffern 0 und 1 entwickelte und damit die Voraussetzung für die Computertechnologie geschaffen hat.

Weniger bekannt ist, daß er etwa LUDWIG XIV. von Frankreich zum Bau des Suez-Kanals bewegen wollte oder daß er Zar PETER DEM GROßEN die wissenschaftliche Erforschung Sibiriens vorschlug, ein Unterfangen, das nach LEIBNIZ' Tode tatsächlich durchgeführt wurde und zur Entdeckung der Bering-Straße und zur Festsetzung Rußlands in Alaska führte.

LEIBNIZ dachte universell und global und dabei doch immer gleichzeitig praxisbezogen. "So oft ich," hat er gesagt, "etwas Neues lerne, so überlege ich sogleich, ob nicht etwas für das Leben daraus geschöpft werden könne." Wir sind heute, gut 300 Jahre später, dabei, diese globale und gleichzeitig anwendungsorientierte Sicht- und Denkweise für uns als neu zu entdecken. Woran man wieder einmal sieht, daß das viel bestaunte Neue oft nur das wiederentdeckte Alte ist.

LEIBNIZ ist also aktuell, hochaktuell. Und deshalb freut es mich als Regierungspräsident von Mittelfranken besonders, daß das "Leibniz-Forum Altdorf-Nürnberg für Mathematik und Philosopie und ihre Beziehungen zu Kultur und Bildung der Gegenwart" die Gelegenheit ergriffen hat und zum 350. Geburtstag von GOTTFRIED WILHELM LEIBNIZ dieses *Erste Internationale Leibniz-Forum Altdorf-Nürnberg* veranstaltet. Nützen Sie diese Gelegenheit, Leben und Werk dieses genialen Denkers wieder in Erinnerung zu rufen, zu würdigen, einer breiteren Offentlichkeit zugänglich zu machen und zugleich dessen mannigfaltigen Verbindungen zum Denken und zur Kultur unserer Gegenwart herauszustellen.

Ich wünsche allen Teilnehmerinnen und Teilnehmern der Tagung, daß während dieses Fachkongresses neben den zahlreichen hervorragenden Referaten auch Raum bleibt für fachbezogene, interdisziplinäre und fachübergreifende Gespräche und Diskussionen. Ich hoffe aber auch, daß Ihnen Zeit bleibt für den einen oder anderen Waldspaziergang in der reizvollen Altdorfer Umgebung. Und dieses sage ich nicht ohne Hintersinn. LEIBNIZ beschrieb nämlich eine entscheidende Weichenstellung in seinem Leben folgendermaßen: "Ich erinnere mich, daß ich damals", ein fünfzehnjähriger Knabe "in einem Wäldchen einsam spazieren ging, um zu überlegen, ob ich die substantiellen Formen beibehalten sollte. Endlich siegte die mechanistische Theorie und brachte mich dazu, mich den mathematischen Wissenschaften zuzuwenden". Sie sehen also, welch ungeahnte Folgen ein Waldspaziergang haben kann. Probieren Sie es doch einfach mal aus!

Meine sehr geehrten Damen und Herren, ich wünsche der Tagung einen erfolgreichen und harmonischen Verlauf, so daß am Ende Veranstalter und Gäste ganz im Sinne LEIBNIZ sagen können: Es war "die beste aller möglichen Tagungen".

Grußwort des
Oberbürgermeisters der Stadt Nürnberg
Ludwig Scholz

Sehr geehrte Damen und Herren,

im Namen der Stadt Nürnberg darf ich die Teilnehmer des *Ersten Internationalen Leibniz-Forums Altdorf-Nürnberg* herzlich grüßen.

Die Stadt Altdorf trägt ja durch ihre Festspiele viel dazu bei, daß man an WALLENSTEIN denkt, wenn man den Namen der Stadt Altdorf hört. Doch dieser mißratene Student war wahrlich nicht das Glanzlicht der Nürnberger Universität zu Altdorf.

Ich freue mich sehr, daß der Name Altdorf in Zukunft viel stärker mit einem der größten Gelehrten Deutschlands, ja Europas, verbunden sein wird, der in Altdorf seine Studien abschloß: Mit GOTTFRIED WILHELM LEIBNIZ.

Die Zeit, die LEIBNIZ in Altdorf und Nürnberg verbrachte, war nur kurz, aber hier sollte sich sein weiterer Lebensweg entscheiden. Nachdem sein Promotionsvorhaben in Leipzig wegen zu großer Jugend abgelehnt worden war - heute wäre man für junge Promovierende sehr dankbar - wechselte er kurzentschlossen zur reichsstädtischen Universität Nürnberg-Altdorf.

In weniger als vier Monaten hatte LEIBNIZ sich eingeschrieben, seine Dissertation verteidigt und ist "zum Doktor beider Rechte" promoviert worden.

Das Angebot der Reichsstadt, als Professor in Altdorf zu bleiben, lehnte er jedoch ab, blieb aber noch in Nürnberg, wo er sich als Sekretär einer alchimistischen Gesellschaft in die Naturwissenschaften, vertiefte.

Hier traf er mit dem Mainzer Minister VON BOINEBURG zusammen, der ebenfalls das enorme Potential des jungen LEIBNIZ erkannte und ihm den Weg in die große Welt der Fürstenhöfe ebnete, die LEIBNIZ danach nicht mehr verlassen sollte.

LEIBNIZ' Leistungen, die beim *Internationalen Forum* zur Diskussion und zur Würdigung stehen, sind legendär; seine Bedeutung für die heutige Zeit gilt es zu bewerten und wiederzuerschließen.

In Philosophie, Theologie, Geschichtswissenschaften, Logik, Semantik, Psychologie, Rechtswissenschaft, Mathematik und Technik hatte er profunde Erkenntnisse und entwickelte viele, heute selbstverständliche Wissenschaftsgebiete weiter, die längst nicht mehr für einen Einzelnen erfaßbar sind.

Zum Beispiel gehen auf GOTTFRIED LEIBNIZ Differential- und Integralrechnung zurück: Sein binäres Zahlensystem ist heute die Grundlage für all die Entwicklungen der Datenverarbeitung, die unsere Gesellschaft in der dritten technologischen Revolution radikal verändert.

LEIBNIZ gab aber auch wissenschaftsorganisatorische Anstöße: Als Mitbegründer der Berliner Akademie der Wissenschaften, als Mitherausgeber der ersten deutschen Wissenschaftszeitschrift, als Reformator des Bildungswesens.

Als Politiker im heutigen Wortsinne bemühte er sich nach den Erfahrungen des 30jährigen Krieges um Völkerverständigung, um Aussöhnung zwischen Staaten, Weltanschauungen und Konfessionen, war ein echter Europäer im Geist und im Handeln.

Die Wiederentdeckung des Werkes und des Einflusses von LEIBNIZ ist lange überfällig: In der Öffentlichkeit entspricht seine Bekanntheit keineswegs seiner Bedeutung.

Deshalb ist es sehr erfreulich, daß zu seinem 350. Geburtstag und zum 330. Jahrestag der Verteidigung seiner Disseration das *Leibniz-Forum* nicht nur eine fachwissenschaftliche Gruppe von Interessierten zusammenbringt, sondern eine breitere Öffentlichkeit anspricht.

Ich wünsche den Diskussionen des *Internationalen Leibniz-Forums* eine Qualität, eine Interdisziplinarität und eine Offenheit zwischen Wissenschaft, Bildung und Gesellschaft, die ihrem Namenspatron GOTTFRIED WILHELM LEIBNIZ würdig ist.

Ich wünsche der Tagung einen guten Verlauf und viel Erfolg bei der Erreichung ihrer Ziele!

Grußwort des Präsidenten des Fördervereins

Dr.-Ing. Klaus Wucherer

Zentralvorstand der Siemens AG

Meine sehr geehrten Damen, meine Herren,

Ich möchte Sie herzlich zum *Ersten Internationalen Leibniz-Forum Altdorf-Nürnberg* begrüßen.

Begrüßen - hier in den ehrwürdigen Räumen der alten Universität Altdorf Nürnberg mit dem Dank an die Hausherren der heutigen Rummelsberger Anstalten, Herrn Dr. MILLAUER und Herrn WESELY.

Zur Eröffnung unseres *Ersten Leibniz-Forums*, aus Anlaß des 350jährigen Geburtstages von GOTTFRIED WILHELM LEIBNIZ, hat sich eine große Anzahl von anerkannten Wissenschaftlern, von Politikern und Persönlichkeiten aus dem Raume Altdort-Nürnberg eingefunden. Wir freuen uns darüber. Jeden einzelnen zu begrüßen, würde den Rahmen der Veranstaltung sprengen! Ganz besonders möchte ich aber Herrn Professor JASPER, den Rektor der Universität Erlangen-Nürnberg, der die Schirmherrschaft unseres *Leibniz-Forums* übernahm, Herrn Prof. THIEL, der das Festreferat halten wird, den Herrn Regierungspräsidenten INHOFER und den Oberbürgermeister der Stadt Nürnberg, Herrn SCHOLZ sowie den Altdorfer Bürgermeister Herrn POHL, den Winkelhaider Bürgermeister, Herrn Dr. TRAUTMANN, und den Bürgermeister von Leinburg, Herrn ALLGEYER, begrüßen.

Bei unserer im Dezember letzten Jahres durchgeführten Gründungsversammlung hatten wir uns vorgenommen, das Leben und Wirken des Universalgenies LEIBNIZ in einem internationalen Kongreß von Wissenschaftlern interdisziplinär von der Philosophie über Mathematik und Naturwissenschaften bis zur Musik zu würdigen. Ein Rahmenprogramm von Ausstellungen, Lehrerfortbildungen, Konzert und Diskussionen soll den Brückenschlag zur Öffentlichkeit unterstützen.

Wir werden dieses *Leibniz-Forum* in einem geplanten dreijährigen Turnus fortsetzen. In diesem Rahmen soll dann der *Altdorter Leibniz-Preis* an junge Wissenschaftler vergeben werden. Ein wissenschaftlicher Beirat aus hochkarätigen Professoren verschiedenster Fakultäten und Universitäten wird über die Vergabe entscheiden.

Über den Rahmen des Forums und der Preisverleihung hinaus möchten wir unterstützend wirken, um an den Schulen die Begeisterung für die Mathematik und Naturwissenschaft neu zu entfachen und damit auch den Wunsch, Natur- und Ingenieurwissenschaften zu studieren.

Deutschland ist ein hochindustrielles Land, aber auch ein *Hochkostenland,*

Diese im internationalen Vergleich hohen Kosten zurückzuführen, ist, wie wir ja tagesaktuell erleben, ein schwieriger Vorgang. Um aber auf dieser Kostenbasis exportieren zu können, werden Produkte gebraucht, die in Qualität und technischer Innovation das Beste und Modernste auf dem Weltmarkt sind!

Um dies zu erreichen, brauchen wir begeisterte und hochinnovative junge Naturwissenschaftler und Ingenieure.

Unser Beitrag wird sein, Wettbewerbe an Schulen mit Geräten, Aufgaben und Preisen zu unterstützen, um den heute möglichen Weg, über Informatik und Mathematik zum PC zu unterstützen. Damit schließt sich der Kreis auch wieder zu LEIBNIZ.

Seine Arbeiten zum binären Zahlensystem sind Basis für jeden PC und Rechner - heute für den Anwender verdeckt durch Betriebssysteme und Anwenderprogramme.

Bevor ich an Herrn LÖFFLADT übergebe, der uns die Inhalte unseres *Ersten Leibniz-Forums* erläutern wird [siehe *Einführung:* S. 1-10], möchte ich mich bei den Damen und Herren bedanken, die in ehrenamtlicher Tätigkeit dieses Forum ausgestattet und möglich gemacht haben!

Ganz besonderen Dank gilt Herrn LÖFFLADT, der in der Schlußphase einen Großteil der Last getragen hat.

Ich wünsche dem *Ersten Internationalen Leibniz-Forum* einen guten Verlauf!

Eröffnung

Der Rektor der
Friedrich-Alexander-Universität Erlangen-Nürnberg
Prof. Dr. Gotthard Jasper

Hohe Festversammlung,

auf unserer Einladung steht nunmehr die Eröffnung auf dem Programm. Vermutlich ist es Ihnen ähnlich gegangen wie mir: Ich habe mich nämlich gefragt, wie man eigentlich ein Forum eröffnet. Denkt man an die Eröffnung eines Hauses oder einer Straße oder eines Platzes - und unser Begriff Forum legt ja eigentlich diese Assoziation nahe -, dann wäre die Sache einfach: man nähme eine Schere und würde ein vorher als Sperre vor den neuen Streckenabschnitt gespanntes Band durchschneiden und damit die neue Straße oder das Gebäude freigeben. Da ich hier weder eine Schere habe, noch irgendwo ein aufgespanntes Band zum Zerschneiden sehe, erscheint es mir angemessen, genau das Gegenteil zu tun: Nicht etwas zu zerschneiden ist mein Ziel, sondern Verknüpfungen herzustellen und ins Bewußtsein zu heben.

Ich knüpfe zunächst ein Band zwischen Altdorf und insbesondere dem Wichernhaus, dem alten Universitätsgebäude, und der Friedrich-Alexander-Universität und erkläre damit, weshalb ich besonders gerne bereit war, die Schirmherrschaft über das *Erste Internationale Leibniz-Forum* zu übernehmen. Die Erlanger *alma mater* fühlt sich nämlich in doppelter Weise mit Altdorf und der ehemaligen reichsstädtischen Universität verbunden. Während unseres Jubiläumsjahres anläßlich der 250. Wiederkehr unserer Gründung hat darum der Senat der Friedrich-Alexander-Universität (FAU) ganz bewußt hier in diesem Saal eine Festsitzung gehalten. Einmal sind wir die Erben der Altdorfer Universitätsbibliothek und sehen es als unsere Aufgabe an, diese bedeutsamen Bestände und Schätze zu pflegen, zu mehren und in der Öffentlichkeit zu präsentieren. Das geschah jüngst in einer wichtigen Ausstellung aus den Beständen und Sammlungen des Nürnberger Arztes TREW, die über Altdorf auf uns gekommen sind und neben herrlichen Blumenbüchern und Florilegien, medizinische Raritäten auch naturwissenschaftliche Werke umfassen, und in deren Stichen Altdorf immer wieder präsent wird. Zu diesem Altdorfer Bibliothekserbe gehört im übrigen auch das Original der Promotion von GOTTFRIED WILHELM LEIBNIZ. Eher noch lebendiger ist unsere Verbindung zur reichsstädtischen Universität Altdorf über unsere Wirtschafts- und Sozialwissenschaftliche Fakultät, die - als städtische Handelshochschule 1919 gegründet - sich immer wieder ganz dezidiert in die Tradition der Altorfina stellt. Im Konferenzraum der Fakultät hängt nicht umsonst ein großer Stich von diesem Raum in dem wir heute tagen. Ihre Diplomabschlußfeier veranstaltet die Fakultät jeden Sommer denn auch hier im Hof des Wichernhauses.

Aber nicht nur diese doppelte Verbindung zwischen Altdorf und der Friedrich-Alexander-Universität Erlangen-Nürnberg gilt es bewußt zumachen. Es gilt, die Verbindung herzustellen zwischen LEIBNIZ und der Gegenwart. Ohne Herrn Kollegen THIELs Vortrag vorwegzunehmen und ohne auf das Lebenswerk von LEIBNIZ inhaltlich einzugehen, lassen Sie mich aus der Perspektive eines Universitätsrektors einige Stichworte nur nennen, die mir bei der Betrachtung des Gesamtprogramms unserer Forumsveranstaltung dazu einfallen:

Erstens ist unter dem Stichwort "LEIBNIZ und die Gegenwart" eine eher kontrastreiche Verbindung herzustellen - zwischen dem Universalgelehrten LEIBNIZ und der heute alle Wissenschaften beherrschenden Spezialisierung. LEIBNIZ promovierte hier in Altdorf über ein juristisches Thema, betrieb aber ebenso Theologie wie Philosophie, wie er auch das Rechnen mit primären Zahlen entwickelte und damit eine Voraussetzung für die moderne Datenverarbeitung schuf. Solch Universalgelehrtentum ist heute wohl für immer dahin. Die Spezialisierung ist unser Schicksal, aber auch unsere Begrenzung, die nur durch die dringend notwendige Kooperation und Bereitschaft zur Einfügung in überfachliche interdisziplinäre Zusammenhänge und Fragestellungen überwunden werden kann. Die Idee des *Leibniz-Forums Altdorf* kann dazu helfen. Das Programm unseres Forums versucht, dieser heutigen Herausforderung gerecht zu werden.

Zweitens ist unter dem Stichwort "LEIBNIZ und die Gegenwart" eine Verbindung herzustellen zwischen Theorie und Praxis - oder anders ausgedrückt: zwischen Grundlagenforschung und anwendungsorientierter Forschung. Für LEIBNIZ wäre diese Trennung wohl unverständlich gewesen. Seine Rechenmaschine war ja durchaus anwendungsnah und seine Theologie und Philosophie waren alles andere als abstrakte Wissenschaften, sondern aus Anschauung - *Theoria* - gewonnene Orientierung im praktischen Leben. Wenn

das *Leibniz-Forum* darum beabsichtigt, einen Altdorfer LEIBNIZ-Preis für
junge Wissenschaftler der Mathematik (Naturwissenschaften) oder der Philosophie auszuschreiben, dann wählt der Förderverein mit Mathematik und
Philosophie zwei Fächer, die gemeinhin eher als esoterisch, hochspezialisiert
und rein abstrakt gelten. Wer einmal als Fachfremder mathematische An-
trittsvorlesungen oder Kongreßreferate angehört hat - um nicht zu sagen: aus
dienstlichen Gründen anhören mußte - der weiß genau, was hier mit Abstraktion und Esoterik gemeint ist. Mathematik und Philosophie können darum - etwas spöttisch formuliert - als Ureinwohner des vielkritisierten Elfen-
beinturms Universität gelten. Die Verbindung, die mit LEIBNIZ programma-
tisch intendiert ist, ist darum auch hier eine Herausforderung für zwei Disziplinen, der sich diese sehr wohl stellen können, aber eben auch stellen müssen. Denn genau besehen, kann man gerade bei der reinen oder theoretischen Mathematik immer wieder lernen, wie plötzlich relevante Ergebnisse
oder Anwendungsmöglichkeiten für technische oder auch wirtschaftlich so-
ziale Anwendungen gefunden werden. Das geschieht gerade auch dann,
wenn es keineswegs das primäre Erkenntnisziel des Forschenden gewesen
war, sondern eher Neugier oder ein theoretisches Interesse ihn geleitet hatte.
Der vielberedete Gegensatz von Grundlagenforschung und anwendungsbe-
zogener Forschung verschwindet dann. Hochschulpolitisch bedeutet das, den
sogenannten Grundwissenschaften ihren Raum und ihre Möglichkeiten zu
zweckfreier Forschung auf jeden Fall zu erhalten, will sich die Gesellschaft
nicht der Chancen zukünftiger, heute kaum erahnter und planbarer Erkenntnisse und Anwendungen berauben. Die Dialektik von Zweckfreiheit und rei-
ner Wissenschaft einerseits und der Forderung nach Anwendung und Praxis-
bezug ist auszuhalten. Das gleiche gilt für die Philosophie. In einer Zeit der
Umwertung aller Wert und einer allgemeinen Unsicherheit über Normen
kann Philosophie zwar nicht die Werte vorschreiben, allerdings kann sie und
hat sie durch Reflektion über diese Werte Orientierung zu vermitteln und
Rationalität zu sichern.

In der gleichen Linie der Aufhebung des Gegensatzes von Theorie und Praxis, die die Verbindung zu LEIBNIZ fordert, könnte und sollte man drittens
unter dem Stichwort "LEIBNIZ und die Gegenwart" die intendierte Verbindung zwischen Wissenschaft und Öffentlichkeit ziehen, die das *Leibniz-
Forum* ganz bewußt intendiert. Der Wunsch des Forums, die Zuwendung
zur allgemeinen Öffentlichkeit, reflektiert die Forderung, daß Wissenschaft
sich der Öffentlichkeit stellen muß, die Begegnung zu suchen hat. Die Wissenschaft hat dazu ihre Sprachfähigkeit zu erweisen. Im *Leibniz-Forum*

stellen wir uns dieser Probe, und das gilt gerade auch in der Zuwendung zur Schule und ihren Vermittlungsproblemen.

Unter dem Stichwort "LEIBNIZ und die Gegenwart" sollte man auch daran erinnern, daß LEIBNIZ in seiner Zeit Wissenschaft als Lebensganzheit und Sinnhaftigkeit erfuhr. Darum verbindet sich das Forum mit einer Ausstellung. Es ist hier in diesem Zusammenhang an ein Wort des bedeutenden Erlanger Mathematikers OTTO HAUPT zu erinnern, der ein Buch geschrieben hat mit dem Titel: "Mathematik erleben". Diesem Ziel verpflichtet sich die mit dem Forum verbundene Ausstellung. Bewußt wird hier versucht, die abstrakte Mathematik der minimalen Flächen graphisch anschaulich zu machen und zugleich mit einem Konzert zu verbinden. Schon OSWALD SPENGLER wußte um die Nähe von Mathematik und Musik, und die Zahlensymbolik eines JOHANN SEBASTIAN BACH kann in diesem Zusammenhang auch angeführt werden.

In der Vielfalt dieser Verbindung und Verknüpfung sehe ich die Chancen des Altdorfer *Leibniz-Forums*. Ich wünsche darum der diesjährigen Veranstaltung viel Erfolg und für die Zukunft eine gute Perspektive. Ich bekunde meinen Respekt vor dem Programm, seiner Vielgestaltigkeit und den hochrangigen Referenten. Ich könnte jetzt sagen: Ich erkläre die Tagung für eröffnet, aber statt dessen greife ich mein Anfangsbild wieder auf: Ich zerschneide nicht ein Band, sondern knüpfe ein Netz, mit dessen Hilfe nunmehr Herr Kollege THIEL mit seinem Vortrag unsere Aufmerksamkeit fangen kann. Lieber Herr THIEL, nach den vielen Vorreden kommen wir nunmehr zur Sache: Dazu gebe ich Ihnen das Wort.

Leibnizens Gegenwart
am Ausgang des 20. Jahrhunderts

Christian Thiel

Runde Geburtstage noch lebender Personen pflegt man gemeinsam mit ihnen besonders zu feiern, das ist eine schöne Sitte und bedarf keiner Rechtfertigung. Handelt es sich um einen 350. oder gar 400. Geburtstag, so daß die Feier nur mehr eine Gedenkfeier sein kann, so dient diese meist auch der Information darüber, weshalb man sich der gefeierten Person noch nach so langer Zeit erinnert. Wenn wir in diesem Jahr den 400. Geburtstag von RENÉ DESCARTES (1596-1650) und den 350. Geburtstag von GOTTFRIED WILHELM LEIBNIZ (1646-1716) feiern, so bedarf dies angesichts des geistesgeschichtlichen Ranges beider kaum einer Rechtfertigung. Dennoch möchte ich Sie einladen, mich für etwa eine halbe Stunde bei einer Besinnung darauf zu begleiten, ob und inwieweit Leibniz, zu dem Altdorf und Nürnberg aufgrund seiner Biographie eine besondere Beziehung haben, vier Jahre vor dem Ende des 20. Jahrhunderts noch eine mehr als bloß historische Bedeutung zukommt.

Sicher haben Sie bemerkt, daß ich in dem vielleicht etwas zu hintergründig formulierten Titel meines Vortrags zwei Absichten versteckt habe. Über "LEIBNIZens Gegenwart am Ausgang des 20. Jahrhunderts" nachzudenken, kann ja einmal heißen, vom heutigen Standpunkt und unter Absehen von heutigen Problemen das in den Blick zu nehmen, was für LEIBNIZ zu *seinen* Lebzeiten die Gegenwart war, also die philosophische und wissenschaftliche Kultur des Barock, wie sie sich in LEIBNIZens Person und Werk exemplarisch widerspiegelt. Die Formulierung kann zum anderen aber auch die Gegenwärtigkeit LEIBNIZens in *unserer* Zeit meinen, als ob LEIBNIZ gewissermaßen noch heute mit uns interagierte, als wenn wir in mancherlei Dingen seine Hilfe in Anspruch nehmen, ja ihn befragen könnten und er uns beriete.

Natürlich muß ich kurz schildern, was man heute als LEIBNIZens große Leistungen auf dem Gebiete des Geistes ansieht, wenn ich dann fragen will, was von diesen Leistungen am Ausgang des 20. Jahrhunderts noch gegenwärtig ist in dem Sinne, daß wir uns ihrer nicht nur in historischer Perspektive erinnern, sondern von einer noch anhaltenden Wirkung sprechen können. Eine solche kann selbst auf zweierlei Weise vorhanden sein: einmal dadurch, daß manche unserer heutigen Aktivitäten und Kenntnisse auf kulturellem und insbesondere wissenschaftlichtechnischem Gebiet ihre Wurzeln nachweislich in historisch zurückliegenden Arbeiten LEIBNIZens haben, zum anderen so, daß wir in unserem Wissensbestand und unseren Tätigkeiten Komponenten oder Faktoren entdecken können, die unmittelbar als Schöpfungen LEIBNIZens erkennbar sind. Beides möchte ich in den Blick bringen, so gut dies in der verfügbaren knappen Zeit möglich ist.

In der Kunstgeschichte und Musikgeschichte nennen wir die vom frühen 17. Jahrhundert bis um die Mitte des 18. Jahrhunderts reichende Epoche das Barock. Sie alle kennen Schlösser und Kirchen des Barock, haben einen Begriff von Barockmusik; aber die Bedeutung des Begriffes erstreckt sich über Architektur und Musik hinaus auf alle Gebiete des kulturellen Lebens überhaupt. LEIBNIZ war ein typischer Mensch des Barock,

schon in seiner schriftstellerischen Form, ein philosophischer Pointillist, der ein Spitzengeklöppel des Geistes betrieb.

EGON FRIEDELL - dessen *Kulturgeschichte der Neuzeit* ich diese Beschreibung entnehme - hält sogar LEIBNIZ seinem Wesen nach für

bizarr, schrullenhaft, genrehaft, "barock' im heutigen Wortsinn,

und nennt

seine in einer einzigartigen Vielseitigkeit begründete Vielgeschäftigkeit, die ihn niemals dazu kommen ließ, seine Kräfte in einem großen Hauptwerk zu sammeln, echt barock.[1]

Tatsächlich hat LEIBNIZ zu seinen Lebzeiten außer kleineren Qualifikations- und Gelegenheitsarbeiten nur ein einziges größeres Buch, die *Theodizee,* veröffentlicht, auf die ich noch einmal kurz zu sprechen kommen werde. Riesig war dagegen sein Briefwechsel mit zeitgenössischen Politikern, Theologen, Philosophen, Mathematikern und Naturwissenschaftlern, riesig ist auch sein Nachlaß, dessen Publikation in der Akademie-Ausgabe nach einer Schätzung aus den 70er Jahren etwa 120 Bände umfassen müßte, was inzwischen schon aus Kostengründen auf eine Auswahl beschränkt wurde, die auf etwa 70 Bände geplant ist. Kein Wunder freilich bei einem Manne, den man das letzte Universalgenie des Abendlandes genannt hat, und dem

---

[1] Egon Friedell: *Kulturgeschichte der Neuzeit. Die Krisis der europäischen Seele von der Schwarzen Pest bis zum Weltkrieg.* Zweiter Band. C.H.Beck: München 1928, 145; hier zitiert nach der Sonderausgabe in einem Band (ibid., 1969), 557.

man in der Tat zugestehen muß, sich das Wesentliche des Wissens seiner Zeit angeeignet, es produktiv weiterverarbeitet und durch eigenes Zutun vermehrt zu haben.

Als ein solcher Mensch wird man nicht geboren; die individuelle Begabung wird im allgemeinen erst durch umsichtige Erziehung, durch institutionelle Gegebenheiten, durch Wechselwirkung mit anderen Menschen und durch eigene Tatkraft zur Entfaltung kommen. LEIBNIZ wird 1646, also zwei Jahre vor dem Ende des 30jährigen Krieges in Leipzig als Sohn eines Universitätsprofessors geboren (den er freilich schon als Sechsjähriger verliert), er erweist sich als ein Hochbegabter, der sich autodidaktisch die alten Sprachen beibringt und frühzeitig an der Universität seiner Heimatstadt ein Studium von Philosophie und Rechtswissenschaften beginnt. Bald bricht er aus dem unlebendigen Lehrbetrieb aus und begibt sich für ein Semester nach Jena, wo er bei ERHARD WEIGEL hört und sich mit Mathematik beschäftigt. Nach Leipzig zurückgekehrt, erwirbt er mit einer Erörterung des metaphysischen Prinzips der Individuation 1663 das Baccalaureat und 1664 mit einer philosophischen, einer juristischen und einer mathematischen Arbeit (die erweitert 1666 als *Dissertatio de Arte Combinatoria* im Druck erscheint) den Magistertitel. Im Jahr darauf wird ihm jedoch die Promotion mit einer juristischen Arbeit verweigert, angeblich wegen seines noch zu jugendlichen Alters (was vielleicht als Zurückstellung aufgrund eines Anciennitätsprinzip für die Promotionen in Leipzig zu verstehen ist - die Hintergründe sind aber dunkel). LEIBNIZ verläßt enttäuscht die Heimatstadt und geht an die Universität Altdorf, nahe der freien Reichsstadt Nürnberg, die sich auch im Geistigen als offen und frei darstellte. Mit einer Dissertation *De casibus perplexis in jure* wurde er in Altdorf "mit allem *applausu* in eben dem 1666. Jahre *Doctor Juris*" , wie sein Biograph J.G. ECKART schreibt.[2]

Während oder nach seiner Altdorfer Promotion lernt er in Nürnberg den Staatsmann JOHANN CHRISTIAN BARON VON BOINEBURG kennen, was seinen weiteren Weg bestimmte. LEIBNIZ tritt zunächst in BOINEBURGs persönliche Dienste, dann in den Dienst des Kurfürsten von Mainz. In kurmainzischer diplomatischer Mission geht er 1672 nach Paris, den Brennpunkt des

---

[2] Johann Georg von Eckart, Lebensbeschreibung des Freyherrn von Leibnitz, in: Chr.G. von Murr, Journal zur Kunstgeschichte und zur allgemeinen Litteratur, 7. Theil (Nürnberg 1779), 123-231, zitiert nach dem Reprint in: J.A. Eberhard / J.G. Eckart, *Leibniz-Biographien*, Georg Olms: Hildesheim/Zürich/New York 1982 (Zitat S. 137).

geistigen Lebens, lernt dort HUYGENS und die Schriften PASCALS und DES-
CARTES' kennen, und bei einer Reise nach England auch große englische
Mathematiker. Diese äußeren Anregungen, mehr noch aber innere Umstruk-
turierungen weisen ihn in neue Richtungen. Schon in der Kindheit hatte er
von einem universalen Begriffssystem geträumt, von einer Denkmaschine,
einer Entdeckungskunst und Kombinationskunst. Unklar hatte sich schon da
das allgemeine algorithmische Ideal abgezeichnet, dem sich LEIBNIZ am
ehesten auf dem Gebiet der Mathematik hätte nähern können. Aber LEIBNIZ
will nicht Mathematiker werden, er verspürt in sich einen rein äußerlichen
Tatendrang, der ihn in die Politik treibt. Dennoch pflegt er auf seinen diplo-
matischen Reisen auch wissenschaftliche Kontakte, wird 1673 in die Royal
Society in London aufgenommen (mit der er später im Prioritätsstreit mit
NEWTON um die Erfindung der Infinitesimalrechnung so viel Ärger haben
sollte), fährt 1675 seine Rechenmaschine der Pariser Akademie vor (die ihn
aber nicht als Mitglied aufnimmt), und besucht auf der Rückreise von
England in Holland VAN LEEUWENHOEK, SWAMMERDAM und SPINOZA. Im
gleichen Jahr 1676 tritt er in Hannoversche Dienste als Hofrat, Historiker,
Bibliothekar und technischer Erfinder. 1691 übernimmt er die Leitung der
Wolfenbütteler Bibliothek, 1700 erfolgt die Gründung der "Sozietät der Wissenschaften", der späteren Akademie der Wissenschaften, in Berlin. 1710
erscheint seine *Theodizee,* ein populäres Werk, das ein großer Erfolg wird.
1712 bis 1714 ist LEIBNIZ in Wien, wo der PRINZ EUGEN die *Monadologie*
anregt (LEIBNIZ hat sie ihm gewidmet). Nach Hannover zurückgekehrt, lebt
er dort nahezu vereinsamt. Als er 1716 stirbt, nimmt der Hof von seiner
Beisetzung keine Kenntnis.

Die Renaissance hatte sich die Welt logisch, genauer: durch mathematische
Relationen bestimmt vorgestellt; das Barock sieht sie als Mechanismus, als
eine große Maschine. LEIBNIZ schließt sich dieser Auffassung zunächst an,
erkennt sie aber zunehmend als unzureichend und erweitert sie. Ich weiß
nicht, ob FRIEDELL recht hat mit seiner psychologisierenden Deutung, daß
sich das Barock das Unendliche erfindet als Korrelat zu einer rein mechanischen Welt, in der man es nicht aushielte, und daß es ruhelos und unbefrie-
digt zwischen dem Mechanischen und dem Unendlichen hin und herflieht (a.
a. 0.[Fußn.1], 561). Daß diese Welt jedenfalls labyrinthischer ist als die der
Renaissance, scheint auch mir so, und LEIBNIZ hat ein faible für die
Metapher des Labyrinths.

Ein solches Labyrinth ist für ihn das Kontinuum, und Kontinuitätsprinzipien bestimmen das Denken LEIBNIZens in der Metaphysik, in der Naturbetrachtung und in der Mathematik, wo er unwesentlich später als NEWTON die Prinzipien der Infinitesimalrechnung, also die Regeln der Differentialrechnung und die Grundsätze der Integralrechnung findet. Dies geschieht auf der Basis eines reflektierten Funktionsbegriffs - er wird erst von LEIBNIZ so gefaßt - unabhängig von NEWTON, gegenüber dessen Fluxionsrechnung LEIBNIZ vor allem durch die Gestalt im Vorteil ist, die er seiner Differentialrechnung gibt: die Gestalt nämlich, die wir heute als *Kalkül* bezeichnen (d.h. ein Regelsystem mit einer normierten Schreibweise und unzweideutig anwendbaren Rechenverfahren). Diese Kalkülform der Infinitesimalrechnung erweist sich der NEWTONschen als praktisch überlegen und wird das entscheidende Hilfsmittel der mathematischen Physik bei ihrem Siegeszug vom 17. Jahrhundert bis in das unsere. Die Schreibweise und die Regeln LEIBNIZens, der tatsächlich ein Genie auch der mathematischen Notationsfindung war, verwenden wir noch heute, ebenso wie sein Zeichen für das Integral, das Sie als *logo* auf den Drucksachen unseres LEIBNIZ-Forums finden. In all diesen Forschungen und Arbeiten, auf die ich hier nicht eingehen kann, hat LEIBNIZ ganz selten von der Philosophie gesprochen oder auch nur auf sie angespielt. Dennoch muß ich MAX BENSEs Bemerkung Recht geben, daß es für die Stellung der Infinitesimalrechung in der Geistesgeschichte der Mathematik entscheidend geworden ist, daß durch theologische und philosophische Interpretationen die Dunkelheiten und Antinomien des Übergangs vom Endlichen zum Unendlichen schon lange vor der mathematischen Präzisierung solcher Übergänge durchdiskutiert worden waren.[3]

Heute ebenso wichtig erscheint uns LEIBNIZens Erfindung des dyadischen oder binären Zahlensystems, das statt der Ziffern 0, 1, ... , 9 nur die Zahlen 0 und 1 verwendet. Jede natürliche Zahl läßt sich, so wie mit Hilfe der Ziffern 0 bis 9, auch durch eine endliche Folge allein von Nullen und Einsen ausdrücken, eben im Zweiersystem. Sie alle wissen, daß dies eine Grundlage der modernen Computertechnologie ist. Eine abstrakte Grundlage - aber ich möchte Ihnen an dieser Stelle eine frappierende kurze Stelle aus LEIBNIZens Feder nicht vorenthalten, die zeigt, daß er durchaus die Umsetzung in technische Einrichtungen ins Auge gefaßt hatte:

---

[3] Max Bense: *Konturen einer Geistesgeschichte der Mathematik. Die Mathematik und die Wissenschaften.* Claassen & Goverts: Hamburg 1946, 61.

Eine vom 15. März 1679 datierte Handschrift LEIBNIZens trägt den Titel "De progressione dyadica".[4] Auf der letzten der drei Seiten dieses Manuskripts erklärt LEIBNIZ die Multiplikation dyadischer Zahlen an einem Beispiel und fährt dann fort:

Diese Art Kalkül könnte auch mit einer Maschine ausgeführt werden (ohne Räder). [...][5]

Eine Büchse soll so mit Löchern versehen sein, daß diese geöffnet und geschlossen werden können. Sie sei offen an den Stellen, die jeweils 1 entsprechen, und bleibe geschlossen an den Stellen, die 0 entsprechen. Durch die offenen Stellen lasse sie kleine Würfel oder Kugeln in Rinnen fallen, durch die anderen nichts. Sie werde so bewegt und von Spalte zu Spalte verschoben, wie die Multiplikation es erfordert. Die Rinnen sollen die Spalten darstellen, und kein Kügelchen soll aus einer Rinne in eine andere gelangen können, es sei denn, nachdem die Maschine sie in Bewegung gesetzt hat. Dann fließen alle Kügelchen in die nächste Rinne, wobei immer eines weggenommen wird, welches in ein leeres Loch fällt [d.h. fallend dieses ausfüllt, C.T.], *sofern es allein die Tür passieren will. Denn die Sache kann so eingerichtet werden, daß notwendig immer zwei zusammen herauskommen, sonst sollen sie nicht herauskommen.*

Ersichtlich ist eine solche Maschine durch eine strukturgleiche elektronische Maschine ersetzbar, und umgekehrt ist sie zu einer solchen isomorph, ein doch erstaunliches Ergebnis, das eine besondere Gegenwart LEIBNIZens in unserer Informationsverarbeitungswelt dokumentiert.

Welch ein Kontrast etwa zu Überlegungen von der Art, die LEIBNIZ in der *Theodizee* vornimmt! Wenn er etwa den Atheisten und Skeptikern oder auch nur den Zweiflern an Gottes Güte die Notwendigkeit des Übels und des Bösen in der Welt anzudemonstrieren sucht (vgl. Friedell, a.a.O., 560): alle Schlechtigkeiten und Übel seien wie Schatten in einem Gemälde oder wie Dissonanzen in einem Musikstück. Für sich genommen häßlich, erscheinen sie als Teil des Ganzen schön und wohlklingend (wie schon AUGUSTINUS gesagt hat). Gott habe, so jetzt LEIBNIZ, nicht *die beste,* sondern die *best-*

---

[4] Veröffentlicht in: Erich Hochstetter/Hermann J. Greve/Heinz Gumin, *Herrn von Leibniz Rechnung mit Null und Eins.* Siemens Aktiengesellschaft: Berlin/München 1966 (das Faksimile der Handschrift in Form zweier Faltblätter zwischen S. 20 und 21, eine deutsche Übersetzung auf S. 42-47).

[5] Hier spielt Leibniz offenbar auf seine Rechenmaschine für dekadische Zahlen an.

mögliche aller Welten geschaffen, keine perfekte, sondern eine perfektible Welt. Alles darin sei Teil einer wundervollen (prästabilierten) Harmonie. Weshalb solche Ausführungen nicht schon damals als provokativ empfunden (sondern allenfalls von VOLTAIRE ironisiert und bissig parodiert) worden sind, weiß ich nicht. Daß wir ihnen heute nach Blicken auf neuere Ereignisse auf dem Balkan, in Ruanda und anderswo verständnislos gegenüberstehen und sie bestenfalls als offensichtlich weltfremd abtun würden, scheint mir außer Zweifel. Hier ist LEIBNIZ kein Gesprächspartner der Gegenwart, und es ist gut, sich das vor Augen zu halten, wenn man ihn auf anderen Gebieten als einen solchen Partner herausstellt.

Umso wichtiger ist es mir, zu betonen, daß dies nicht die ganze Philosophie LEIBNIZens trifft, etwa auch nicht alle Details seiner berühmten *Monadenlehre,* selbst wenn uns deren Ideen und Gedankengänge heute als reichlich fremd und nur mehr historisch relevant vorkommen. Zwar erscheint der (ersichtlich aus dem Infinitesimaldenken gespeiste) Gedanke als metaphysische Systemspielerei, daß es, wie im Mathematischen den Punkt, im Mechanischen das Atom, so im Organismus des Universums eine kleinste Einheit gebe, die *Monade* - eine kleine Welt, ein lebendiger Spiegel des Universums, der in sich das Spiegelbild der Welt aus eigener Kraft, aktiv also, hervorbringt. Doch enthalten diese teils populären, teils metaphysisch experimentierenden Überlegungen LEIBNIZens auch für uns noch höchst interessante Denkfiguren. Eine der wirksamsten ist die Unterscheidung von Perzeptionen und Apperzeptionen geworden, von nicht bewußt werdenden Informationsaufnahmen einerseits, bewußten Informationsaufnahmen oder Wahrnehmungen andererseits. Die ersteren nennt LEIBNIZ "petites perceptions", schwache Vorstellungen, die gleichsam schlafen. Sie sind es (schreibt wiederum FRIEDELL, a.a.O.), die jedem Individuum seine Individualität verleihen, insbesondere jeder Person ihre Eigentümlichkeit, durch die sie sich von anderen Menschen unterscheidet. Jede dieser winzigen Perzeptionen läßt in uns eine winzige Spur zurück, und in geräuschloser Stille reiht sich so von uns unbemerkt Wirkung an Wirkung, bis der einmalige Charakter da ist. Ein gewaltiger und bis heute folgenreicher Schritt über die Psychologie des Cartesianismus hinaus. Es tut LEIBNIZ keinen Eintrag, daß eine ähnliche Idee auch LEONARDO DA VINCI geäußert hatte, den man schon deswegen nennen sollte, weil er in so vielem LEIBNIZ verwandt erscheint, obwohl er 200 Jahre früher, in ganz anderen Zeitumständen und persönlichen Verhältnissen lebte und nicht den Typus des Wissenschaftler-Philosophen, sondern des Künstler-Ingenieurs verkörpert - auch er freilich ein Universalgenie, und auch er einer, der nur ganz wenige seiner grandiosen Projekte hat zum Abschluß bringen können.

Lassen Sie mich zum Ende kommen mit einem hier fast notwendig anschließenden Thema LEIBNIZens, einer Problematik, die in wenig veränderter Form auch unsere ist. LEIBNIZ vereinigte, so hatte ich eingangs gesagt, wie kein zweiter unter seinen Zeitgenossen und wie vielleicht niemand seither, das Wissen seiner Zeit in sich. Ihm mußte klar sein, daß die Nutzung des Wissens einer Zeit ganz und gar davon abhängt, daß wir es den Wissenwollenden zugänglich machen können. Und zwar so, daß wir einen gezielten, in vernünftiger Zeit ausführbaren Zugriff ermöglichen. Das wiederum setzt bereits voraus, daß wir das Wissen auf effektive Weise geordnet haben. So hat sich LEIBNIZ zeit seines Lebens um die Konzeption und Realisierung einer *Enzyklopädie* bemüht, wir würden heute sagen, um ein System der vollständigen Repräsentation des jeweiligen Wissens einer Kultur. Und er hat sich, die Lösbarkeit dieses Problems einmal unterstellend, sehr viele Gedanken gemacht um die Schaffung einer effizienten *Wissenschaftsorganisation,* die sich dem Erwerb, der Verwaltung und Verbreitung des Wissens widmen könnte; ihm schienen das damals die Akademien zu sein, eine Funktion, die die dann wirklich gegründeten Akademien heute bestenfalls noch zu einem Teil wahrnehmen.

Lassen wir diesen Aspekt also ebenso außer Betracht wie LEIBNIZens Vorstellungen von der Verwirklichung einer europäischen oder eigentlich weltumfassenden Einheit zumindest des Geistes, die der Idee nach sicher auch eine Einheit der politischen Gemeinschaften sein sollte, so bleibt der nach dem Infinitesimalkalkül an Wirkungen vielleicht reichste oder mächtigste Gedanke: der einer *Universalwissenschaft.* LEIBNIZ will ein System des Wissens, das - ich bediene mich der suggestiven Formulierung von JÜRGEN MITTELSTRAß[6] - zugleich Enzyklopädie und Generator des Wissens sein sollte. Bei den schon gut funktionierenden Formalwissenschaften ansetzend, soll der Versuch gemacht werden, zunächst die Struktur dieser Wissenschaften in mechanisch und kalkülmäßig kontrollierbaren Beziehungen darzustellen, die einerseits zwischen Begriffen, andererseits zwischen Sätzen bestehen. Ziel ist die Einheit der Wissenschaft in Gestalt einer einheitlichen Wissenschaftssprache.

---

[6] Jürgen Mittelstraß: Der Verlust des Wissens. In: ders., *Leonardo-Welt. Über Wissenschaft, Forschung und Verantwortung.* Suhrkamp: Frankfurt a.M. 1992 *(stw* 1042), 221-244, insbes. 222 f.

Der damit zum Programm gemachte Aufbau einer umfassenden Einheitswissenschaft (*scientia universales*) und das etwas bescheidenere Projekt einer *Mathesis universales* versuchen Probleme einer vollständigen Wissensrepräsentation und eines "kalkulierbaren" Verknüpfungsverfahrens zu lösen - und würden, wenn dies gelänge, zu dem führen, was MITTEL-STRAß eine "LEIBNIZ-Welt" nennt. Im Mittelpunkt dieses Programms zur Entwicklung einer Wissenschaftssprache, das man auch als *LEIBNIZprogramm* bezeichnet, stehen die Konstruktion einer Kunstsprache (*characteristica universales*) zur Darstellung von Sachverhalten und ihren Beziehungen, einer *ars iudicandi* mit einem Werkzeugkasten von Schluß- und Entscheidungsverfahren, sowie einer *ars inveniendi* oder *ars combinatoria*, die etwa der heutigen Definitionslehre entspricht. Alle diese Konstruktionsideen, die bei LEIBNIZ selbst noch experimentellen und eher sondierenden Charakter haben, sind in unserem Jahrhundert in der mathematischen oder symbolischen Logik und in der allgemeinen Methodologie aufgegriffen worden und haben das Bild der Wissenschaft des 20. Jahrhunderts bis nahe an unsere Gegenwart durch und durch geprägt. Hier, wenn irgendwo, ist LEIBNIZ gegenwärtig, und da, wo er die Grenzen des Mechanismus in kreativen Überlegungen durchbricht, wird er auch in der vor uns liegenden Zeit der *cognitive science* und der *artificial intelligence* gegenwärtig bleiben. Es ist nicht das geringste der ambitiösen Ziele unseres Ersten Internationalen LEIBNIZ-Forums, diese Gegenwart LEIBNIZens sichtbar und allen bewußt zu machen.

Zur Polemik Daniel Schwenters gegen
das Feldmeßbüchlein Jakob Köbels

Stefan Deschauer

1. Einleitung

Die *Deliciae physico-mathematicae. Oder mathematische u. philosophische Erquickstunden* [4] von Daniel SCHWENTER[1] und Georg Philipp HARSDÖRFFER[2] enthalten bemerkenswerte Ausführungen zu einigen Regeln, die JAKOB KÖBEL in seinem Feldmeßbüchlein *Von vrsprung der Teilūg, Maß, vn̄ Messung des Ertrichs / der Ecker,* (etc.) [3] von 1522 aufstellt. Unter der Überschrift *Die XLVIII. Aufgabe. Ob Jacob Köbel in seiner Trapezia recht ausrechnet.* nimmt SCHWENTER 10 Regeln KÖBELs aufs Korn, wobei er auf sechs davon näher eingeht. Im folgenden soll die Berechtigung dieser Polemik näher überprüft werden.

2. Die dritte Regel Köbels

Die dritte Regel KÖBELs bezieht sich auf die Inhaltsberechnung eines Vierecks, von dem 4 Seiten gegeben sind – vgl. Abbildung 1. Ein Blick auf KÖBELs Darstellung zeigt, daß das Viereck wohl einen rechten Winkel haben soll, was für die Eindeutigkeit bis auf Kongruenz von Bedeutung ist.

KÖBEL berechnet den Inhalt gemäß der Formel $A_1 = \dfrac{a+c}{2} \cdot \dfrac{b+d}{2}$, wobei wie üblich a und c sowie b und d gegenüberliegende Seiten des Vierecks bezeichnen. Diese Formel ist aus babylonischen und ägyptischen Quellen sowie von den römischen Agrimensoren her bekannt [1, S. 35; 5, S. 26, 141] und, wie man leicht zeigen kann, unter den bekannten Viereckstypen nur bei Rechtecken gültig.

SCHWENTER erkennt offenbar, daß KÖBELs Formel falsch ist, scheitert aber bei der Inhaltsbestimmung eines (rechtwinkligen?) Vierecks mit den Seiten

---

[1] Prof. der orientalischen Sprachen und der Mathematik in Altdorf (1558-1636); starb 10 Jahre vor LEIBNIZens Geburt
[2] Rat der Stadt Nürnberg und Dichter (1607-1658)

$\overline{AB} = 6$, $\overline{BD} = 3$, $\overline{CD} = 9$, $\overline{AC} = 4$. Es lohnt sich daher nicht, den rechnerischen Gedankengang SCHWENTERs hier vorzuführen.

Am einfachsten berechnet man den Inhalt des in Rede stehenden Vierecks, indem man es in ein rechtwinkliges und ein Restdreieck zerlegt. Von diesem Restdreieck sind nun alle Seiten bekannt, darunter die Hypotenuse des rechtwinkligen Dreiecks. Dann wendet man die sog. HERONsche Formel an.

Es ist eyn Feldt/deß eyn lenng

fferzehen Rutten langk ist/vnd sein ander lenge ist zwolf
Rutten langk/die zwo lenge thun ich zu samen/so wer=
den es in eyner Summ sechsvndzwenzigk Rutten. Die
sechsvndzwenzigk mach ich halb/so pleyben es dreyze=
hen/die behalt ich in meim synn/od schreib sie vff. Nach
dem Meß ich die eyn seyt/die helt sechs Rutten inn yr/
vnd die ander seyt helt fier Rutten in der breite. So ich
die zwo breiten zu samen thun/werden es zehen Rut=
ten/die nim ich halb/das seindt fünff/vñ mere die fünff
durch die dreyzehen/also: Ich sprich/fünff mal dreize=
hen ist fünffvndsechzigk Rutten. Nun sol ich die fünff
vnd sechzigk teilen durch hundert achtvndzwenzigk/
So hab ich nit so viel/so neme ich das halb teil/das ist
sechzigk fier Rutten dar von/pleibt mir ein rut überi g/
Auß dem erlern ich/das mein gemessen Feldt eins hal=
ben Morgens vnd einer Rutten groß ist/alß du vß an=
gezeigter nachuolgender Figuren mercken vnd ein eben
buldt nemmen magst.

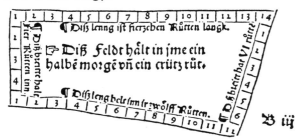

Abb. 1 (aus KÖBEL, S. 131^r)

3. Die vierte Regel Köbels

Hier geht es um die Bestimmung des Flächeninhalts eines gleichseitigen Dreiecks – vgl. Abbildungen 2 und 3. KÖBEL berechnet ihn nach der Formel $A_1 = \frac{a^2}{2}$ am Beispiel $a = 60$.

SCHWENTER gibt die korrekte Berechnung gemäß der Formel $A_2 = \frac{\sqrt{3}}{4}a^2$ wieder. Zusätzlich fügt er noch die eklatante Differenz an, die sich für $a = 60$ gegenüber der falschen KÖBEL-Formel ergibt: 243 Flächeneinheiten.

4. Die fünfte Regel Köbels

Für die Inhaltsbestimmung gleichschenkliger Dreiecke lehrt KÖBEL die Formel $A = \frac{1}{2}ab$. SCHWENTERs Kritik bezieht sich (lediglich) darauf, daß die Dreiecke hierzu rechtwinklig sein müssen.

5. Die sechste Regel Köbels

Hier geht es nun um die Inhaltsberechnung beliebiger Dreiecke.
KÖBELs Beispiel, das SCHWENTER aufgreift, ist ein Dreieck mit den Seiten $a = 4$, $b = 7$ und $c = 9$. Er lehrt im allgemeinen Fall die Formel $A_1 = \frac{b+c}{2} \cdot \frac{a}{2}$, wobei b und c die längsten Seiten sein sollen, und erhält im vorliegenden Fall den Flächeninhalt 16.

SCHWENTER zitiert die 13. Proposition des 1. Buchs von EUKLID und berechnet den Flächeninhalt korrekt nach der sog. HERONschen Formel. Seine im folgenden abgebildete Rechnung (Abbildung 4) kann leicht nachvollzogen werden:

$a^2 = 16$, $b^2 = 49$, $c^2 = 81$, $c^2 + a^2 = 97$, $c^2 + a^2 - b^2 = 48$, $\frac{1}{2}(c^2 + a^2 - b^2) = 24$,

$\frac{1}{2c}(c^2 + a^2 - b^2) \approx 2{,}66;$ $(\frac{1}{2c}(c^2 + a^2 - b^2))^2 \approx 7{,}0756;$

$a^2 - (\frac{c^2 + a^2 - b^2}{2c})^2 \approx 8{,}9244;$

$h = \sqrt{a^2 - (\frac{c^2 + a^2 - b^2}{2c})^2} = 2{,}98\ldots$ (die *perpendicularis*).

h ist die Höhe zur Seite c ($= 9$).

$A_2 = \frac{c}{2} \cdot h \approx 13{,}41$. Hier ist die 2. Dezimale durch 4 zu ersetzen.

Hie nach wollen wir sagē von

dreierley dreieckichten Figurē/dero eine drei gleich sei-
ten/die alle drei gelich linien vnd winckel haben.Die an
der zwo gleich seiten/vnd eine der selben vngelich. Die
drütt deren seiten kein gelich ist. Zum ersten wöllen wir
schreiben von der gestalt/die drei gleich seiten vnd winkel hatt/in gelichnis/nachuolgender Figur/so man der
maß Felder oder Acker fünde/wie man die messen solt.

¶ Die fierdt Regel.

Eyn Feldt gestalt eynes rech

ten Triangels/der auff allen drei seitten gelicher
leng vnd maß Rutten hat/also/das kein seit lenger dañ
die ander ist/Dasselbig Feldt soltu also messen/Nim
das maß einer seitten des dreieckichten feldts/eigentlich
mit deiner Meßrutten/das behalt/Darnach niem das
halb teil der selben seiten einer/vnd Manigfaltig/mere
oder mutiplicier die zal der Meßrutten der gantzen seiten durch die zal der meßrutten der halben seiten/vnnd
was auß solichem Manigfaltigen entspringt/das teile
durch hundert achtvñzwentzigk Creützruttē/so erferstu
wie viel das feldt Rutten vnd Morgen in jme helt.

Abb. 2 (aus KÖBEL, S. 131^v)

VIII.

❡ Auff diß Regel nün diß Exempel

Es ist eyn dreyeckicht Feld/glei

cher seiten vnd winkel/vnd ist jglich seit sechsgigt Rut⸗
ten langk. Nun nim von sechsgigen das halb teil/das ist
dreissigt/ vnnd Manigfaltig die selben dreissigt durch
sechsgigt/so kommen die Tausent vnd achthundert/so
viel Rutté hat das gantz dreieckicht Feldt inn jme. So
du aber die Tausant acht hundert durch hundert vnnd
achtundzwentzigk teilest/so erfarstu/das dein gemessen
feldt viertzehe Morgen vñ acht Rutten in jm begreifft/
in gestalt der nachuolgenden Figur.

❡ Diß nachuolgendt Feldt helt gefierdt in jme
Fiertzehen Morgen vnd acht
Crelltz Rutten.

Die leng d' gantzē seitē ist 60.

❡ Hiernach volgt ein ander Figur von dreieckich
ten feldern/do zwo gleich seiten
vnd ein vngleich seit ist.

Abb. 3 (aus KÖBEL, S. 132^r)

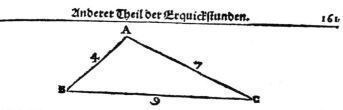

die kleinste Seiten 4 halb ist 2/multipliciet 8 mit 2/ kommen 16/ und diß soll der Inhalt gedachtes Trianguls seyn. Allein/ so man es nach der 13. Prop. 1. Euclidis rechnet/ wird sich die Sach anderst befinden.

```
    4        7        9
    4        7        9
   ─────   ─────    ─────
   16       49       81
                     16
                    ─────
                     97
                     49          666
                    ─────
                     48      2) 2400 (266 oder näher 267 (2
                2) 24        9) 999
   266(2
   266(2
  ──────
   1596
   1596
   532
  ──────
   70756(4       85
   16            451
  ──────         ─────────
   89244(4       89244(298 (2 die perpendicularis.
                 4418 2) 149(2
                 ─────      ──────
                 85         9
```

Wahrer Inhalt 1341 (2

Ist also auch Köbels sechste Regul falsch und ungültig.

Die LII. Aufgabe.

Ob Jacob Köbels siebende Regul just?

Es

6. Die siebente Regel Köbels

KÖBEL tischt uns hier noch eine andere Variante auf, mit der er glaubt, den Inhalt beliebiger Dreiecke berechnen zu können – vgl. Abbildung 5. Mit $a = 10, b = 13$ und $c = 4$ entwickelt er die Formel $A_1 = \frac{a+b}{2} \cdot c$, wobei a und b die längsten Seiten sein sollen. KÖBEL erhält das Ergebnis 46 (Kreuzruten), das korrekte Resultat beträgt hingegen 14,98 (SCHWENTER kommt zu 14,95).

SCHWENTER fügt noch eine Bemerkung an: Da die 7. Regel falsch sei, habe auch die achte „in der Geometria keinen Grund". Bei dieser 8. Regel KÖBELs geht es um die Inhaltsberechnung von Äckern in Form von nicht-konvexen Vielecken.

7. Die neunte Regel Köbels

In dieser 9. Regel bestimmt KÖBEL die Inhalte von Ackerflächen, die die Form regelmäßiger Fünf-, Sechs-, Sieben- und Achtecke haben. SCHWENTER kritisiert hierunter exemplarisch die KÖBELsche Sechsecksberechnung, die am Beispiel $a = 6$ nach der Formel $A_1 = \frac{1}{2}(4a^2 - 2a)$ $(= 66)$ erfolgt. Er setzt die korrekte Vorgehensweise dagegen, die Inhalte 6 gleichseitiger Dreiecke zu bestimmen: $A_2 = 6 \cdot \frac{\sqrt{3}}{4} a$ $(\approx 93{,}53)$.

Es folgt noch eine Bemerkung SCHWENTERs über die zehnte, die zwölfte und die vierzehnte Regel KÖBELs, wobei er nur noch kurz auf die zehnte eingeht: Bei der Inhaltsberechung kreisrunder Ackerflächen unterläuft KÖBEL der Fehler, den Durchmesser des Kreises mit 10 Ruten und gleichzeitig den Umfang mit 30 Ruten anzusetzen, sich also mit $\pi = 3$ zu begnügen.

ſer Figuren/vñ was auß ſöliché manigfaltigen kompt/
das iſt die zale der Creützrutten die dein gemeſſen Veldt
inn ſine hat. So dañ dieſelbigen rutten durch hundert
ächtundzwentzig teilſt/was dir dann auß ſölichem tei,
len entſpringt/iſt die zal der Morgen/oder der rutten/
wie oben gemelt. vnd iſt auch die meinung wie du in der
Sechſten Regeln vnderwieſen biſt.

¶ Deß zů clarerm verſtandt/nim diß
nachuolgend Exempel.

Eyn Veldt iſt auff eyner ſeyten

zehen Rutten langk/ vnd auff der lengſten ſeyten helt
es ỉnn dreyzehen Rutten. Die zal der zweyer leng thů zů
ſammen/ ſo werdé es dreyundzwentzig Rutté/Die tey,
le in zwey gleich teyl/ſo iſt ein jgklich teyle zwölffthalb
Rutten. Die ſelben jwölffthalb Rutten Manigfaltig
durch die zal der kleyner oder kürtziſten ſeyten dieſer Fi,
guren/das iſt für/alſo/ſprich: Zwölffthalb mal fier/iſt
ſechßundfiertzig/ſo viel Rutten helt das gemeſſen felde
ũ/vnnd iſt recht gerechet/nach außwerfung nachuol,
gender Figur.

¶ Diß Veldt helt in ime Fiertzig vnd ſechs
Creütz rutten.

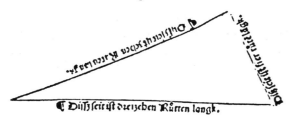

¶ Diſß ſeit iſt dreyzehen Rutten langk.

Abb. 5 (aus KÖBEL, S. 134^v)

XIIII.

auffzů längen mir der zale/nach natürlicher ordenung/
ſo würt dir alß dañ alweg das überpleybend halbteyl/
die gefierdt breyt vnd leng deines eckichten feldts/vnnd
wie viel es worgen vnd rütten in yme hat angeygen.

Exempel·

Sechßeckicht.   Siebeneckicht.   Achteckicht.

ꝛc.

Eyn Baumgarten der gantz in

die ründe gleich eynem circkel vmbzeünt/vermaurwert/
vnd gepflangt iſt/wie die nachuolgend figur anzeygt/
wie man die meſſen/vnd ſein inhalt der fierung erlernen
ſolle.

¶ Die Zehend Regel.

Eyn Obßgarten oder Feld

das gang rundt in eynen circkel formirt vnd gebawt iſt / ſoltu alſo leichtlichen vnnd gerecht meſſen.

D ij

Abb. 6 (aus KÖBEL, S. 138ʳ unten)

Zů dem Erſten meß die linig gerad mitten durch das
Veldt (welchen vmbkreyß deß circkels gerad inn zwey
geleich teyl vnderſcheydt)vnd behalt eygentlich wie vil
Růtten die inhält. Darnach meſß den vmbkreyß deß
gantzen garten/vnd behalt auch gewiß wie viel Růtten
derſelb vmbkreyß in ym beſchlieſſe. Zům dritten/manig
faltige das halb teyl der erſte gemeſſen linien (zů Latin
Diameter genant)durch das halb teyl deß circkels oder
vmbkreyß deins gartē/vnd was auß demſelben manigfaltigen kompt/das iſt der inhalt deß inwendigſten ertrichs oder vmbkreyß deß circkels in die fierung geacht.
¶ Oder thů im alſo/(Manifaltig/mere/od'multiplicir/
die zal der Růtten/der Linien oder diameters ſo den růn
den Garten oder das rundt Veldt gerad in zwey gleich
teyl teylt/durch die zal deß gangē vmbkreyß oder circkel
deß garten/vnd wie viel zal dir auß ſölicher manigfalti
gung entſpringt/die teyle durch fier/vnd was dir nach
dem teylen überbleybt/das iſt die gefierdt mas deß inn-
wendigſten růnden Veldts oder garten.
¶ Wiltu nůn leichtlich erfaren die lenge deß vmbkreyß
deines garten oder circkels/das geſchicht alſo:Nim vnd
meß die mitteling (das iſt den diameter/der den circkel
oder vmbkreyß gerad in zwey gleich teyl vnderſcheydt)
drey mal/vñ thů darzů eyn ſiebenteyl von der ſelben lini-
en/vnnd wie langk das wirt/ſo langk iſt der circkel oder
vmbkreyß auff das aller gewiſſeſt das erlernt werden
mage.
     ¶ Auff dieſe Regel nun diß Exempel.

Es iſt eyn Obßgarten der helt

inn ſeiner rủnde oder vmbkreyß dreyſſig rủtten/vnd ſein
diameter oder mittel linig die den garten in zwey gleich
teyl vnderſcheydt iſt zehen Rủtten langk. Nůn nem ich

Abb. 7 (aus KÖBEL, S. 138ᵛ unten)

8. Ausblick

Daniel SCHWENTER hat wirklich haarsträubende Fehler des sehr bekannten Rechenmeisters JAKOB KÖBEL zutage gefördert, dessen Rechenbücher in ihrer Beliebtheit zusammen mit denen des Wittenbergers Johann ALBERT immerhin mit dem 2. Rechenbuch von Adam RIES wetteiferten. SCHWENTER kann gar nicht glauben, daß dieses Vermessungsbüchlein wirklich KÖBEL zum Autor hat, aber daran besteht jedenfalls gar kein Zweifel.

Lassen wir SCHWENTER noch einmal selbst zu Wort kommen:

„Man findet ein Büchlein / so unter den Namen Jacob Köbels ausgangen / von dem Landmessen / welches sehr falsch / also daß ich zweiffele / ob es Jacob Köbel / so einen guten Geometram gegeben / ausgehen lassen / weil aber damit ein anfahender Schuler in der Geometria leichtlich kan verführet werden / wollen wir etliche Irrthum dem Leser aus selbigen Büchlein vor die Augen stellen.“

Wie konnte nun diesem sonst so vorzüglichen mathematischen Schriftsteller KÖBEL ein solch blamabler Fehlgriff unterlaufen?

Offensichtlich hat KÖBEL unkritisch aus Quellen geschöpft, die auf die römischen Agrimensoren zurückgehen (vgl. [2]). Denn im Vorwort seines Büchleins schreibt er, daß er die hier in Druck gegebene Feldmeßkunst „auß Isidoro / Plinio / Julio firmico/ Boecio Varrone / Lucio Columella / Victruuio etc. gesogen ... habe.“ Offenbar ist ihm aber wohl bewußt, wie angreifbar er sich dadurch macht, denn er setzt fort:

„Bitt / disß mein herfür pracht kindisch wercklin / für eyn ersten anfangk / nit schmehlich anzutasten / sonder fleyssigklich mit verstant durchlesen /vnd wo es zu bessern / brüderlich vnd freüntlich straffen / bessern /vnd meren / nit mit kyrrenden zenen dargegen greyßgrammen / vnd darinn meer gemeynen nutz vnnd lob / dann eygen stoltz bedencken / so wirt volgen / das der /

so eyn ding bessert / mere / dann der es fundē hat / zu loben ist. Da mit sey allein Got ere vnd lob / vnd gemeinem nutz ewiger fride / amen.“

Der Titel des Buchs „Vom Ursprung ...“ könnte zwar darauf hindeuten, daß KÖBEL eigentlich nur historische Methoden der Feldmeßkunst darstellen wollte, doch der Inhalt steht dem zweifelsohne entgegen. Insofern war die SCHWENTERsche Kritik vollauf berechtigt, und KÖBELs „Buch der Irrtümer“ bleibt auch für uns ein Rätsel.

Literatur

[1] Gericke, H.: Mathematik in Antike und Orient. Berlin/Heidelberg 1984

[2] Hergenhahn, R.: Jakob Köbel 1460 - 1533. Stadtschreiber zu Oppenheim, Feldmesser, Visierer, Verleger, Druckherr, Schriftsteller und Rechenmeister. In: Rechenmeister und Cossisten der frühen Neuzeit (Schriften des Adam-Ries-Bundes Annaberg-Buchholz Band 7, 1996), S. 63-82

[3] Köbel, J.: Von ursprung der Teilūg,/ Maß/ vn̄ Messung deß Ertrichs/ der Ecker/ Wyngarte etc. Oppenheim 1522

[4] Schwenter, D. / Harsdörffer, G. Ph.: Deliciae physico-mathematicae. Oder mathematische u. philosophische Erquickstunden. Nürnberg 1636

[5] Tropfke, J.: Geschichte der Elementarmathematik, Band 1: Arithmetik und Algebra. Berlin/ New York 1980 (4. Auflage neu bearbeitet von K. Vogel, K. Reich, H. Gericke)

Dreihundert Jahre jung -
das Brachistochronenproblem

Peter Baptist

In der in Leipzig erschienen Zeitschrift *Acta Eruditorum* (gegründet 1682) veröffentlichte im Juni 1696 JOHANN BERNOULLI (1667 – 1748), zu dieser Zeit Professor der Mathematik und Medizin in Groningen (seit Oktober 1695) eine *Einladung zur Lösung eines neuen Problems*.

"Wenn in einer verticalen Ebene zwei Punkte *A* und *B* gegeben sind, soll man dem beweglichen Punkte M eine Bahn *AMB* anweisen, auf welcher er von *A* ausgehend vermöge seiner eigenen Schwere in kürzester Zeit nach *B* gelangt."

Im Anschluss an die Aufgabensteller schrieb er weiter:

"Damit Liebhaber solcher Dinge Lust bekommen sich an die Lösung dieses Problems zu wagen, mögen sie wissen, dass es nicht, wie es scheinen könnte, blosse Speculation ist und keinen praktischen Nutzen hat. Vielmehr erweist es sich sogar, was man kaum glauben sollte, auch für andere Wissenszweige, als die Mechanik, sehr nützlich. Um einem voreiligen Urtheile entgegenzutreten, möge noch bemerkt werden, dass die gerade Linie *AB* zwar die kürzeste zwischen *A* und *B* ist, jedoch nicht in kürzester Zeit durchlaufen wird. Wohl aber ist die Curve *AMB* eine den Geometern sehr bekannte; die ich angeben werde, wenn sie nach Verlauf dieses Jahres kein anderer genannt hat."

Innerhalb dieser Frist antwortete nur GOTTFRIED WILHELM LEIBNIZ (1646 – 1716), und zwar postwendend im wahrsten Sinne des Wortes. JOHANN BERNOULLI schickte LEIBNIZ privat am 9. Juni 1696 die Aufgabenstellung nach Hannover, der Antwortbrief mit der Lösung trägt das Datum 16. Juni 1696! Das Problem lockte ihn – wie er selbst schreibt – durch seine Schönheit, wie der Apfel die Eva. Er gab in diesem Brief JOHANN BERNOULLI auch den Rat, die Abgabefrist bis Ostern 1697 zu verlängern, da die Leipziger *Acta Eruditorum* im Ausland, insbesondere in Frankreich und Italien, nur verspätet zur Kenntnis genommen werden kann.

Im Januar 1697 veröffentlichte daraufhin JOHANN BERNOULLI in Groningen eine Ankündigung, die mit folgenden Worten beginnt:

"Die scharfsinnigsten Mathematiker des ganzen Erdkreises grüsst Johann Bernoulli, öffentlicher Professor der Mathematik.

Da die Erfahrung zeigt, dass edle Geister zur Arbeit an der Vermeh-
rung des Wissens durch nichts mehr angetrieben werden, als wenn
man ihnen schwierige und zugleich nützliche Aufgaben vorlegt,
durch deren Lösung sie einen berühmten Namen erlangen und sich
bei der Nachwelt ein ewiges Denkmal setzen, so hoffte ich den Dank
der mathematischen Welt zu verdienen, wenn ich nach dem Beispiele
von Männern wie Mersenne, Pascal, Fermat, Viviani und anderen,
welche vor mir dasselbe thaten, den ausgezeichnetsten Analysten
dieser Zeit eine Aufgabe vorlegte, damit sie daran, wie an einem
Prüfsteine, die Güte ihrer Methoden beurtheilen, ihre Kräfte erproben
und, wenn sie etwas fänden, mir mittheilen könnten; dann würde einem jeden öffentlich sein verdientes Lob von mir zu Theil geworden
sein."

Dann wiederholt er , in etwas abgeänderter Form, die Aufgabenstellung.

Mechanisch-geometrisches Problem über die Linien des schnellsten Falles.

„Zwei gegebene Punkte, welche verschiedenen Abstand vom Erdbo-
den haben und nicht senkrecht übereinander liegen, sollen durch eine
Curve verbunden werden, auf welcher ein beweglicher Körper vom
oberen Punkte ausgehend vermöge seiner eigenen Schwere in kürzester Zeit zum unteren Punkte gelangt."

Damit keine Zweifel aufkommen, fügt er noch erläuternde Bemerkungen
hinzu:

„Der Sinn der Aufgabe ist der: unter den unendlich vielen Curven,
welche die beiden Punkte verbinden, soll diejenige ausgewählt werden, längs welcher, wenn sie durch eine entsprechend gekrümmte
sehr dünne Röhre ersetzt wird, ein hingelegtes und freigelassenes
Kügelchen seinen Weg von einem zum anderen Punkte in kürzester
Zeit durchmisst.
Um aber jede Zweideutigkeit auszuschliessen, sei ausdrücklich bemerkt, dass ich hier Galilei's Hypothese annehme, an deren Wahrheit, wenn man vom Widerstand absieht, kein verständiger Geometer
mehr zweifelt, dass nämlich die Geschwindigkeiten, welche ein fallender Körper erlangt, sich wie die Quadratwurzeln der durchmesse-
nen Höhen verhalten. Unser Verfahren für die Lösung ist freilich allgemein und findet auch für jede andere Hypothese Anwendung."

An diese Ergänzungen schließt sich ein vollmundiger Appell an die Geometer an, dass sie sich der Herausforderung dieser Aufgabe stellen sollen.

„Da nunmehr keine Unklarheit übrig bleibt, bitten wir alle Geometer dieser Zeit insgesammt inständig, dass sie sich fertig machen, dass sie daran gehen, dass sie alles in Bewegung setzen, was sie in dem letzten Schlupfwinkel ihrer Methoden verborgen halten. Wer es vermag, reisse den Preis an sich, den wir dem Löser bereit gestellt haben. Freilich ist dieser nicht von Gold oder Silber, denn das reizt nur niedrige und käufliche Seelen, von denen wir nichts löbliches, nichts nützliches für die Wissenschaft erwarten. Vielmehr, da Tugend sich selbst der schönste Lohn ist und Ruhm ein gewaltiger Stachel, bieten wir als Preis, wie es einem edlen Manne zukommt, Ehre, Lob und Beifall, durch die wir den Scharfsinn dieses grossen Apollo öffentlich und privatim, in Schrift und Wort, preisen, rühmen und feiern werden.
Wenn aber das Osterfest vorübergegangen ist und Niemand unsere Aufgabe gelöst hat, dann werden wir unsere Lösung der Welt nicht vorenthalten, dann wird der unvergleichliche Leibniz seine und unsere Lösung, die wir ihm schön längst anvertraut haben, sofort, wie ich hoffe, ans Licht gelangen lassen."

Diesem zweiten Aufruf zur Lösung der Aufgabe war nun eine größere Resonanz beschieden. Im Maiheft des Jahres 1697 der *Acta Eruditorum* wurde die Lösung JOHANN BERNOULLIS publiziert, ebenso diejenige seines älteren Bruders JAKOB BERNOULLI (1654 – 1705). LEIBNIZ selbst fügte noch eine kurze Note an, in der er u.a. erklärte, daß auch er eine Lösung gefunden habe, die aber denen der Brüder BERNOULLI ähnlich war und daher keiner Veröffentlichung bedarf. Weiterhin bemerkte er, daß HUYGENS wenn er noch am Leben wäre (gestorben 1695), und NEWTON wenn er sich die Mühe gemacht hätte, das Problem ebenfalls gelöst hätten. NEWTON befaßte sich tatsächlich mit der Aufgabe. In der Januar Ausgabe der *Philosophical Transactions* des Jahres 1697 erschien ohne Autorenangabe eine Lösung, die dann in den *Acta Eruditorum* nochmals abgedruckt wurde. JOHANN BERNOULLI identifizierte den anonymen Verfasser mit den Worten „ex ungue leonem" (den Löwen von der Pranke her) als ISAAC NEWTON. Die Methode hat also den Autor verraten. Das Maiheft der *Acta Eruditorum* enthielt ferner noch Lösungen des Marquis de l'HÔPITAL (1661 – 1704) und des Ehrenfried WALTER Graf von TSCHIRNHAUSEN (1661 – 1708).

Am Anfang steht Galileo Galilei

In seiner 1638 in Leiden erschienen Abhandlung *Unterredungen und ma-*
thematische Demonstrationen über zwei neue Wissenszweige, die Mechanik
und die Fallgesetze betreffend behandelte GALILEO GALILEI (1546 – 1642)
vermutlich als erster diese Aufgabe. Seine Überlegungen zur Lösung sind
aller-dings fehlerhaft. Er stellt zunächst richtig fest, daß die kürzeste Verbindung, die Strecke [*AB*], nicht die gesuchte Lösung ist.
Leisten wir GALILEI bei seinen Rechenaufgaben etwas Gesellschaft. Die
Ver-bindungsstrecke *s* von *A* nach *B* als Lösung bedeutet physikalisch, daß
sich der Körper auf einer schiefen Ebene bewegt. Eine solche Bewegung
erfolgt unter gleichmäßiger Beschleunigung. Die zurückgelegte Zeit berechnet sich mittels der Formel

$$t_{AB} = \frac{s_{AB}}{v^*},$$

Wobei mit $v^* = \frac{1}{2}(v_A + v_B)$ das arithmetische Mittel aus Anfangs- und End-
geschwindigkeit bezeichnet wird.

Der Anfangspunkt *A* der Bewegung soll im Ursprung eines kartesischen
Koordinatensystems mit horizontaler *x*-Achse und vertikaler, nach unten
gerichteter *y*-Achse liegen. Nach dem Energieerhaltungssatz erhalten wir
für die Momentangeschwindigkeit in einem Punkt *P* mit den Koordinaten
(x_P, y_P) den Ausdruck

$$v_P = \sqrt{2gy_P},$$

wobei *g* die Erdbeschleunigung bedeutet.
Damit ergibt sich für die Laufzeit von *A* nach *B* au direkten Weg:

$$t_{AB} = \frac{2 \cdot \sqrt{x_B^2 + y_B^2}}{\sqrt{2gy_B}}.$$

Jetzt verlängern wir den Weg, indem wir fordern, daß der Körper einen bestimmten Punkt $M(x_M, y_M)$ mit $0 < x_M < x_B$ passieren muss. Die zugehörige
Laufzeit setzt additiv aus den Zeiten bzgl. der Teilstrecken [*AM*]und [*MB*]
zusammen:

$$t_{AB} = t_{AM} + t_{MB} = \frac{2 \cdot \sqrt{x_M^2 + y_M^2}}{\sqrt{2gy_M}} + \frac{2 \cdot \sqrt{(x_B - x_M)^2 + (y_B - y_M)^2}}{\sqrt{2gy_M} + \sqrt{2gy_B}}$$

Betrachten wir das Beispiel $A = (0,0)$, $B = (\pi, 2)$. Zunächst wählen wir den direkten Weg, dann eine Bahn über $M = (0.5, 1.4)$ und schließlich soll ein dritter Weg zusätzlich über $N = (1.25, 2)$ führen.

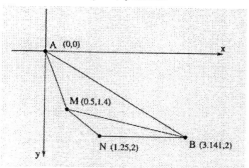

Für die Durchlaufzeiten erhalten wir folgende Werte:

Direkter Weg	1.189
Weg über M	1.038
Weg Über M und N	1.036

Fassen wir zusammen: Ein Körper benötigt für die Bewegung von A nach B längs eines Polygonzugs eine kürzere Zeit als für den Durchlauf der Strecke $[AB]$.

Bei Vergrößerung der Eckenzahl – d.h. bei Verkürzung der einzelnen Teil-strecken – verringert sich die Durchlaufzeit. Je mehr sich der Polygonzug einem Kreisbogen nähert, desto kürzer wird die Zeit. Aufgrund solcher oder ähnlicher Überlegungen folgerte GALILEI, daß ein Kreisbogen durch die Punkte A und B die optimale Kurve sein muß .

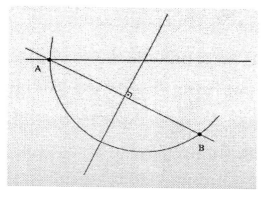

Den Mittelpunkt seines optimalen Kreises erhält er als Schnittpunkt der Mittelsenkrechten der Strecke [*AB*] mit der Horizontalen durch *A*. Es ergibt sich tatsächlich eine schnellere Durchlaufzeit, nämlich 1.027. Aber GALILEI hat sich geirrt, wie JOHANN BERNOULLI über 50 Jahre später zeigte. Mit dessen Ergebnis erhalten wir den Wert 1.003.

Die Lösung Johann Bernoullis

Zu den besonderen Merkmalen JOHANN BERNOULLI gehörte die Fähigkeit, rein analytische Probleme mit Methoden anzugehen, die er aus der Geometrie und der Physik kannte. Auf diese Weise erzielte er bedeutende Resultate, die allerdings nicht immer erweiterungs- bzw. verallgemeinerungsfähig waren. Dafür zeichnen diese Arbeiten aber eine besondere, geradezu künstlerische Qualität aus. Das *Brachistochronenproblem* ist ein solches Beispiel.

JOHANN BERNOULLIS geistiger Mentor war das 1690 erschiene Buch Traité de la Lumiere von CHRISTIAN HUYGENS (1629 – 1695). Dieser stellte darin u.a. die Theorie auf, daß das Licht als Wellenbewegung zu deuten sei. Probleme der Lichtbrechung werden behandelt, das *Fermatsche Prinzip* (Ein „Lichtkörperchen" bewegt sich so, daß die benötigte Laufzeit minimal ist) kommt zur Anwendung. JOHANN BERNOULLI, zu dieser Zeit Professor in Groningen, hatte natürlich dieses neue Buch in Händen. Sofort wird er erkannt haben, daß seine Aufgabenstellung mit HUYGENS'SCHEN Brechungsproblemen zusammenhängt, und die Lösung mit den dort angestellten Überlegungen erfolgen kann. Aber vielleicht hatte der *Traité de la Lumière* sogar noch eine wesentlich größere Bedeutung für das Brachistochronenproblem. Es ist nämlich auch denkbar, daß bei dessen Lektüre JOHANN BERNOULLI überhaupt erst die Idee gekommen ist, sich mit dieser Aufgabe zu befassen.

Bevor wir an die Lösung der Problemstellung herangehen, eine kurze Bemerkung zu Namensgebung selbst. In einem Briefwechsel vom Juli 1696 diskutieren JOHANN BERNOULLI und LEIBNIZ darüber. JOHANN gab der gesuchten Kurve den Namen *Brachistochrone* (zusammengesetzt aus: brachistos = kürzest und chronos = Zeit), LEIBNIZ schlug dagegen Tachystoptote (zusammengesetzt aus: tachystos = schnellster und piptein = fallen) vor. Johann war bereit, den Namen zu ändern, LEIBNIZ beharrte aber nicht auf dem eigenen Vorschlag.

Wir versuchen nun JOHANNS Lösungsweg nachzuvollziehen. Dazu stellen wir uns zunächst eine beliebige von A nach B fallende Kurve in der Vertikalebene vor, auf der sich der Körper im Gravitationsfeld bewegt. Die Auswahl ist groß, denn es gibt unendlich viele solcher Kurven.

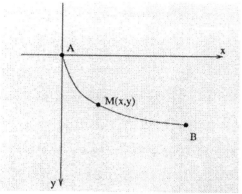

Wie läßt sich nun diejenige herausfinden. für die die Fallzeit minimal ist? In einem Punkt M mit den Koordinaten (x,y) erhalten wir nach dem Energieerhaltungssatz ($E_{kin} = E_{pot}$) für den Betrag der Geschwindigkeit des Körpers die Beziehung

$$v = \sqrt{2gy}.$$

Diese Gleichung besagt, daß die Geschwindigkeit – unabhängig von der Gestalt der Fallkurve – nur vom Abstand y von der x-Achse abhängt. Dieses Ergebnis soll nun ausgenutzt werden. Dazu unterteilen wir die Ebene, in der sich der Körper bewegt, in dünne horizontale Schichten.

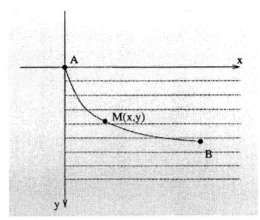

Die Geschwindigkeit des Körpers hängt also nur von der jeweiligen Schicht ab, in der er sich befindet, nicht von der Gestalt der Bahnkurve. Innerhalb einer Schicht nehmen wir eine gleichbleibende Geschwindigkeit an, eine Änderung findet somit nur beim Übergang von einer Schicht zur nächsten statt.

Jetzt gibt uns JOHANN BERNOULLI ein eindrucksvolles Beispiel für Analogiebildung. Er deutet die mechanische Problemstellung in eine äquivalente optische um. Seine Überlegungen erläutert er folgendermaßen:

> „Jetzt wollen wir uns ein Medium denken, welches nicht gleichmässig dicht ist, sondern von lauter parallelen horizontal übereinandergelagerten Schichten gebildet wird, deren jede aus durchsichtiger Materie von gewisser Dichtigkeit besteht, welche nach einem gewissen Gesetze abnimmt oder zunimmt. Dann ist klar, dass ein Lichtkörperchen nicht in gerader, sondern in krummer Linie fortgehen wird. Das hat schon Huygens in der erwähnten Abhandlung über das Licht bemerkt, aber er bestimmte nicht die Beschaffenheit dieser Curve, auf welcher das Lichtkörperchen in kürzester Zeit von einer Stelle zu einer anderen gelangt."

Diese Vorgehensweise diskutieren wir nun etwas genauer. Johann zerlegt die Fallebene in eine Vielzahl dünner horizontaler Schichten aus durchsichtigem Material. Das „Lichtkörperchen" könnte sich theoretisch auf verschiedenen Bahnen von A nach B bewegen. Doch Licht hat die Eigenschaft, genau die Kurve auszuwählen, längs der die benötigte Zeit minimal ist. Also ist die Bahn des „Lichtkörperchens" durch das inhomogene geschichtete Medium die gesuchte *Brachistochrone*.

Wir haben jetzt zwar die mechanische Aufgabe optisch neu interpretiert, wissen aber immer noch nicht, wie die Brachistochrone tatsächlich aussieht. Trotzdem wurde der entscheidende Schritt zur Lösung vollzogen. Denn JOHANN ist es gelungen, die Aufgabenstellung auf ein bekanntes Problem zurückzuführen.

Durchquert das „Lichtkörperchen" die einzelnen Schichten verschiedener optischer Dichte, so läßt sich das *Snelliussche Brechungsgesetz* (Willibrod SNELL van Royen (1580 – 1626)) anwenden. Für den Übergang zwischen zwei Schichten gilt:

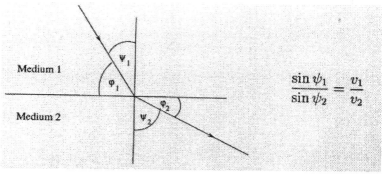

$$\frac{\sin \psi_1}{\sin \psi_2} = \frac{v_1}{v_2}$$

Natürlich ist dieses Brechungsgesetz auch für mehrere Medienwechsel gültig. Wir erhalten somit

$$\frac{\sin \psi}{v} = c \ (= const.) \quad bzw. \quad \frac{\cos \varphi}{v} = c \ (= const.).$$

Die Geschwindigkeit v des „Lichtkörperchens" wächst in Abhängigkeit von dem zurückgelegten Weg, genauer gesagt, von dessen Komponente senkrecht zur Erdoberfläche. Wegen $cos \ \varphi/v = c$ muss daher $cos \ \varphi$ ebenfalls wachsen, und somit muß der Winkel φ abnehmen. Wir erhalten als Ergebnis:

> Der Winkel φ wird bei jedem Medienwechsel kleiner.

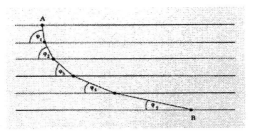

Unsere Modellvorstellung hat allerdings einen gravierenden Nachteil. Da die Schichten eine gewisse „Dicke" aufweisen, ändert sich die Geschwindigkeit unstetig in kleinen Schritten. Aber dieses Manko läßt sich leicht beseitigen. Eine stetige Geschwindigkeitsänderung erhalten wir, indem wir zu unendlich dünnen Schichten übergehen, also beliebig viele Medien mit beliebig nahen horizontalen Trenngeraden betrachten. Anstelle des Polygonzugs erhalten wir eine stetige Kurve, die gesuchte Brachistochrone, deren aktueller Winkel φ in einem Punkt M durch die Tangente angezeigt wird.

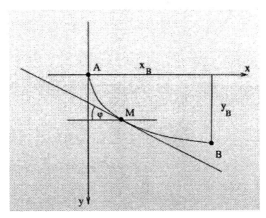

Wegen $\dfrac{\cos\varphi}{v} = c = (const.)$ folgt:

$$\cos\varphi = c\sqrt{2gy} = \sqrt{2gc^2 y} = \sqrt{\frac{y}{k}}, \text{ mit } k = \frac{1}{2gc^2}.$$

Ferner gilt für den Winkel φ

$$\cos\varphi = \frac{dx}{\sqrt{(dx)^2 + (dy)^2}}.$$

Quadrieren und Gleichsetzen liefert:

bzw.

$$\frac{(dx)^2}{(dx)^2 + (dy)^2} = \frac{y}{k}$$

$$\frac{dy}{dx} = \sqrt{\frac{k-y}{y}} \text{ bzw. } y(1 + y'^2) = k.$$

Für die Brachistochrone haben wir somit eine Differentialgleichung 1. Ordnung erhalten. Mit dem Lösen solcher Differentialgleichungen war JOHANN BERNOULLI vertraut. Die durch die obige Gleichung bestimmte Kurve ist die *Zykloide*. Deren Parameterdarstellung lautet:

$$x(t) = \frac{k}{2}(t - \sin t), y(t) = \frac{k}{2}(1 - \cos t). \qquad (1)$$

Wir können somit als Ergebnis festhalten:

> Die Brachistochrone hat die Form eines Zykloidenbogens.

Die Zykloide (1) entsteht als Bahnkurve eines Punktes auf dem Umfang eines Kreises mit dem Radius $k/2$, der auf einer Geraden rollt. In unserem Fall rollt der Kreis unterhalb der x-Achse. In der Startposition fällt der feste Kreispunkt mit dem Anfangspunkt A zusammen. Wir müssen die Konstante $k/2$ in (1) noch so anpassen, daß die Zykloide durch den gegebenen Endpunkt B(x_B, y_B) verläuft.

JOHANN BERNOULLI nützt bei seiner Konstruktion aus, daß alle Zykloiden zueinander ähnlich sind. Man verbindet zunächst die beiden gegebenen Punkte A, B durch eine Gerade. Anschließend wählt man unter der horizontalen Achse eine beliebige Zykloide, die in A beginnt. Der Schnittpunkt der Geraden AB mit dieser Zykloide sei S.

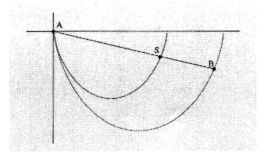

Dann gilt: Der Durchmesser des Kreises, der die gesuchte Zykloide erzeugt, verhält sich zum Durchmesser des erzeugenden Kreises der gezeichneten Zykloide wie die Strecke $[AB]$ auf Strecke $[AS]$.

Bemerkungen:

- Wegen $(\dfrac{dy}{dx})^2 = \dfrac{k-y}{y}$ hat die Brachistochrone im Ursprung eine senkrechte Tangente. D.h. der Körper fällt vom Startpunkt A aus zunächst nach unten.
- Die Brachistochrone kann sogar von unten im Endpunkt $B(x_B, y_B)$ ankommen.
  Horizontale Tangente: $\dfrac{dy}{dx} = 0 \Rightarrow \dfrac{k-y}{y} = 0 \Rightarrow k = y.$

Eingesetzt in die Parameterdarstellung:

$$\frac{k}{2}(1 - \cos t) = k,$$

$$1 - \cos t = 2,$$

$$\cos t = -1 \Rightarrow t = \pi \Rightarrow x(\pi) = k\frac{\pi}{2} = \frac{\pi}{2}y.$$

Der Punkt P ist Zykloidenpunkt mit waagrechter Tangente $\Leftrightarrow x_B = (\pi/2)y_B$. D.h. für $x_B > (\pi/2)y_B$ steigt der Zykloidenbogen nach Erreichen seines Minimums sogar wieder an bevor er B erreicht.

Wie löst nun Leibniz das Brachistochronenproblem?

Der Brief aus Groningen nach Hannover, in dem JOHANN BERNOULLI die Problemstellung an LEIBNIZ sendet, trägt als Datum den 9. Juni 1696. Die Antwort erfolgt bereits am 16. Juni 1696. In seinem Brief teilt LEIBNIZ zwar die Lösung in Form der Differentialgleichung mit, gibt aber keinerlei Hinweis, wie er zu dieser Gleichung gelangte. Ohne weitere Erläuterung stellt er fest, daß ein Kurvenelement der gesuchten Art gleich ist einem entsprechenden Element der Weite dividiert durch die Quadratzahl der Höhe.

Die Horizontale bezeichnen wir als x-Achse, die hier zu messenden Größen sind folglich die Weiten. Entlang der Vertikalen, also der y-Achse, werden die Höhen gemessen. In moderner Schreibweise besagt nun die Leibnizsche Feststellung:

$$ds = \frac{1}{\sqrt{y}} \cdot k \cdot dx,$$

wobei s die Bogenlänge entlang der gesuchten Kurve ist. Mit $(ds)^2 = (dx)^2 + (dy)^2$ folgt:

$$\frac{dy}{dx} = \sqrt{\frac{k-y}{y}}.$$

LEIBNIZ erwähnt in seinem Brief nicht, daß durch diese Differentialgleichung eine Zykloide bestimmt ist. Wollte er nicht zuviel verraten? Wollte er Johann damit herausfordern? Erst als dieser ihm am 21. Juli 1696 seine Lösung zusandte, verwendete LEIBNIZ den Namen der Lösungskurve. Bekannt war ihm die Zykloide schon seit mindestens zehn Jahren, denn 1686 bestimmte er deren Integralgleichung.

Vielleicht gehörte dieses „häppchenweise" Präsentieren des eigenen Wissens zu den Spielregeln des geistigen Wettstreits zwischen den Wissenschaftlern der damaligen Zeit. Diese Vermutung wird noch dadurch verstärkt. daß LEIBNIZ in seinem Brief nicht mitteilte, wie er seine Lösung gefunden hat. Er möchte anscheinend nur dokumentiert wissen, daß er die Aufgabe gelöst hat. Wir kennen heutzutage die ausführliche Leibnizsche Lösung. Er hat sie unter der Überschrift *Beilage* aufgeschrieben. Allerdings ist nicht mehr festzustellen, ob er diese *Beilage* als Beilage eines Briefes verschickte, oder ob es lediglich eine Aufzeichnung für ihn selbst war.

Rückblick

Über die eigentliche spezielle Lösung hinaus ist die betrachtete Problemstellung aus einem weiteren Grund bedeutsam. BERNOULLI untersucht hier nicht Extremaleigenschaften an einer vorgegebenen Kurve, sonder er befaßt sich statt dessen mit der Aufgabe, unter unendlich vielen Kurven eine bestimmte Kurve mit einer gewissen Extremaleigenschaft herauszufinden. Das Brachistochronenproblem stellt damit die Geburtsstunde der Variationsrechnung dar. Den Namen *Variationsrechnung* prägte übrigens 1756 der berühmteste Schüler JOHANN BERNOULLIS, nämlich LEONHARD EULER (1707 – 1783). EULERS Verdienst ist es auch, auf den Lösungsideen der Brüder BERNOULLI aufbauend, eine allgemeinere Lösungsmethode für Variationsprobleme entwickelt zu haben.

Die Zykloide: brachistrochron und tautochron

Lassen wir JOHANN BERNOULLI ein letztes Mal zu Wort kommen. Am Ende seines Artikels über das Brachistochronenproblem schreibt er: „Bevor ich schließe, muß ich noch einmal der Bewunderung Ausdruck geben, welche ich über die unerwartete Identität der Huygensschen Tautochrone und meiner Brachistochrone empfinde." In der zweiten Hälfte des 17. Jahrhunderts gehört die Zykloide zu den am intensivsten untersuchten Kurven; welche Eigenschaft verbirgt sich wohl hinter dem Begriff *Tautochrone?*

Bei der Klärung dieser Frage hilft uns eine weitere Abhandlung von CHRISTIAN HUYGENS, und zwar seine Schrift über Pendeluhren aus dem Jahr 1673 mit dem Titel *Horologium oscillatorium.* Um eine genau gehende Uhr zu erhalten, kommt es auf die gleichmäßige Schwingungsdauer des Pendels an. Man ist an einem Pendel interessiert, das für jeden Ausschlagwinkel dieselbe Schwingungszeit hat, das also isochron (isos = gleich) schwingt. HUYGENS verwendet das Wort *tautochron* (tautos = derselbe) anstelle von isochron. Wiederum liefert GALILEO GALILEI die ersten Ergebnisse. Angeblich angeregt durch einen schwingenden Leuchter im Baptisterium von Pisa, befaßte er sich mit dieser Problematik. Ihm unterlief allerdings ein Fehlschluß, da er die Isochronie des Kreispendels auch für große Ausschlagwinkel annahm. Diese Aussage widerlegte HUYGENS mit Hilfe seiner Experimente mit Fallrinnen. Die Idee, eine solche Versuchsanordnung anstelle von Pendeln zu verwenden, stammt übrigens von GALILEI.

HUYGENS stellt fest, daß die Schwingungszeit nicht unabhängig von der Schwingungshöhe ist, d.h. die Zeit, die die Kugel in einer halbkreisförmigen Fallrinne benötigt, um den tiefsten Punkt zu erreichen, hängt von der Höhe ab, in der die Kugel gestartet wird. Bei einer Fallrinne in Zykloidenform tritt nach der Beobachtung von HUYGENS aber die Abhängigkeit von der Höhe nicht auf. Für eine gleichmäßige Schwingungsdauer, wie sie für eine Uhr notwendig ist, kommt es also darauf an, daß das Pendel einen Zykloidenbogen beschreibt. Dies erreicht er mit Hilfe zweier Leisten in der Form eines Zykloidenhalbbogens, zwischen denen er den Pendelfaden schwingen läßt.

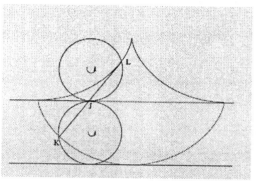

Das Zykloidenpendel erlaubt somit den Bau einer genauer gehenden Pendeluhr, aber leider nur theoretisch. Denn in der Praxis hebt die Haftreibung an den zykloidenförmigen Leisten die Verbesserung gegenüber dem Kreispendel wieder auf. So zeigt das Zykloidenpendel ein großes Manko: Das mathematische Modell ist brillant, aber für eine praktische Anwendung nicht geeignet.

Offen bleibt die Frage, was HUYGENS veranlaßt hat, mit einer zykloidenförmigen Fallrinne zu experimentieren. Vielleicht gab ein Wettbewerb aus dem Jahr 1658 den Anstoß, den BLAISE PASCAL (1623 – 1662) ausrichtete. Dieser forderte auch HUYGENS zur Teilnahme auf. In diesem Wettbewerb waren sechs Aufgabe zu lösen, die mit Zykloiden zu tun haben. HUYGENS meisterte vier dieser Aufgaben. Sieger des Wettbewerbs wurde übrigens ein gewisser AMOS DETTONVILLE, ein allen unbekannter Mathematiker. Erst später stellte sich heraus, daß sich hinter diesem Namen der Initiator des Wettbewerbs, nämlich PASCAL selbst, verbarg.

Schlußbemerkung

Betrachten wir nochmals das am Anfang dieses Artikels stehende Portrait
JOHANN BERNOULLIS. Darunter befindet sich ein von VOLTAIRE (1694 –
1778) verfaßtes Motto:

> Son ésprit vit la vérité
> Et son cœur connut la justice,
> Il a fait l'honneur de la Suisse
> Et celui de l'humanité.

Das klingt bedeutungsvoll, und Johann war sich seiner Bedeutung sehr bewußt. Damit die Nachwelt sein Leben gemäß seiner Sichtweise überliefert
wird, schrieb JOHANN BERNOULLI sicherheitshalber seine Biographie selbst.
Aber er begnügte sich nicht mit einer einzigen Selbstbiographie, dazu war
er sich wohl zu bedeutend. Er verfaßte gleich deren zwei, die sich inhaltlich
und in der Sprache (deutsch bzw. französisch) unterscheiden. Man könnte
vermuten, daß die deutsche Fassung mehr für den internen, sprich familiären, Gebrauch bestimmt war, die französische Version hat eher einen offi-
ziellen Charakter. Auch um seine wissenschaftlichen Werke hat man sich
rechtzeitig gekümmert. Bereits zu seinen Lebzeiten wurden seine *Opera
Omnia* von GABRIEL CRAMER (1704 – 1752) herausgegeben.

Schmerzlich für JOHANN ist es sicherlich, daß eines seiner Ergebnisse, das
auch im Schulunterricht behandelt wird, nicht seinen Namen trägt. Warum
die Regel von L'HÔPITAL nicht nach JOHANN benannt wird, das ist eine
weitere spannende Geschichte.

Das harmonische Dreieck von Leibniz mit Aufgaben und Projektvorschlägen für Schüler

Judita Cofman und Caroline Merkel

§ 0. Einleitung

Ein wichtiges Bestreben des modernen Mathematikunterrichts ist es, Einblicke in die Geschichte der Mathematik zu gewähren. Diese sollen das Verständnis für das Fach Mathematik stärken und zur Allgemeinbildung beitragen.

In der Unterrichtspraxis wird man dabei unumgänglich mit der Frage konfrontiert: Wie kann man Betrachtungen aus der Geschichte der Mathematik so in den Unterricht einfügen, daß dadurch wichtige Lehrziele, wie z.B. die Förderung der Kreativität beim entdeckenden Lernen, nicht beeinträchtigt werden? Dazu bietet sich, als eine der möglichen Antworten, der Vorschlag an, Einzelheiten aus der Geschichte der Mathematik im Zusammenhang mit dem Lösen von Aufgaben zu behandeln. Es gibt eine Vielfalt von Themen, die für ein derartiges Vorhaben geeignet sind. Eines davon ist das *harmonische Dreieck*, ein Zahlenschema, das von LEIBNIZ für die Summierung einiger unendlicher Reihen aufgestellt wurde.

Das harmonische Dreieck weist Analogien zu dem wohlbekannten Pascalschen Dreieck auf. Im § 1 wird das harmonische Dreieck aus dem Pascalschen hergeleitet und Ähnlichkeiten zwischen beiden Zahlenschemata werden erörtert.

Für die LEIBNIZsche Konstruktion des harmonischen Dreiecks wurde das Pascalsche Dreieck allerdings nicht benötigt. Wie kam LEIBNIZ auf das harmonische Dreieck, und wozu verwendete er es? Darüber wird im § 2 berichtet.

Im § 3 werden Aufgaben- und Projektvorschläge für fortgeschrittene Schüler formuliert, mit dem Ziel, Verallgemeinerungen des harmonischen Dreiecks zu gewinnen.

§ 1. Die Herleitung des harmonischen Dreiecks aus dem Pascalschen Dreieck

Figur 1 zeigt das *Pascalsche Dreieck*. Das k-te Element der n-ten Zeile des Zahlenschemas ist der Binominalkoeffizient $\binom{n}{k}$. Dabei ist n ≥ 0, und für jedes n ist 0 ≤ k ≤ n.

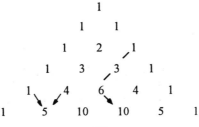

Figur 1: Das Pascalsche Dreieck

Das *harmonische Dreieck* ist ein Zahlenschema, das aus dem Pascalschen Dreieck entsteht, indem man jedes Element $\binom{n}{k}$ des Pascalschen Dreiecks durch die Zahl $\dfrac{1}{n+1}\dfrac{1}{\binom{n}{k}}$ ersetzt (siehe *Figur 2*).

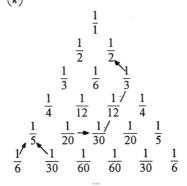

Figur 2: Das harmonische Dreieck

Sei $h_{n,k}$ das k-te Element in der n-ten Zeile des harmonischen Dreiecks, für $n \geq 0$ und $0 \leq k \leq n$. Dann ist gemäß der obigen Definition

$$h_{n,k} = \frac{1}{n+1} \cdot \frac{1}{\binom{n}{k}} \qquad \text{für } n \geq 0,\, 0 \leq k \leq n \qquad (1)$$

Bekanntlich besitzt das *Pascalsche Dreieck* die folgenden Eigenschaften:

a) Die Zahlen jeder Zeile entstehen, indem zwei benachbarte Elemente der darüberstehenden Zeile addiert werden. Das heißt:

$$\binom{n}{k} + \binom{n}{k+1} = \binom{n+1}{k+1} \qquad \text{für } n \geq 0,\, 0 \leq k \leq n\text{-}1 \qquad (2)$$

b) Die Summe der ersten j+1 Elemente einer Schrägreihe des Dreiecks ist gleich dem Element rechts unterhalb des letzten Elements der Summe:

$$\sum_{i=0}^{j} \binom{n+i}{n} = \binom{n+j+1}{n+1} \qquad \text{für } n \geq 0,\, j \geq 0 \qquad (3)$$

Dank der Gültigkeit der Formel (1) lassen sich für das *harmonische Dreieck* entsprechende, folgendermaßen modifizierte Eigenschaften herleiten:

a') Die Summe zweier benachbarter Elemente jeder Zeile ist gleich dem Element direkt über den beiden in der vorigen Zeile:

$$h_{n,k} + h_{n,k+1} = h_{n-1,k} \qquad \text{für } n \geq 1,\, 0 \leq k \leq n\text{-}1 \qquad (4)$$

b') Die Summe der ersten j+1 Elemente einer Schrägreihe des Dreiecks - verschieden von der Reihe am Rand - ist gleich der Differenz des Elements links oberhalb des ersten Summanden und des Elements links von dem letzten Summanden:

$$\sum_{i=0}^{\infty} h_{n+i,n} = h_{n-1,n-1} - h_{n+j,n-1} \qquad \text{für } n \geq 1,\, j \geq 0 \qquad (5)$$

Die letzte Formel enthüllt eine weitere besonders interessante Eigenschaft des harmonischen Dreiecks:

c') Für jedes $n \geq 1$ ist

$$\sum_{i=0}^{\infty} h_{n+i,n} = \lim_{j \to \infty} (h_{n-1,n-1} - h_{n+j,n-1}) = h_{n-1,n-1} \qquad (6)$$

Mit anderen Worten:

Das harmonische Dreieck enthält für jedes $n \geq 1$ die Elemente der konvergenten Reihe $\sum\limits_{i=0}^{\infty} h_{n+i,\, n}$. Zudem ist die Summe dieser Reihe auch in dem Dreieck enthalten: Sie ist gleich dem Element $h_{n-1,\, n-1}$.

Die Reihe $\sum\limits_{i=0}^{\infty} h_{i,0}$, die am Rande des Dreiecks steht, bildet eine Ausnahme: Sie ist die sogenannte *harmonische Reihe* $\dfrac{1}{1}+\dfrac{1}{2}+\dfrac{1}{3}+...$, die bekanntlich divergiert.

Daher resultiert wohl auch der Name des *harmonischen Dreiecks*.

§ 2. Die Entdeckung des harmonischen Dreiecks durch Leibniz

Das harmonische Dreieck wurde von LEIBNIZ zu Beginn eines längeren Aufenthaltes in Paris im Jahre 1672 entwickelt und aufgeschrieben. Zu dieser Zeit fing er an, sich eingehender mit der Mathematik zu beschäftigen.

LEIBNIZ wandte sich unter anderem dem Thema "Unendliche Reihen" zu. Es war damals ein kaum erforschtes Gebiet. Man war gerade dabei erste allgemeine Resultate über die Summierung von Reihen zu gewinnen.

Der niederländische Mathematiker HUYGENS forderte den jungen LEIBNIZ auf, die unendliche Reihe der reziproken Dreieckszahlen

$$\underbrace{\frac{1}{1\cdot 2}}_{2} + \underbrace{\frac{1}{2\cdot 3}}_{2} + \underbrace{\frac{1}{3\cdot 4}}_{2} + ... + \underbrace{\frac{1}{n(n+1)}}_{2} + ... \text{ zu summieren.}$$

HUYGENS empfahl LEIBNIZ zudem ein Buch: Das "Opus geometricum" von GREGORIUS A S. VINCENTIO (1584-1667). Für LEIBNIZ' Problem war das zweite Buch des Opus wichtig. Darin beschäftigte sich GREGORIUS mit geometrischen Reihen. Insbesondere gelang es ihm hier die Summe einer unendlichen geometrischen Reihe $a + aq + aq^2 + aq^3 + ...$ für $0 < q < 1$ zu bestimmen. Bislang hatte man nur Spezialfälle dieser Reihe berechnet.

GREGORIUS ging dabei folgendermaßen vor: Er betrachtete die Glieder ei-ner unendlichen Reihe als Streckenlängen und erstellte etwa die folgende Fig. 3:

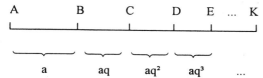

Figur 3: Darstellung der unendlichen Reihe nach GREGORIUS

Die Strecken, die die Summanden darstellen, reihte er wie in Figur 3 darge-stellt aneinander, wobei gilt $\frac{\overline{AB}}{\overline{BK}} = \frac{\overline{BC}}{\overline{CK}}$.

GREGORIUS bemerkte, daß der Punkt K hierbei nie erreicht, aber angenähert wird. Nach weiteren Überlegungen folgerte er, daß die Summe der unendlichen geometrischen Reihe gleich der Länge der Strecke AK sein muß, also gleich $a \cdot \frac{1}{1-q}$ ist.

LEIBNIZ fiel auf:

Wenn man die Summanden der geometrischen Reihe nach der Idee von GREGORIUS als Streckenlängen weiterhin auf einer Halbgeraden darstellt, die Strecken aber alle im Punkt A beginnen läßt, geschieht folgendes (Figur 4):

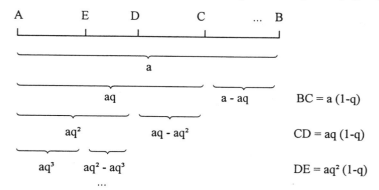

Figur 4: Darstellung der unendlichen Reihe nach Leibniz

Betrachtet man die Abstände $\overline{AE}, \overline{ED}$, $\overline{DC}$, ... in Figur 4, so erkennt man, daß sie wieder eine geometrische Folge bilden, deren Glieder zu denen der Ausgangsfolge proportional sind. Die Summe der Glieder ist gleich a.

Diese Methode wandte nun LEIBNIZ auf die von HUYGENS gestellte Aufgabe an. Er bemerkte, daß das allgemeine Glied $\dfrac{1}{n(n+1)}$ der Folge $\dfrac{1}{1\cdot 2}, \dfrac{1}{2\cdot 3}, \dfrac{1}{3\cdot 4}, \dfrac{1}{4\cdot 5}, \cdots$ als die Differenz $\dfrac{1}{n} - \dfrac{1}{n+1}$ darstellbar ist. So sah er sich zunächst die Folge der Zahlen $\dfrac{1}{1}, \dfrac{1}{2}, \dfrac{1}{3}, \dfrac{1}{4}, \cdots$ an.

Er trug Strecken dieser Längen $\dfrac{1}{1}, \dfrac{1}{2}, \dfrac{1}{3}, \dfrac{1}{4}, \cdots$ mit jeweils dem selben Anfangspunkt auf einer Halbgeraden an und betrachtete die Abstände zwischen den gewonnenen Punkten auf der Strecke (Figur 5):

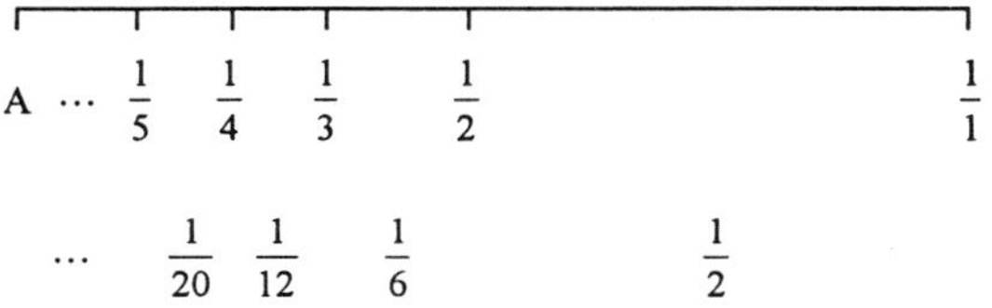

Figur 5: Anwendung der allgemeinen Darstellung auf die Aufgabe von HUYGENS

Die Summe der Teilstrecken strebt gegen die Länge der gesamten Strecke, also gegen 1. Deshalb erhält man als Summe:

$$\frac{1}{1\cdot 2} + \frac{1}{2\cdot 3} + \frac{1}{3\cdot 4} + \frac{1}{4\cdot 5} + \ldots = 1 \qquad (7)$$

Man multipliziert nun Gleichung (7) mit dem Faktor 2. Dadurch erhält man als Lösung des Huygenschen Problems die Summe:

$$\frac{1}{1} + \frac{1}{3} + \frac{1}{6} + \frac{1}{10} + \ldots = 2 \qquad (8)$$

Wichtig ist, daß Leibniz auf diese Weise eine allgemeine Methode entdeckte, aus einer Reihe die Summe einer weiteren Reihe durch *Differenzenbildung* zu ermitteln.

So entstand durch Fortführung dieses Prozesses das harmonische Dreieck (Figur 6):

$$\frac{1}{1} \quad \frac{1}{2} \quad \frac{1}{3} \quad \frac{1}{4} \quad \frac{1}{5} \quad \cdots$$

$$\frac{1}{2} \quad \frac{1}{6} \quad \frac{1}{12} \quad \frac{1}{20} \quad \cdots$$

$$\frac{1}{3} \quad \frac{1}{12} \quad \frac{1}{30} \quad \cdots$$

$$\cdots$$

Figur 6: Erstellung des harmonischen Dreiecks durch die Anwendung der Differenzenbildung

Um das ursprüngliche Zahlenschema von Leibniz zu erhalten, multipliziert man die Schrägzeilen des harmonischen Dreiecks mit 1, 2, 3, ...(Figur 7)

$$\frac{1}{1} \quad \frac{1}{1} \quad \frac{1}{1} \quad \frac{1}{1} \quad \frac{1}{1}$$

$$\frac{1}{1} \quad \frac{1}{2} \quad \frac{1}{3} \quad \frac{1}{4} \quad \frac{1}{5} \quad \cdots$$

$$\frac{1}{1} \quad \frac{1}{3} \quad \frac{1}{6} \quad \frac{1}{10} \quad \frac{1}{15} \quad \cdots$$

$$\frac{1}{1} \quad \frac{1}{4} \quad \frac{1}{10} \quad \frac{1}{20} \quad \frac{1}{35} \quad \cdots$$

$$\cdots$$

summa

$$\frac{0}{\cdots} \quad \frac{1}{0} \quad \frac{2}{1} \quad \frac{3}{2} \quad \frac{4}{3} \quad \cdots$$

Figur 7: Das ursprüngliche Zahlenschema von Leibniz

Auf die Summen der ersten beiden Spalten schloß er durch Analogie.

Zu LEIBNIZ' Zeit gingen die Mathematiker mit unendlichen Reihen sehr unbekümmert um und behandelten sie wie die ihnen vertrauten endlichen Reihen.

Aus heutiger Sicht würden wir ein solches Vorgehen als falsch bezeichnen, da die Ausgangsreihe, die harmonische Reihe, divergent ist.

Wenn man aber heute die Berechnungen von LEIBNIZ zum harmonischen Dreieck mit Hilfe von Teilreihen und Grenzwerten nachvollzieht, gewinnt man den Eindruck, daß seine intuitiven Überlegungen richtig waren; er konnte seine Gedankengänge nur nicht richtig darlegen.

§ 3. Aufgaben- und Projektvorschläge für Schüler

In der Oberstufe des Gymnasiums lassen sich verschiedene Aspekte des Themas "Das harmonische Dreieck" bearbeiten:

Schülern, die mit Binominalkoeffizienten vertraut sind, kann man als Übungsaufgaben, die Verifizierung der Formeln (4) - (6) stellen.

Ein anschließender Vortrag über die Entdeckung des harmonischen Dreiecks von LEIBNIZ (im Sinne von § 2) könnte hier zu Diskussionen in folgender Richtung führen: Die Bedeutung der LEIBNIZschen Ideen in der Entwicklung der Mathematik, die Art der Probleme, die die Zeitgenossen des jungen Leibniz interessierte, und die Anfänge der Theorie der unendlichen Reihen.

Fortgeschrittenen Schülern sollte man empfehlen, Verallgemeinerungen des harmonischen Dreiecks zu untersuchen. Hier werden zwei Vorschläge dazu angegeben:

Vorschlag 1

Im § 1 wurde das *harmonische Dreieck* von dem Pascalschen Dreieck durch Ersetzen seine Elemente $\binom{n}{k}$ durch die Zahlen $h_{n,k} = \dfrac{1}{n+1} \cdot \dfrac{1}{\binom{n}{k}}$ konstruiert.

Man sollte versuchen durch ähnliches Verfahren aus Verallgemeinerungen des Pascalschen Dreiecks solche Zahlenschemata zu gewinnen, die verallgemeinerte Eigenschaften des harmonischen Dreiecks besitzen. Das Beispiel, das sich hier vor allem anbietet, ist die sogenannte *Pascalsche Pyramide*. Ihre Elemente sind die Trinominalkoeffizienten $\dfrac{n!}{k!\,\ell!\,m!}$ mit $k + \ell + m$

$= n$, und $k, \ell, m \in \{0,1,2,...\}$.

Die Elemente der Pascalschen Pyramide besitzen die folgende Eigenschaft - eine Verallgemeinerung von (2):

Für jede Auswahl von nicht negativen ganzen Zahlen k-1, ℓ-1 und m-1 gilt:

$$\frac{n!}{(k-1)!\,\ell!\,m!} + \frac{n!}{k!\,(\ell-1)!\,m!} + \frac{n!}{k!\,\ell!\,(m-1)!} = \frac{(n+1)!}{k!\,\ell!\,m!} \qquad (9)$$

wobei n = k + ℓ + m - 1 ist.

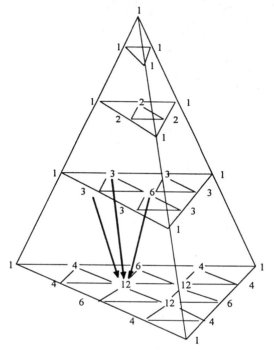

Figur 8: Die Pascalsche Pyramide

Es stellt sich die Frage:

Ist es möglich, eine von n abhängige Zahl f (n) zu finden, so daß durch Ersetzen von $\dfrac{n!}{k!\,\ell!\,m!}$ durch $\dfrac{1}{f(n)} \cdot \dfrac{1}{\frac{n!}{k!\,\ell!\,m!}}$ in der *Pascalschen Pyramide* eine neue Zahlenpyramide Π entsteht, mit einer Eigenschaft analog zu (4)?

Das heißt, in Π sollte die Summe dreier benachbarter Elemente in der selben waagrechten Ebene stets ein Element der darüberliegender Ebene ergeben.

Um einen Anhaltspunkt für die Bestimmung von f (n) zu gewinnen, ersetzen wir in der Pascalschen Pyramide die Elemente zuerst durch ihre reziproken Werte. Dadurch entsteht das Zahlenschema Π':

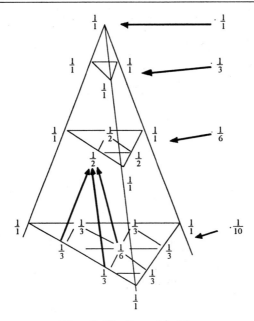

Figur 9: Die Pyramide Π'

Mit Hilfe dieses Schemas erkennt man: Wenn man die Zahlen in Π' in der 0-ten Ebene mit $\frac{1}{1}$, in der ersten Ebene mit $\frac{1}{3}$ und in den nächsten beiden Ebenen mit $\frac{1}{6}$ bzw. $\frac{1}{10}$ multipliziert und dann die so entstandenen Produkte, die an den Ecken eines beliebigen Dreiecks liegen, addiert, entsteht das Element von Π', das direkt über dem Dreieck liegt.

Diese Beobachtung führt zu der Vermutung $f(n) = \binom{n+2}{2}$, da 1, 3, 6, 10 Dreieckszahlen sind. Tatsächlich läßt sich die folgende Beziehung beweisen:

Sei $p_{k,\ell,m} = \dfrac{1}{\binom{n+2}{2}} \cdot \dfrac{1}{\frac{n!}{k!\,\ell!\,m!}}$ für ganze Zahlen k, ℓ, m mit $k \geq 1$, $\ell \geq 0$, $m \geq 0$

und $n = k + \ell + m$.

Dann gilt

$$p_{k,\ell,m} + p_{k-1,l,m+1} + p_{k-1,l+1,m} = p_{k-1,l,m} \qquad (10).$$

Beziehung (8) kann man als eine Verallgemeinerung von (2) auffassen. Aus diesem Grund erklären wir das *Zahlenschema* Π, das aus der Pascalschen Pyramide durch Ersetzen des Trinominalkoeffizienten $\dfrac{n!}{k! \; \ell! \; m!}$ durch $p_{k,l,m}$ entsteht, als eine *Verallgemeinerung des harmonischen Dreiecks*.

Als weitere Fragen, die man in Beziehung zu Π untersuchen kann, wären folgende denkbar:

(1) Welche unendlichen Reihen kann man mit Hilfe von Π summieren?

(2) Wie läßt sich Π in höheren Dimensionen weiter verallgemeinern? Bezüglich der letzten Frage sollte man eine t-dimensionale Zahlenpyramide, die aus den Elementen $\dfrac{1}{\dbinom{n+t-1}{t-1}} \cdot \dfrac{n!}{k_1! \; k_2! \ldots k_t!}$ mit $k_i \geq 0$ für $i = 1, 2, \ldots, t$ und

$k_1 + k_2 + \ldots + k_t = n$ betrachten.

Vorschlag 2

bezieht sich auf die Konstruktion des harmonischen Dreiecks nach dem Verfahren von LEIBNIZ, das im § 2 geschildert wurde: Aus der harmonischen Reihe, der "Anfangsreihe", gewinnt man Schritt für Schritt weitere Reihen, wobei jede neue Reihe aus den Differenzen von je zwei benachbarten Gliedern der vorigen Reihe besteht.

Man kann sich die Fragen stellen:

(1) Welches Zahlenmuster entsteht, wenn man statt mit der harmonischen Reihe mit einer anderen Anfangsreihe beginnt?

(2) Ist es möglich, in dem neugewonnenen Zahlenmuster die Elemente durch geschickt gewählte Vielfache ihrer reziproken Werte zu ersetzen, so daß dadurch ein dem Pascalschen Dreieck verwandtes Zahlenmuster entsteht?

Eine naheliegende Auswahl für die Anfangsreihe eines neuen *Zahlenmusters* H* scheint die Reihe der reziproken der ungeraden Zahlen $\dfrac{1}{1}, \dfrac{1}{3}, \dfrac{1}{5}, \ldots$ zu sein.

Das Differenzenverfahren, angewandt auf diese Reihe, ergibt das folgende Schema:

$$\frac{1}{1} \qquad \frac{1}{3} \qquad \frac{1}{5} \qquad \frac{1}{7} \qquad \frac{1}{9} \qquad \frac{1}{11} \quad \cdots$$

$$\frac{2}{3\cdot1} \qquad \frac{2}{5\cdot3} \qquad \frac{2}{7\cdot5} \qquad \frac{2}{9\cdot7} \qquad \frac{2}{11\cdot9} \quad \cdots$$

$$\frac{4\cdot2}{5\cdot3\cdot1} \qquad \frac{4\cdot2}{7\cdot5\cdot3} \qquad \frac{4\cdot2}{9\cdot7\cdot5} \qquad \frac{4\cdot2}{11\cdot9\cdot7} \quad \cdots$$

$$\frac{6\cdot4\cdot2}{7\cdot5\cdot3\cdot1} \qquad \frac{6\cdot4\cdot2}{9\cdot7\cdot5\cdot3} \qquad \frac{6\cdot4\cdot2}{11\cdot9\cdot7\cdot5} \quad \cdots$$

$$\cdots$$

Figur 10: Das Zahlenmuster H*

Diese Tabelle führt unerwartet zu der Geschichte der Mathematik zurück. Wenn nämlich ihre Elemente durch ihre reziproken Werte ersetzt, und danach in jeder Zeile das erste Glied mit $\frac{1}{1}$, das zweite mit $\frac{1}{3}$, das dritte mit $\frac{1}{5}$, ..., das i-te mit $\frac{1}{2i+1}$ multipliziert werden, entsteht ein *Zahlenschema P**, das von WALLIS (1616-1703) erstellt wurde:

$$1 \qquad 1 \qquad 1 \qquad 1 \qquad 1 \qquad 1 \qquad \cdots$$

$$\frac{3}{2} \qquad \frac{5}{2} \qquad \frac{7}{2} \qquad \frac{9}{2} \qquad \frac{11}{2} \quad \cdots$$

$$\frac{5\cdot3}{4\cdot2} \qquad \frac{7\cdot5}{4\cdot2} \qquad \frac{9\cdot7}{4\cdot2} \qquad \frac{11\cdot9}{4\cdot2} \quad \cdots$$

$$\frac{7\cdot5\cdot3}{6\cdot4\cdot2} \qquad \frac{9\cdot7\cdot5}{6\cdot4\cdot2} \qquad \frac{11\cdot9\cdot7}{6\cdot4\cdot2} \quad \cdots$$

$$\cdots$$

Figur 11: Das Zahlenschema P*

Die Schrägreihen der Tabelle in Figur 6 findet man, alternierend mit den Schrägreihen des Pascalschen Dreiecks, in der folgenden Tabelle von WALLIS:

q \ p	0	1	2	3	4	5	6	7	8
0	1		1		1		1		1
1	1		$\dfrac{2}{3}$		$\dfrac{5 \cdot 3}{4 \cdot 2}$		$\dfrac{7 \cdot 5 \cdot 3}{6 \cdot 4 \cdot 2}$		$\dfrac{9 \cdot 7 \cdot 5 \cdot 3}{8 \cdot 6 \cdot 4 \cdot 2}$
2	1		2		3		4		5
3	1		$\dfrac{5}{2}$		$\dfrac{7 \cdot 5}{4 \cdot 2}$		$\dfrac{9 \cdot 7 \cdot 5}{6 \cdot 4 \cdot 2}$		$\dfrac{11 \cdot 9 \cdot 7 \cdot 5}{8 \cdot 6 \cdot 4 \cdot 2}$
4	1		3		6		10		15
5	1		$\dfrac{7}{2}$		$\dfrac{9 \cdot 7}{4 \cdot 2}$		$\dfrac{11 \cdot 9 \cdot 7}{6 \cdot 4 \cdot 2}$		$\dfrac{13 \cdot 11 \cdot 9 \cdot 7}{8 \cdot 6 \cdot 4 \cdot 2}$
6	1		4		10		20		35
7	1		$\dfrac{9}{2}$		$\dfrac{11 \cdot 9}{4 \cdot 2}$		$\dfrac{13 \cdot 11 \cdot 9}{6 \cdot 4 \cdot 2}$		$\dfrac{15 \cdot 13 \cdot 11 \cdot 9}{8 \cdot 6 \cdot 4 \cdot 2}$
8	1		5		15		35		70

Figur 12: Eine Tabelle von Wallis

In dieser Tabelle stellte WALLIS seine Ergebnisse bei der Berechnung der Funktionswerte $F(p,q) = 1 : \int_0^1 (1 - t^{\frac{2}{q}})^{\frac{p}{2}} dt$ zusammen. Mit Hilfe der Rekursionsformel $F(p,q) = \dfrac{p+q}{p} F(p-2, q)$ und den Anfangswerten $F(0,q) = 1$ für q = 0, 1, 2, ... konnte WALLIS F(p,q) für alle nichtnegativen ganzen Zahlen q, jedoch nur für gerade nichtnegative Zahlen p bestimmen. Für diese Zahlen p und q steht F(p,q) in der p-ten Zeile und in der q-ten Spalte. Die Elemente in der (2i)-ten Zeile der Tabelle für i = 0, 2, 4, ... sind die Binominalkoeffizienten. Insofern kann man P* als eine *Ergänzung des Pascalschen Dreiecks* betrachten.

Die Lücken in der WALLISschen Tabelle - für ungerade Werte von p - wurden von NEWTON im Alter von 21 Jahren beseitigt. Bei diesem Tun entdeckte NEWTON, daß der binomische Lehrsatz auf gebrochene und negative Exponente ausgedehnt werden kann. Ein Spezialfall dieses Satzes ist die Entwicklung der Funktion $(1-x^2)^{\frac{1}{2}}$ in eine unendliche Reihe:

$$(1-x^2)^{\frac{1}{2}} = 1 - \frac{1}{2}x^2 - \frac{1}{8}x^4 - \frac{1}{16}x^6 - \dots$$

Als LEIBNIZ später wahrnahm, daß sich NEWTON mit dem Studium der unendlichen Reihen beschäftigte, bat er OLDENBURG, den damaligen Sekretär der Royal Society in England, um Einzelheiten über NEWTONs Arbeit. Daraufhin schrieb NEWTON an OLDENBURG den unten folgenden Brief. Heute wird im Zusammenhang mit den Forschungsarbeiten von LEIBNIZ und NEWTON fast unumgänglich der Prioritätsstreit um ihre Entdeckungen erwähnt. Der Briefauszug deutet aber auf eine gegenseitige Hochachtung der beiden jungen Wissenschaftler hin.

LETTER OF JUNE 13, 1676 by NEWTON to OLDENBURG

Although the modesty of Dr. LEIBNIZ in the Excerpts which you recently sent me from his Letter, attributes much to my work in certain Speculations regarding Infinite Series, rumor of which is already beginning to spread, i have no doubt that he has found not only a method of reducing any Quantities whatsoever into Series of this type, as he himself asserts, but also that he has found various Compendia, similar to ours if not even better.

Since, however, he may wish to know the discoveries that have been made in this direction by English (I myself fell into this Speculation some years ago) and in order to satisfy his wishes to some degree at least, I have sent you certain of the points which have occurred to me.

Fractions may be reduced to Infinite Series by Division, and Radical Quantities may be so reduced by Extraction of Roots.

Literatur

BOYER, B.: A History of Mathematics. John Wiley & Sons, New York - Chichester, Brisbane, Toronto 1968

HOFMANN, J. E.: Das Opus Geometricum des Gregorius a S. Vincentio und seine Einwirkung auf Leibniz. Abhandlungen der Preuß. Akademie der Wissenschaften. Math.-Naturwiss. Klasse. 1941

HOFMANN, J. E.: Der junge Newton als Mathematiker. Math.Phys.Sem. Berichte 1952

NEWMAN, R.: The world of mathematics. George Allen and Unwin Ltd., London 1959

300 Jahre Brachistochronenproblem

Rüdiger Thiele*

> Problema est profecto pulcherrimum,
> et me invitum ac reluctantem, pulchri-
> tudine sua, ut pomum Evam ad se
> traxit.
>
> G. W. LEIBNIZ am 16. Juni 1696
> an JOHANN BERNOULLI [1]

Im Juniheft von 1696 der Leipziger *Acta eruditorum* folgt auf einen Artikel
von JOHANN BERNOULLI auf Seite 269 in vier Zeilen unter der Überschrift
Problema novum ad cujus solutionem Mathematici invitantur folgende
Aufgabe, die in keinem Zusammenhang zu dem vorangehenden Artikel steht
und die als Brachistochronenproblem bekannt geworden ist:

---

* Dieser Vortrag ist Teil eines Forschungsprojekts über die Geschichte der Feldtheorie,
das von der *Deutschen Akademie der Naturforscher, Leopoldina*, unterstützt wird. Ich
danke der *Leopoldina* und dem *Mathematischen Institut* der *Universität Bonn*, wo
während eines Gastaufenthaltes aufgrund des Förderpreises der *Leopoldina* in der anregenden Arbeitsatmosphäre von Prof. Dr. *S. Hildebrandt* dieser Vortrag im SS 1996
entstand.
[1] Gerhardt, *Leibnizens mathematische Schriften*. Band 3, S. 312, oder *Commercium
epist., Bd.* 1, S. 167. "Das Problem [des schnellsten Abstiegs] ist fürwahr sehr schön
und hat mich, den widerstrebenden, angezogen wie der Apfel die Eva." Diese Bemerkung von Leibniz ist keine barocke Floskel, wie es rund 40 Briefe aus der Zeit des
Bruderstreits belegen, in denen über die Schar der *Zykloiden* sowie der zugehörigen
Synchronen debattiert wird (9. 6. 1696 bis 7. 5. 1701); auch nach dem Abflauen des
Streites kommen Leibniz und Joh. Bernoulli bis zum Tode von Leibniz in etwa 10
Briefen auf diese Thematik (insbesondere auf die *orthogonale Trajektorien)* zurück.
Leibniz fand eine ähnliche Lösung wie Jac. Bernoulli, und er diskutierte mit Joh. Ber-
noulli über den Namen der *curvae celerrimi descensus* (der Kurve des schnellsten Abstiegs), für die er zunächst den Namen *Tachystoptota (=* schnellster Fall, von griech.
tachystos schnellste und *piptein* Fall) vorgeschlagen hatte, dann aber Bernoullis allge-
meinerer Bezeichnung *Brachistochrone (=* kürzeste Zeit, von griech. *brachistos* kürzeste und *chronos* Zeit, siehe unten) zustimmte (Brief vom 31. 7. 1696), die dann im
Maiheft 1697 der *Acta eruditorum* und fortan benutzt wurde.

Datis in plano verticali duobus punctis A & B (vid. Fig. 5) assignare Mobili M viam AMB, per quam gravitate sua descendens & moveri incipiens a puncto A, brevissimo tempore perveniat ad alterum punctum B.[2]

Das war auf den Tag ziemlich genau vor 300 Jahren. JOHANN BERNOULLI war 29 Jahre alt und hatte sein erstes Semester als Professor der Mathematik in Groningen hinter sich.

Da BERNOULLI offenbar das Juniheft der *Acta* bis zum 9. Juni noch nicht erhalten hatte, teilte er am gleichen Tag LEIBNIZ dieses Problem zusätzlich brieflich mit, und jener schickte bereits am 16. Juni seine Lösung mit den Worten zurück, daß ihn das Problem wie der Apfel die Eva angezogen habe. Ein Holländer, ein gewisser MAKREEL, hatte andererseits zum Mißvergnügen BERNOULLIs bemerkt, *que cela probléme etoit bon pour les Allemans, mais que les Hollondois n'y repondroient pas,*[3] daß also diese Aufgabe zwar gut für die Deutschen, nicht aber für die Holländer sei. In den Ergänzungen aus den 60er Jahren zu einer Vorlesung von R. COURANT über Variationsrechnung, die J. MOSER redigiert hat, lesen wir sogar, daß das Problem zwar historische Bedeutung habe, daß aber *BERNOULLI's procedure, although highly significant for its historical interest, actually proved nothing at all.*[4]

JOHANN BERNOULLI hat rund 100 solcher Aufgaben, sogenannte *provocationes*, Herausforderungen, gestellt. Weshalb erregte gerade dieses Brachistochronenproblem so viel Aufsehen, und warum interessiert es uns heute noch? Über den ehrwürdigen historischen Anlaß hinaus gibt es mit dem Problem verbundene mathematische und auch physikalische Spitzenleistungen und damit zwangsläufig wissenschaftshistorisch wichtige Gesichtspunkte, aber auch hervorhebenswerte Aspekte der Art und Weise wissenschaftlicher Kooperation und Konfrontation.

---

[2] *Acta eruditorum*, Juni 1696, p. 269; *Streitschriften* S. 212. "Wenn in einer vertikalen Ebene zwei Punkte A und B gegeben sind, soll man dem beweglichen Punkte M eine Bahn *AMB [die Brachistochrone]* anweisen, auf welcher er von A ausgehend vermöge seiner eigenen Schwere [ohne Reibung und Widerstand] in kürzester Zeit nach B gelangt." Dtsch. Übersetzung von P. Stäckel in *Ostwalds Klassiker*, Nr. 46, S. 3.

[3] Brief an l'Hospital vom 3.3. 1697, in: *Briefwechsel von Joh. Bernoulli*, Bd. 1, S. 349. Basel 1955.

[4] R. Courant, *Calculus of Variations*. New York University. Revised and amended by Moser 1962, S. 171.

Das Zeitalter der Aufklärung, der *siècle des lumièrs*, war nicht nur durch
seine lichtvolle Erscheinung, die Vernunft *(la raison)*, bestimmt, es gab auch
dunkle Schattenseiten, und dies erstaunlicherweise - oder eben gerade
menschlicherweise - in den überbordenden Kontroversen der beiden Ver-
nunftdisziplinen Philosophie und Mathematik.

Ich möchte versuchen, entlang einer gerafften Zeitachse, indem ich mehrfach
die Perspektive wechsle, diese Dinge deutlich zu machen oder im Hinblick
auf deren Mannigfaltigkeit sie wenigstens anzudeuten. Die Gliederung des
Vortrags ist grob diese:

1) Vorgeschichte (vor 1696),

2) Die Lösungen (1697),

3) Der Bruderzwist (1697 - 1718),

4) Eine mathematikhistorische Bilanz.

Zur Einstimmung einige *Schlaglichter* auf die Zeit des Geschehens, die
Wende vom 17. zum 18. Jahrhundert. Politisch sind wir im *Absolutismus*,
dem Ancien régime. 1683 wurden die Türken vor Wien abgewehrt. Im Heiligen Römischen Reich deutscher Nation herrschten etwa 100 Reichsfürsten,
daneben gab es rund 1500 kleinere selbständige Gebiete; die republikani-
schen Generalstaaten der Niederlande waren seinerzeit die stärkste Han-
delsmacht.

Kunstgeschichtlich befinden wir uns im *Barock*. Versailles (1661 - 1689 er-
baut) war das Vorbild für barocken Prunk und absolutistische Pracht. BACH
und HÄNDEL, deren Musik unseren Ohren vertraut ist, sind noch Knaben, die
Komponisten der Zeit sind beispielsweise PURCELL, SCARLATTI, CORELLI
oder KUHNAU. CH. REUTER verfaßte 1696 *Schelmuffskys kuriose und sehr
gefährliche Reisebeschreibung.*

Philosophisch beginnt die *Aufklärung.* 1687 hielt THOMASIUS in Leipzig die
erste Vorlesung auf deutsch, 1694 wurde die Universität Halle gegründet
(ebenso wie die Bank von England). 1695 erscheint der berühmte *Dictionnaire* von BAYLE, in den 40er Jahren des 18. Jahrhunderts in Leipzig durch
GOTTSCHED verdeutscht. Mathematik und Physik begründen die neue Philosophie eines SPINOZA, DESCARTES oder LEIBNIZ.

1. Vorgeschichte (vor 1696)

Extremales Denken war seit der Antike ein wichtiger Bestandteil der Mathematik gewesen. Als sich aber gegen Ende des 17. Jahrhunderts die Ansätze und Verfahren des infinitesimalen Denkens zum LEIBNIZSCHEN oder NEWTONSCHEN *Calculus* bündelten, eröffnete sich für die Behandlung von Extremalproblemen ein weites Feld, und auch anders herum: an diesen Aufgaben ließ sich die Kraft der neuen Analysis erproben und dartun.

Die Konsolidierung der LEIBNIZSCHEN Infinitesimalmathematik ging ebenso einher mit der Entstehung der *Variationsrechnung*[5] als neuer mathematischer Disziplin als auch mit der Herausbildung von Integrationstechniken sowie der Behandlung von Differentialgleichungen, die damals inverse Tangentenaufgaben genannt wurden. Der Fortschritt der Mathematik wurde am konkreten Einzelproblem gemessen, und hiervon erschienen in den Zeitschriften jener Tage genug. Aber im *Brachistochronenproblem* und seinen Lösungen wurden erstmals - gleichsam wie in einer Nußschale - die vorhandenen neuen Möglichkeiten der mathematischen Behandlung von Extremalproblemen zusammengefaßt und die weiteren Entwicklungslinien der Variationsrechnung für das nächste Jahrhundert im Keim angelegt, die in der Folge systematisch untersucht und entwickelt wurden. Von daher kann man mit einem gewissen Recht das Stellen des Brachistochronenproblems als die (oder wenigstens "eine") Geburtsstunde der Variationsrechnung bezeichnen.[6]

Die ganze Bedeutung des Brachistochronenproblems zeigt sich in einem weiteren Rahmen, in den dieses Problem zu stellen ist, wenn man es nämlich im Zusammenhang mit wichtigen Problemen der mathematischen Physik des letzten Dezenniums des 17. Jahrhunderts betrachtet, die den Entwicklungsweg der neuen Analysis säumen und die heute in der Regel als Variationsproblem formuliert und behandelt werden. Es sind dies

---

[5] Der Name wurde der Disziplin erst von Leonhard Euler gegeben; in den *Registres* der Berliner Akademie erscheint unter dem Datum 19. 9. 1756 die Eintragung *Mr. Euler a lû Elementa calculi variationum.*

[6] Das Brachistochronenproblem ist ein bemerkenswerter Markstein in der Geschichte der Analysis. Mit ihm setzt die Herausbildung der *direkten und indirekten Methoden* der Variationsrechnung, das *klassische Variationsprinzip, die isoperimetrische Regel, die Beziehung von Optik und Mechanik,* die Theorie der *Trajektorien* (z.B. Leibnizens Methode des unten) und die Behandlung *kürzester Linien* auf gekrümmten Flächen sowie anderes mehr ein.

das 1687 bzw. 1689 von LEIBNIZ gestellte Problem der *Isochrone bzw. parazentrischen Isochrone* (Isochrona bzw. Isochrona paracenftica);[7]

das 1690 von JAC. BERNOULLI gestellte Problem der *Kettenlinie* (Catenaria);

das 1691 von beiden BERNOULLI gestellte Problem der *Segelkurven* (Velaria und Lintearia);

das 1691 von JAC. BERNOULLI gestellte Problem der *elastischen Kurve* (Elastica);

das 1692 ebenfalls von den Brüdern BERNOULLI behandelte Problem der *kürzesten Dämmerung*;

sowie zwei rein mathematische Aufgaben,

das 1697 von JAC. BERNOULLI gestellte *isoperimetrische Problem* und

das 1697 von JOH. BERNOULLI gestellte Problem der *kürzesten Linie* auf einer Fläche.

Aus problemgeschichtlicher Sicht spiegelt diese unvollständige Aufzählung die Möglichkeit wider, mit der neuen Analysis "gekrümmte" Gegenstände wie *gespannte Bogen, belastete Balken, verformte Segel, Brennlinien (Kaustiken) oder kürzeste Wege* mathematisch zu behandeln; aus dem gleichen Grund werden *Evoluten, Evolventen oder Enveloppen* definiert und betrachtet. LEIBNIZ arbeitet dabei mit krummlinigen Koordinaten. Auf diesem Gebiet ist eine aufsehenerregende Entdeckung beider BERNOULLI die Formel für den *Krümmungsradius* aus dem Jahre 1692 (publiziert 1694), und in der öffentlich zutage tretenden Rivalität um die Prioritätsansprüche hierfür zeichnet sich bereits das spätere Zerwürfnis der Brüder ab. Das Ringen der Brüder um eine Lösung des Problems der Kettenlinie, das durch die Ankündigung einer eigenen Lösung von LEIBNIZ *(Acta eruditorum,* Juli 1690) angefeuert worden war, entschied JOHANN mit seiner ersten selbständigen mathematischen Arbeit vorerst für sich *(Acta eruditorum,* Juni 1691); JACOB

---

[7] *Isochrone:* Kurve, auf der ein fallender Körper in gleichen Zeiten gleiche senkrechte Abstände zurücklegt (näheres folgt weiter unten);
Kettenlinie: Kurve, die ein an zwei Punkten aufgehängtes biegsames Seil bildet (auch bei variabler Dichte behandelt);
Segelkurven: vom Wind bzw. Wasser gebildete vertikale bzw. horizontale Form eines Segels (die einer Kettenlinie entspricht);
elastische Kurve: durch Belastung eines Balkens oder eines Bandes bestimmt;
kürzeste Dämmerung: Aufgabe, den Tag mit der kürzesten Dämmerung zu ermitteln (Extremwertproblem).

zog erst in den *Acta* vom März 1692 nach. JOHANN war nun durch seinen Triumph über den Bruder bei der Lösung des Problems der Kettenlinie ein gleichberechtigter Partner seines Lehrers JACOB geworden, was dieser nicht wahrhaben wollte oder konnte und den deshalb JOHANNS übersteigertes Selbstbewußtsein besonders treffen mußte. Ein Beispiel für JOHANNs Ton bietet noch die 28 Jahre später gemachte briefliche Bemerkung:

Les efforts de mon frère furent sans succès, pour moi, je fus plus hereux (an PIERRE DE MONTMORT, *29.9.1718).*

Zurück zum Brachistochronenproblem! Hier wird gewöhnlich GALILEI mit seinen Untersuchungen über den Fall, insbesondere über den Abstieg auf einem Kreisbogen, der kürzer als auf jedem ihm einbeschriebenen Sehnenzug ausfällt *(Discorsi,* 1638), als Vorläufer betrachtet. Man geht im allgemeinen davon aus, daß GALILEI den Kreisbogen (kleiner als ein Viertelkreisbogen) als Lösung des Brachistochronenproblems vermutete und auf einer zu kleinen Klasse von Vergleichskurven (den einbeschriebenen Sehnenzügen) den Kreis als "Lösung" erhielt.[8]

Die mathematische Seite dieser Angelegenheit hat bereits WHEWELL in den *Smith Prize Papers* 1846 aufgeklärt, eine umfassende wissenschaftshistorische Untersuchung ist erst neuerdings von WISAN in seiner Dissertation (1972) gegeben worden.[9] Ich möchte dies hier nicht diskutieren, denn die uns interessierenden Wurzeln des Problems liegen eher in den Isochronen-Aufgaben von LEIBNIZ, und JOHANN BERNOULLI hat überdies in einem Brief vom Juni 1697 an BASNAGE bemerkt, daß er GALILEIs Arbeit nicht gekannt habe, und er hat dabei anerkannt, daß GALILEI die neue Analysis noch nicht zur Verfügung haben konnte.

LEIBNIZ befand sich in den 80er Jahren mit den Cartesianern in einem Streit über *das Maß der lebendigen Kräfte,* wie die alte Bezeichnung für kinetische Energie lautet. Da der Streit inhaltsleer zu werden drohte, wollte LEIBNIZ 1687 mit dem Problem der *Isochrone* wieder eine mathematische Linie in die Auseinandersetzung bringen und - vielleicht etwas direkter gesagt - den Cartesianern auf den Zahn fühlen.

---

[8] *Discorsi,* 3. Dialog, Satz 12, Proposition 26, Scholium ("Brachistochrone").

[9] *The New Science of Motion,* Arch. Hist. Exact Sci., 13 (1974) 103 - 306, insbes. S. 184ff. Siehe auch die Arbeit von A. Herzig und I. Szabó über die Brachistochrone bei Galilei.

Die Isochrone ist jene Kurve, auf der sich ein schwerer Körper in gleichen
Zeiten einer horizontalen Ebene gleichviel nähert. Die Cartesianer bewäl-
tigten (erwartungsgemäß) diese Aufgabe nicht, aber HUYGENS gab 1687 ohne Beweis eine geometrische Konstruktion für die semikubische Parabel y^2
$= x^3$ als Lösung. LEIBNIZ lieferte 1689 einen geometrischen Beweis für die
Richtigkeit der Lösung und stellte die gleiche Aufgabe für das komplizierte-
re Schwerefeld der Erde.

Die Sensation war jedoch JAC. BERNOULLIs Lösung mit Hilfe der neuen
Analysis, denn im Maiheft der *Acta eruditorum* von 1690 wurde erstmals
ein wichtiges Problem mit der LEIBNIZschen Infinitesimalmathematik gelöst.
JAC. BERNOULLI stellte dabei als neue Herausforderung das Problem der
Kettenlinie bei konstanter Dichte, JOH. BERNOULLI lieferte 1694 eine weitere Abhandlung zur Isochrone, JACOB behandelt die elastischen Kurven, und
so beginnt jene Flut von Aufgaben, die ich vorhin kurz skizziert habe.

Der Versuch der Brüder BERNOULLI, die *Kettenlinie* ebenfalls als Variationsproblem zu behandeln, also von der Forderung "Schwerpunkt der Kette
möglichst tief" auszugehen, scheiterte technisch vorerst noch an der Nebenbedingung des Problems, der unveränderlichen Kettenlänge, die sie in ihre
Lösungsversuche nicht einarbeiteten. Folgenreicher war jedoch die Auseinandersetzung seit 1692 mit HUYGENS' *Traité de la lumière* (1678, aber erst
1690 publiziert). HUYGENS hatte den Weg von Lichtpunkten untersucht und
sogar allgemein nach der Bahn eines leuchtenden Punktes in einem inhomogenen Medium wie der Atmosphäre gefragt,[10] aber konstruktive Antworten
nur in speziellen Fällen wie bei der Spiegelung im homogenen Medium oder
der Brechung im einfachen inhomogenen Medium gegeben. Jedoch war die
allgemeine Fragestellung insbesondere bei JOH. BERNOULLI auf fruchtbaren
Boden gefallen, aber auch JACOB hatte sich Notizen in sein Tagebuch, die
Meditationes, gemacht.[11]

Der Begriff *isochron* erscheint übrigens bei HUYGENS in einem anderen
Sinn. Er charakterisiert damit die Eigenschaft der *Zykloide*, daß die Falldau-

---

[10] *Traité de la lumière*, 1690, S. 42f.; *Oeuvres complètes de Huygens*, t. 19. La Haye,
      1937, S. 490f.
[11] Der Lichtweg in geschichteter Atmosphäre ist ein Thema der unvollständig erhaltenen
      Briefe der Brüder im Frühjahr 1691, in Jacobs *Meditationes* behandeln ihn die Art.
      180/82, und in dessen Werken *(Opera omnia, 1744)* vgl. hierzu S. 1063/67; Johann
      setzt sich beispielsweise in der These 19 seiner Doktordisputation (1693) damit ausein-
      ander.

er von jedem Punkt eines Bogens zu seinem Scheitel stets die gleiche ist, weshalb er die Zykloide *Tautochrone* nennt. Zykloiden waren den Mathematikern jener Zeit bestens vertraut;[12] sie sind als Beispiele für eine einfache mechanische Kurve, die durch das Abrollen eines Rades erzeugt wird, seit der Antike bekannt, und sie spielen dort in der Form von *Epizykloiden* eine wichtige Rolle im Ptolemäischen Weltbild.

2. Lösungen

Das Maiheft 1697 der *Acta* brachte die termingerecht eingelaufenen Lösungen. Neben den Brüdern BERNOULLI hatten nur LEIBNIZ, der eine ähnliche Lösung wie JAC. BERNOULLI gefunden hatte, und NEWTON, dessen anonyme Lösung aus den *Philosophical Transactions* (Jan. 1697) jetzt zwar unter seinem Namen, aber wiederum ohne Beweis erschien, vollständige Lösungen gegeben; die Beiträge von L' HÔSPITAL und TSCHIRNHAUS trugen wenig zur Klärung des Problems bei.

Wir wissen heute insbesondere dank WHITESIDE, daß NEWTON 1685 für sein Problem des kleinsten Widerstandes einer Rotationsfläche ähnliche Ansätze wie JAC. BERNOULLI und LEIBNIZ gemacht hatte, jedoch 1687 in den *Principia* nur Ergebnisse nannte und die beweistechnischen Details brieflich an DAVID GREGORY (einen Neffen von JAMES) nur zögerlich weitergab, so daß seine Ideen wenig Einfluß auf die Entwicklung der Variationsrechnung hatten.[13]

JACOB BERNOULLI formulierte für die Lösung des Brachistochronenproblems das klassische Variationsprinzip: *Wenn einer Kurve als Ganzes eine Minimalitätseigenschaft zukommt, so auch jedem ihrer Teile.* Im Stile der Zeit dachte man sich Kurven aus infinitesimalen Linienelementen zusammengesetzt. JACOB BERNOULLI veränderte bei der Lösungskurve zwei benachbarte Linienelemente, womit im "variierten Punkt" die Minimalitätseigenschaft verloren ging, aber für diesen variierten Punkt ließ sich die Minimalitätseigenschaft als eine Extremwertaufgabe der Differentialrechnung formulieren

---

[12] In den *Acta eruditorum* der Jahre 1697 bzw. 1698 gibt es Artikel von Leibniz bzw. Joh. Bernoulli mit Bemerkungen über die Geschichte der *Zykloide,* deren Erfindung Galilei zugeschrieben wird.

[13] Siehe hierzu etwa H. H. Goldstine, *A History of the Calculus of Variations,* Berlin 1980, S. 7ff. Dort weitere Literaturangaben zu Newton und Gregory.

und somit angeben. Ganz so deutlich erscheint der Formalismus der Extremwertaufgaben allerdings nicht, da JACOB mit den Worten *"ex natura minimi"* (gemäß dem Wesen des Minimums) die Extremalität des Integrals $J(y(x))$ [14]

(1) $$J(y) = \int_{A}^{B} \frac{ds}{v} = \int_{0}^{x_2} \sqrt{\frac{1+[y'(x)]^2}{2gy(x)}}\,dx$$

(modern: des Funktionals $J(y)$ in $y^0 x$)) durch die Gleichung $J(y) = J(y^0)$ in einer "Umgebung" der Lösungskurve $y^0(x)$ ausdrückt; wir würden dafür eher

$$J(y) \approx J(y^0) \quad \text{bzw.}$$

$$J(y) \equiv J(y^0) \quad \text{mod } \omega$$

mit einer infinitesimalen Größe ω schreiben oder besser gleich im Sinn der Variationsrechnung

$$\delta\,J(y^0) = 0.$$

Die Gleichung (1) führt JACOB und auch LEIBNIZ auf die sogenannte EULERsche Differentialgleichung des Variationsproblems. Dieses Vorgehen beschreibt die *indirekte* Methode der Variationsrechnung: Unter der Annahme, daß es eine Lösung des Variationsproblems gibt, führt man dasselbe auf ein Randwertproblem einer Differentialgleichung zurück.

LEIBNIZ schreibt an JOHANN BERNOULLI am 31. Juli 1696 so:

Indem ich mir für die Kurve ein unendlicheckiges Vieleck denke, sehe ich, daß dasjenige von allen möglichen das des geschwindestens Abstiegs sein werde, wenn nach Annahme von drei beliebigen Punkten oder Ecken A, B und C auf ihm der Punkt B von solcher Art ist, daß von allen Punkten auf der waagerechten Geraden DE dieser eine Punkt den geschwindesten Weg von A nach C liefert. Die Sache kommt also zurück auf die Lösung des folgenden einfachen Problems: Gegeben seien zwei Punkte und eine waage-

---

[14] Wir haben für die moderne Notation das rechtwinklig-kartesische Koordinatensystem dem seinerzeitigen Brauch folgend so gelegt, dass die positive y-Achse in Gravitationsrichtung nach unten zeigt. Die Herleitung basiert auf Galileis Fallgesetz $v = \sqrt{2gh} = \sqrt{2gy(x)}$, das von Johann Bernoulli im Groninger Programm ausdrücklich der physikalischen Aufgabe zugrunde gelegt wurde ("admittere Galilaei hypothesin", *Streitschriften*, S. 261).

rechte, zwischen sie fallende Gerade DE; auf dieser Geraden ist ein Punkt B von solcher Art zufinden, daß der Weg ABC der geschwindeste sei.[15]

Und er bemerkt weiter, daß die von ihm angewandte Methode auch für andere Kurven, die irgendein Maximum oder Minimum auszeichnet, benutzt werden könne. Die nachfolgende Aufzählung einschlägiger Probleme, nämlich die Kettenlinie, Newtons Problem und das isoperimetrische Problem, unterstreichen diese Tatsache nochmals. Da LEIBNIZ im Mai 1695, also bereits vor dem Stellen des Brachistochronenproblems, JOHANN BERNOULLI darauf hingewiesen hatte, daß in der *methodus pro maximis et minimis*[16] noch mehr stecke, war er sich also über die Tragweite seines Verfahrens völlig im klaren.

JOHANN löst die Aufgabe ganz anders. Angeregt von den Auffassungen von HUYGENS geht er vom FERMATschen *Prinzip der kürzesten Ankunft* aus, nach dem in der Regel ein Lichtstrahl zwei Punkte mit einer zeitkürzesten Bahn verbindet. Die Natur liefert mit der Lichtbahn die minimale Lösung. JOHANN machte sich diesen *optischen* Sachverhalt für das *mechanische* Brachistochronenproblem zunutze, indem er der optischen Bewegung einen entsprechenden mechanischen Bewegungsverlauf zuordnete. E. MACH hat als Physiker hierüber bemerkt, daß die Art wie BERNOULLI

durch geometrische Phantasie die Aufgabe mit einem Blick löst, und wie er das zufällig Bekannte hierzu zu benutzen weiß, [das] ist wirklich bemerkenswert und schön.[17]

JOHANN BERNOULLI betrachtet die Atmosphäre als geschichtet, wobei die infinitesimalen Schichten in sich jeweils homogen sind. Die Lichtbahn wird insgesamt durch eine Folge von Brechungen bestimmt, wobei die momentane Lichtgeschwindigkeit in jeder Schicht bekannt ist. Entsprechend GALILEIS Hypothese gilt für den Betrag der Geschwindigkeit v eines fallenden Massenpunktes aus der Höhe h (bzw. y)

---

[15] Gerhardt, *Leibnizens mathematische Schriften*, Band 3.1, Halle 1855, S.310.

[16] *Nova methodus pro maximis et minimis* ist der Titel der Arbeit von Leibniz in den *Acta eruditorum* 1684, in der er Extremwertprobleme behandelt und dabei seine Differentialrechnung darlegt. - In diesem Zusammenhang sind die von Leibniz an den Herzog Ernst August geschriebenen Zeilen von Interesse: "Ich mache nicht viel Aufhebens von einer einzelnen Entdeckung, was ich am nachdrücklichsten erstrebe, ist die Vervollkommnung der Erfindungskunst im allgemeinen. Wichtiger als das Lösen der Probleme sind mir Methoden, denn eine einzelne Methode umfasst eine unendliche Zahl von Lösungen."

[17] E. Mach, *Die Mechanik in ihrer Entwicklung*. 4. Auflage, Leipzig 1901, S. 459.

$$(2) \qquad\qquad v = \sqrt{2gh} = \sqrt{2gy},$$

und diese Geschwindigkeit können wir einem Lichtteilchen zuweisen, sofern die optische Dichte der Schicht entsprechend eingerichtet wird. Nach SNELL ist der Sinus des Brechungswinkels α proportional der Lichtgeschwindigkeit v (wobei α gegen die Vertikale in jeder Schicht gemessen wird), d. h. wir haben das Brechungsgesetz

$$\frac{\sin \alpha}{\alpha} = \text{const.}$$

Wegen $\qquad\qquad\qquad \sin \alpha = \dfrac{dx}{ds}$

folgt hieraus mit $ds^2 = dx^2 + dy^2$ nach einfacher Rechnung die Differentialgleichung der Lichtbahn:

$$d y \sqrt{a - x} = dx \sqrt{x}.$$

Ihre Lösungen sind Zykloiden, wobei d der Durchmesser des erzeugenden Kreises ist. JOHANN BERNOULLI erkannte die Tragweite seines Vorgehens, da er über die GALILEIsche Hypothese (2) hinaus allgemeinere fiktive Geschwindigkeitsgesetze v = v(x, y) wie v = ah und v = a $\sqrt[3]{h}$ zur Behandlung vorschlägt.

Natürlich ließe sich vom heutigen Standpunkt Kritik an der Strenge der Herleitung üben, aber A. KNESER hat 1907 gezeigt, daß man für einen finiten Polygonzug dieser Art durch Grenzübergang in der Tat auf die Lösung des allgemeinen Kurvenproblem kommt.[18]

Den endlichen Fall hatte sich JOHANN sehr bildhaft durch einen Wanderer vorgestellt, der unterschiedlich beschaffene Äcker zu überqueren hat und der dies deshalb mit verschiedenen Geschwindigkeiten tun wird. Das wissen wir aus der Abschrift einer Ausarbeitung JOHANNs für den Marquis DE L' HÔSPITAL, die letzterer für sein Lehrbuch *Analyse des infiniments petits* benutzt hat, ohne dabei allerdings wie JOHANN den Zugang zum Brachistochronenproblem zu bemerken.[19] Übrigens wird dieses erste Lehrbuch der Analysis in diesem Jahr ebenfalls 300 Jahre alt.

---

[18] A. Kneser, *Euler und die Variationsrechnung.* In: *Festschrift zur Feier des 200. Geburtstages Leonhard Eulers.* Leipzig 1907, Anhang I, S. 39 - 45.

[19] Joh. Bernoulli, *Lectiones de calculo differentialium* (1691/92), hrsg. von P. Schafheitlin in den Verhandlungen der Naturforschenden Gesellschaft in Basel **24** (1922) 1 - 32, dtsch. als Ostwalds Klassiker, Band 211. Leipzig 1924. Problema 16. Korrespondierende Aufgabe bei de l'Hospital, *Analyse des infiniments petits,* Paris 1696. Expl. 11, p.51.

JOHANN BERNOULLIs geometrische Vorstellungen sowie der Einfluß von CHRISTIAAN HUYGENS zeigen sich in den letzten drei Absätzen seiner Lösung von 1697 besonders klar. Er behandelt dort die Frage, eine Kurve zu finden, die alle Zykloiden durch den Punkt A orthogonal schneidet. In der Sprechweise von HUYGENS geht es um die *Wellen,* die zu den sich auf den Zykloiden bewegenden Lichtpunkten gehören. Modern gesprochen sucht BERNOULLI die zum singulären *Extremalenfeld* durch A gehörige *transversale* (hier sogar *orthogonale) Kurvenschar,* deren Mitglieder er *Synchronen* nennt.

BERNOULLI bemerkt, daß die rein geometrische Frage nach einer zur Brachistochrone orthogonalen Kurveschar an sich schwierig sei, aber von der mechanischen Seite leicht bewältigt werden könne. Mittels der Analogie zur Optik geht es darum, auf den Zykloiden die Punkte zu finden, die ein von A sich ausbreitender Lichtstrahl in gleicher Zeit erreichen kann, und diese Kurve wurde von HUYGENS im *Traité de la lumière* (gedruckt 1690) als Welle bezeichnet (heute Wellenfront genannt). BERNOULLI konstruiert die Wellenfront bzw. die Schar der Synchronen, mithin die transversale Schar oder ein geodätisches Feld. Der Beweis für die Richtigkeit der Konstruktion bleibt dem Leser überlassen. In der deutschen Ausgabe der Arbeit in Ostwalds Klassikern ergänzt der Herausgeber P. STÄCKEL in der Art BERNOULLIs diesen offenen Punkt.

Damit sind die Bestandteile der BERNOULLIschen "geometrischen Feldtheorie" ausreichend charakterisiert: einmal die schlichte Schar der Extremalen (Zykloiden) und zum anderen die zugehörige orthogonale Schar der Synchronen (Wellenfronten). In der geometrischen Optik sind die Extremalen Lichtstrahlen, die ein Feld bilden. Die Synchronen sind gemäß dem HUYGENSschen Prinzip die zugehörigen (orthogonalen) Wellenfronten, die das geodätische Feld beschreiben. Mit anderen Worten, eine Wellenfront $S(t, x)$ ist mathematisch dadurch charakterisiert, daß die Lichtstrahlen sie in der gleichen Zeit t erreichen bzw. sie ist durch den kleinsten Wert des entsprechenden Variationsintegrals $J(y)$ über der Menge V der zulässigen Lichtbahnen zu einem Zeitpunkt t bestimmt, wobei das Minimum durch eine Extremale angenommen wird.

Die für die Feldtheorie wichtige Kurve heißt bei JOHANN BERNOULLI *Synchrone;* A. KNESER wird im allgemeinen Fall von den *transversalen* Kurven

sprechen und für sie den *Transversalensatz*[20] formulieren, CARATHÉODORY
wird von der *äquidistanten Schar* oder dem *geodätischen Feld* reden, und er
benötigt den Begriff für die *vollständige Figur* der Variationsrechnung.[21]

JACOBI hat in seinen 1848 gehaltenen *Vorlesungen über analytische Mechanik* von Variationsproblemen vom *brachistochronischen* Typ gesprochen, sofern das Problem durch Zeitminimalität charakterisiert wird, und er
hat betont, daß man für mechanische Variationsprobleme, bei denen der
Energieerhaltungssatz gilt, oder daß man allgemeiner beim Prinzip der kleinsten Aktion stets zu einer äquivalenten brachistochronischen Form übergehen kann, die den Vorteil der Anschaulichkeit aufweist. In gewisser Weise vertieft hier JACOBI LEIBNIZ, der zuerst als Namen *Tachystoptotam* (von
τάχύστος = schnellste, πίπτειν = fallen) vorgeschlagen hatte, aber dann aufgrund der BERNOULLIschen Argumente die Bezeichnung *Brachistochrone
(von βράχιστος* = kürzeste, *χρόνος*= Zeit) als allgemeiner akzeptierte (Briefe
Juli 1696). Übrigens hat sich JACOBI auch über die Schreibweise des Wortes
Brachistochrone geäußert und die Schreibung mit Jota (= *i*) gefordert. Das
griechische *βράχύσ* (bráchys) läßt zwei Superlative zu, nämlich in regulärer
Form als *βράχιστος* (bráchistos mit *i*) und in poetischer Form als *βράχύτάτος*
(brachýtátos mit *y*), und JACOBI bevorzugte die Schreibweise mit *i*. [22]

Es gibt noch eine zweite Lösung JOHANNS, die er auf Anraten von LEIBNIZ
1697 nicht publizierte, in der er jedoch nicht nur die Zykloide als notwendige Form einer brachistochronen Kurve bestimmte, sondern auch einen Hinlänglichkeitsbeweis für eine Eigenschaft dieser Kurve, nämlich deren Minimalität, führte. CARATHÉODORY hat 1904 für seine Dissertation[23] diese Ar-

---

[20] Zwischen zwei Kurven $S(x, y) = \lambda_1$, und $S(x, y) = \lambda_2$ der orthogonalen Schar hat das
Variationsintegral $J(y)$ auf irgendwelchen diese beiden Kurven verbindenden Bahnkurven *(Extremalen)* den gleichen Wert. Physikalisch gesehen wird diese Schar von den
Bahnkurven (im optischen oder mechanischen Bild) schnellstmöglich im Sinn des *steil-
sten Abstiegs* durchquert, wobei die Durchquerung ein Minimum an *Aktion* verbraucht.

[21] A. Kneser, *Lehrbuch der Variationsrechnung*, Braunschweig 1900, S. 32; C. Carathéodory, *Gesammelte mathematische Schriften*, Bd. 1. München 1954, sowie *Variationsrechnung und partielle Differentialgleichungen erster Ordnung*, Leipzig 1935 (Reprint 1994).

[22] C. G. Jacobi, *Vorlesungen über analytische Mechanik (Berlin 1847/48)*, hrg. von H.
Pulte, Braunschweig 1996, S.160; die y-Schreibweise träfe also nur für *Brachytato-
chrone* zu.

[23] *Über die diskontinuierlichen Lösungen in der Variationsrechnung*, Göttingen 1904.
In: *Gesammelte mathematische Schriften*, Bd. 1. München 1954. S. 3 - 79, insbes. S.
69 - 79.

beit, die BERNOULLI erst 1718 veröffentlicht hat, wieder entdeckt, und er hat sie schließlich zum Ausgangspunkt seiner eleganten Form der Feldtheorie gemacht. Er selbst sagt über diese Leistung JOH. BERNOULLIs, daß sie

während des ganzen 18. Jahrhunderts nicht mehr wiederholt worden ist und erst mit gewissen Sätzen von Gauß über geodätische Linien verglichen werden kann.[24]

Die erwähnten Sätze von GAUSS finden sich in den *Disquisitiones generales circa superficies curvas* von 1828 bzw. in den 1822 vorangegangenen *Neuen allgemeinen Untersuchungen über krumme Flächen*.[25] GAUSS betrachtet einparametrige Scharen kürzester Linien auf Flächenstücken, die im Sinne der Variationsrechnung ein Extremalenfeld mit zugehöriger transversaler Schar bilden.

Daß die Brachistochrone notwendigerweise eine Zykloide ist, hat BER-NOULLI in seinem zweiten Beweis elegant über eine Eigenschaft ihres Krümmungsradius gezeigt. Sein Hinlänglichkeitsbeweis geht von lokalen Betrachtungen aus. Mit elementaren geometrischen Überlegungen zeigt er, daß die benötigte Zeit für ein Element des Krümmungskreises der Zykloide kleiner ist als für das konzentrisch angebrachte Element in dem entsprechenden Punkt einer Vergleichskurve. Da das Linienelement der Vergleichskurve in diesem Punkt nach der Dreiecksungleichung nicht kleiner als das konzentrische Element ist, wird für das Durchlaufen abermals mehr Zeit gebraucht. Da lokal Minimalität vorliegt, ergibt sich das auch global für den Zykloidenbogen. So ähnlich hatte schon JACOB BERNOULLI 1690 beim Isochronenproblem argumentiert, als er aus der Gleichheit von Differentialen (modern: einer Differentialgleichung) auf die Gleichheit der zugehörigen Funktionen schloß:

ergo et horum Integralia aequantur,[26]

und dabei erstmals den Ausdruck *Integral* in der Mathematik benutzte.

---

[24] C. Carathéodory, *Basel und der Beginn der Variationsrechnung.* In: *Gesammelte mathematische Schriften,* Bd. 2. München 1955. S. 111.

[25] Vgl. z.B. R. Thiele, *Gauß' Arbeiten über kürzeste Linien aus der Sicht der Variationsrechnung.* In: *Symposia Gaussiana,* Conf. A. Eds. Behara et al. Berlin 1995. S. 167 - 178.

[26] In der Arbeit über die Isochrone, *Acta eruditorum,* Mai 1690.

3. Der Bruderzwist

Wir haben bisher mathematische und mathematikhistorische Motive betrachtet, die zum Brachistochronenproblem führten. Was verursachte jedoch den nachfolgenden Bruderstreit?

Merkwürdigerweise hat man sich bislang mehr oder weniger auf das Verhalten der beiden BERNOULLI im Zerwürfnis konzentriert und dieses lediglich als eine Beziehung verfeindeter Brüder gedeutet, ohne deren Verhalten
in ihre allgemeinen Lebensumstände sowohl im familiären als auch im wissenschaftlichen Bereich einzubetten, was psychologisch doch wohl das Na-
heliegendste gewesen wäre.[27]

Aus Zeitgründen muß ich hier auf eine derartige reizvolle, aber auch speku-
lative Untersuchung verzichten, und ich will lediglich kurz die überbordende
Auseinandersetzung der Jahre 1697 bis 1701 referieren, die weder durch den
Friedensstifter, den PACIDIUS (wie LEIBNIZ sich gern als anonymer Autor
bezeichnete), oder die *scientific community* (hier insbesondere durch die Pariser Akademie vertreten) noch durch die Moral des Mediziners JOHANN
BERNOULLI oder gar die Ethik des Theologen JACOB BERNOULLI gebremst
werden konnte. Erinnern wir uns deshalb an die Worte des Predigers:

*Siehe wie fein und lieblich ist's, wenn Brüder einträchtig beieinander woh-
nen* (Psalm 133, 1).

Beide Brüder konkurrierten, wie oben angedeutet, mehr oder weniger seit
Beginn der 90er Jahre, aber jetzt, wo JOHANN als Professor in Groningen
unabhängig ist sowie das Beieinanderwohnen verloren gegangen ist, will
sich JOHANN beweisen und fordert den einstigen Lehrer und älteren Bruder
JACOB heraus. Aber JACOB BERNOULLI reagierte nicht auf JOHANNS Unter-
nehmen. Im Gegenteil, später in seiner Lösung (*Acta eruditorum*, Mai 1697)
schrieb JACOB provozierend, daß ihm die Herausforderung gleichgültig gewesen war und daß er sich erst auf die Aufforderung LEIBNIZENS hin an die
Lösung gemacht habe. Er teilte den Leipziger *Acta* diese Lösung fristgemäß
mit, und er erkannte ebenfalls die Brachistochrone als Zykloide und als
HUYGENSsche Tautochrone. Schließlich fügte JACOB BERNOULLI zwei neue
Aufgaben bei, die den Stein ins Rollen brachten.

---

[27] Siehe hierzu auch R.Thiele, *Das Zerwürfnis Johann Bernoullis mit seinem Bruder Jakob*. In: *Natur, Mathematik und Geschichte*. Festschrift zum 75. Geburtstag von K. -
R. Biermann. Acta Historica Leopoldina **27**. Akademie-Vlg. Berlin 1997. S.257-276.

Es geht bei den zwei neuen *provocationes* einmal um eine freie Rand-
wertaufgabe beim Brachistochronenproblem und zum anderen um eine sogenannte *isoperimetrische* Aufgabe. Beide Probleme lassen sich so formulieren:

*1) Es wird nach derjenigen Brachistochrone gefragt, auf der ein Masse-
punkt schnellstmöglich vermöge der Schwerkraft vom Startpunkt A zu einer
vertikalen Linie gelangt.*

*2) Eine isoperimetrische Kurve AFB [d. h. eine Kurve gegebener Länge],
ist zu finden, für die die Fläche unter einer anderen Kurve AZB maximal
wird, wobei für die Ordinaten beider Kurven gilt*

$$PZ = PF^n \text{ oder } PZ = \sqrt[n]{PF}$$

und PZ auch vom Kurvenbogen AF abhängen kann.

Das isoperimetrische Problem enthält für $n = 1$ bzw. $PZ = PF$ das klassische Problem der DIDO.

Jetzt war JOHANN BERNOULLI herausgefordert, und der selbstbewußte, im-
pulsiv handelnde JOHANN lief ins offene Messer. Der gereizte Bruder hatte
JOHANNs Lösungsmethode per Analogie beim Brachistochronenproblem offenbar erraten, d.h. er war sich sicher, daß JOHANN - mit dessen mathematischen Denken er sehr vertraut war - die neuen Aufgaben wieder wie zuvor
zu lösen versuchen würde, was scheitern mußte. Herausfordernd setzte er
deshalb über einen fingierten Unbekannten *(non nemo)* 50 Reichsthaler (Im-
periale) für die Lösung aus, um JOHANN, wie das üblich sei, für die Arbeit zu
entlohnen.[28] JOHANN hatte seinerseits stets mit Ruhm und Ehre als "schönsten Lohn" für eine gelungene Lösung geworben, und er mußte das Angebot
daher als Demütigung empfinden. Das war aber nur ein vordergründiger
Schachzug JACOBs, der damit letztendlich nur bezweckte, den aufgebrachten
JOHANN in die gestellte Falle zu locken.

JOHANN erhielt das Maiheft der Leipziger *Acta* mit den neuen Aufgaben am
14.6.1697, er biß an und teilte bereits nach drei Tagen, am 17.6.1697, LEIB-
NIZ seine Lösung nebst der für sein übersteigertes Geltungsbewußtsein typi-
schen Bemerkung mit, daß ihn das Problem keine drei Minuten gekostet habe:

---

[28] *Acta eruditorum,* Mai 1697; *Opera omnia,* Genf 1744, p. 768 - 778; *Streitschriften,*
S. 271 - 282, insbes. S. 276.

Je n'ai employé en tout que trois minutes de temps pour tenter, und daß er
sich auch nicht durch mehr Zeit von neuen Entdeckungen abhalten lassen
wolle. JACOB konterte später, JOHANN hätte sich ruhig sechs Minuten zur
Durchsicht nehmen sollen, was die Zahl seiner Entdeckungen nicht wesentlich gemindert hätte. Der vielbeschäftigte LEIBNIZ, der schon beim Lösen des Brachistochronenproblems über zu große Beanspruchungen geklagt
hatte, dürfte die unzureichende Lösung JOHANNS kaum kritisch gelesen haben. Da aber von LEIBNIZ keine Einwände gekommen waren, fühlte sich
JOHANN bestätigt, was sich verhängnisvoll auswirken sollte.

Von jetzt an sind die Brüder auf Kollisionskurs. JOHANN BERNOULLI publizierte die nur teilweise richtige Lösung des isoperimetrischen Problems im
Pariser *Journal des Sçavans* vom 2. 12. 1697 und schob sie nochmals im
Januarheft der Leipziger *Acta* nach; zuvor hatte er, um den Tempoverlust im
Streit wieder aufzuholen, am 26. August 1697 im *Journal* sechs neue Aufgaben gestellt; unter diesen *Problèmes à resoudre* ist das Problem der *kürzesten Linie* (geodätischen) von mathematikhistorischem Interesse.

JACOB BERNOULLI akzeptierte die Lösung JOHANNS nicht, *pas entièrement
conforme à la verité,*[29] schrieb er im *Journal,* mehr noch: er erklärte sich bereit, die Beweisführung des Bruders zu erraten, die Fehler zu ermitteln und
die vollständige Lösung selbst zu geben. Schließlich bot er hierauf sogar eine Wette an. Das sind deutliche Hinweise darauf, daß der verletzte JACOB,
der JOHANN in die Mathematik eingeführt hatte, sich über die Fähigkeiten
und die Arbeitsweise seines ehemaligen Schülers recht klar gewesen sein
muß. JOHANN hielt natürlich mit einer anderen Wette dagegen!

Nun geht es 1698 Schlag auf Schlag, und zwar im *Journal des Sçavans,* da
die *Acta* sich dem gehässigen Streit verschließen, bis auch 1699 das *Journal*
sich nicht mehr mit dem Zwist beschäftigt, was wir jetzt auch tun wollen,
indem wir das Ende des Streits betrachten.

Die Reorganisation der französischen Académie des Sciences mit dem neu-
en Reglement vom 26. 1. 1699 bot der wissenschaftlichen Gemeinschaft eine Gelegenheit zur Schlichtung; beide Brüder wurden in den kleinen Kreis
von acht auswärtigen Mitgliedern gewählt. Die französische Akademie dul-
dete keine Verächtlichmachung, *terme de mépris,* der Mitglieder weder in
Wort noch Schrift, *soit dans leurs discours, soit dans leurs écrits.*

---

[29] *Avis sur les Problèmes,* in: *Journal des Sçavans* vom 17. 2. 1698, *Opera omnia* p.
821, *Streitschriften* S. 317.

D'ALEMBERT hat später ganz in diesem Sinne geäußert, daß die Streitschriften der Brüder interessant seien, aber gleichzeitig gefragt, warum sie
dem Geist mehr Ehre als dem Herzen machten?

Der Streit schien zu versanden. Da stichelte JACOB 1699 in einer Arbeit in
den *Acta* erneut, daß er immer noch auf die Lösung der Probleme warte, und
er ließ 1700 einen offenen Brief an JOHANN folgen, der die Ergebnisse enthielt und dessen mathematischer Auszug in den *Acta* (Juni 1700) gedruckt
wurde. 1701 wurden dann von JACOB in den *Acta* die beweistechnischen
Details sehr eingehend erläutert; diese Arbeit *Analysis magni Problematis
Isoperimetrici* basierte auf einer unter JACOBS Leitung am 1. 3. 1701 vertei-
digten Dissertation. Der Fehlschluß JOHANNS wird aufgedeckt: er habe die
isoperimetrischen Bedingungen nicht verstanden, was sich an der Behandlung von Nebenbedingungen, in denen die Bogenlänge erscheint, zeige.
JACOB selbst stellte der Lösung der drei isoperimetrischen Aufgaben sieben
Theoreme voraus, der Satz VII drückt klar das *klassische Variationsprinzip*
aus, während - modern gesprochen - der Satz VI mangels eines geeigneten
Funktionsbegriffs schwerfällig die Stetigkeit gewisser Funktionen lediglich
anhand eines Beispiels formuliert und damit eigentlich unbewiesen bleibt.

JACOB ließ die Dissertation nicht mit der Post dem Bruder zugehen, sondern
durch seinen Schüler J. HERMANN in Groningen abgeben, und JOHANN ahnte
wohl bald seine unzulängliche Argumentation, ohne dies jemals uneinge-
schränkt zuzugeben. JOHANN hatte jedoch bereits am 22. 1. 1701 seine feh-
lerhafte Lösung versiegelt über VARIGNON an die Pariser Akademie mit der
Auflage gehen lassen, das Paket erst nach dem Vorliegen von JACOBS Lösung zu öffnen. Als JOHANN jedoch am 27. 2. 1701 durch ein Gerücht von
der angeblichen Absicht des Bruders erfuhr, seine Lösung in Paris persönlich vorzulegen, zog er sofort das am 1. 2. 1701 der Akademie übergebene
Manuskript wieder zurück, und dieses wurde am 23. 3. 1701 wieder an ihn
zurückgeschickt. Nach dem Tod des Bruders 1705, der JOHANN um seinen
einzigen kompetenten kontinentalen Kritiker brachte - den Freund LEIBNIZ
ausgenommen -, schickte er das Manuskript erneut an die Pariser Akademie,
und es wurde am 17. 4. 1706 geöffnet und ins Französische übersetzt. Diese
Übersetzung erschien in den *Mémoires de l'Academie Royale des Sciences*
für 1706. Der von JACOB bemängelte Fehler war nicht korrigiert!

Als 1715 BROOK TAYLOR in der *Methodus incrementorum directa et in-*
versa[30] eine Lösung im Stile JACOBS gab, von der L. ANTON 1888 in seiner
Leipziger Dissertation *Geschichte des isoperimetrischen Problems* sagte:

Die Taylorsche Lösung ist eine der einfachsten und klarsten, die aus jener
Zeit stammen[31], da sah sich der ehrgeizige JOHANN zu einer Stellungnahme
veranlaßt, zumal die BERNOULLIs gar nicht erwähnt wurden!

Je résolus cette question des Isoperimetres en deux maniers differentes,[32]
schrieb JOHANN gleich im zweiten Absatz seiner 1718 in den Pariser
Mémoires erschienenen Abhandlung *Remarques sur ce qu'on a donné jus-*
qu'ici de solutions des Problèmes sur les Isoperimetres, den Bemerkungen
über die bis jetzt hervorgebrachten Lösungen des isoperimetrischen Problems, um seine Verdienste in dieser Sache herauszustellen. Die Arbeit ist
noch 13 Jahre nach dem Tode JACOBS voll von Polemik gegen den Bruder.
Daß TAYLOR gut die Schwerfälligkeit in den Beweisen des Bruders wahrgenommen habe (*la longueur embarassante de l'analyse de mon frère*) und so
ungewollt JOHANN Schützenhilfe gegen den Bruder leistete, das hebt
JOHANN genüßlich hervor, um TAYLOR anschließend des gleichen Verge-
hens zu zeihen, denn auch TAYLOR habe die Sache nur verdunkelt (*a répan-*
du lui-même tant d'obscurité sur cette matière).[33]

Letztendlich stellte JOHANN jetzt, seinen eigenen Fehler immer noch vertu-
schend, die Arbeit des Bruders in überarbeiteter Form dar. Er sagte einfach,
die Lösung seines Bruders sei in seiner eigenen enthalten. Mathematisch gibt
es allerdings einige *hervorhebenswerte Ergebnisse:* Durch einen technischen Fortschritt bei der Herleitung der EULERschen Differentialgleichung
wird von JOHANN bemerkt, daß für drei benachbarte Kurvenpunkte gleiche
Relationen sowohl zwischen dem ersten und zweiten als auch dem zweiten
und dritten bestehen, womit diese Relationen - da sie gleich sind - konstant
sein müssen. Mit dieser *methode de l'uniformité* wird die schwerfällige Ableitung JACOBS wesentlich vereinfacht, und die Differentialgleichung erscheint jetzt in der richtigen Ordnung 2.

Den alten Fehler bei den isoperimetrischen Bedingungen gibt es nicht mehr.
JOHANN hatte früher bei isoperimetrischen Nebenbedingungen nur zwischen

---

[30] London 1715, Propositio XVII, problema XX, S. 67f.
[31] Dresden 1888, S. 25.
[32] *Mémoires de la Academie Royale des Sciences*, Paris 1718 p. 100; *Opera omnia*, t. 2,
      p. 235, *Streitschriften*, S. 527.
[33] a.a.0.

zwei benachbarten Kurvenpunkten variiert, dabei aber den Zwischenpunkt gemäß der isoperimetrischen Nebenbedingung auf einer Ellipse laufen lassen. Das ist im Endlichen sinnvoll, wird aber - worauf LAGRANGE später in dem Kapitel über die Geschichte der isoperimetrischen Aufgabe in seinen *Leçons sur le calcul des fonctions* (1808) hingewiesen hat - im Infinitesimalen zu einer Identität, die zur Analyse nichts mehr beiträgt. LAGRANGE resümierte:

Mais son analyse est erronée et pèche contre le princips du Calcul infinitesimal.[34]

EULER hat 1738 in seinem Artikel *Problematis isoperimetrici* eine Klasseneinteilung der Variationsprobleme hinsichtlich ihrer Nebenbedingungen vorgenommen, und dabei die Zahl der Nebenbedingungen und die entsprechende Zahl der zu variierenden Punkte ins Verhältnis gesetzt.

Wir sind bereits mitten in unserer

mathematikhistorischen Bilanz.

Bei aller Kritik aus der heutigen Sicht möchte ich an CARATHÉODORYs Einschätzung erinnern, daß es sich bei den Arbeiten der Brüder um *Leistungen allerersten Ranges* handelte und daß die Brüder sich dessen bewußt waren. Ein "Nebenprodukt" der Spitzenleistungen war der Wandel des Funktionsbegriffs von der *geometrischen zur arithmetischen* Auffassung. JACOB hatte bei den isoperimetrischen Problemen 1697 einen rein geometrischen "Funktionsbegriff" benutzt, der eine gewisse geometrische Größe (die Strecke PZ) als Potenz oder Wurzel einer anderen Größe (hier PF) begriff, was ganz im Rahmen geometrischer Konstruierbarkeit ablief. JOHANN beginnt 1706 diese geometrische Beziehung bei den isoperimetrischen Kurven abzustreifen:

ou généralement telle que les fonctions quelquonques de ces appliquées,[35]

schreibt er, und in der Arbeit von 1718 noch deutlicher:

On appelle ici fonction d'une grandeur variable, une quantité <u>composée de quelque manière</u> que ce soit de cette grandeur variable et de constantes.[36]

---

[34] "Seine Analyse ist jedoch fehlerhaft und widerspricht dem Infinitesimalkalkül." *Oeuvres de Lagrange,* ed. Serret, tom 10. Paris 1884, p. 386 (leçon 21).
[35] "... oder allgemein solche [Kurven], wie die beliebigen Funktionen von den Applikaten" [Applikate = Ordinate]. *Streitschriften,* hrg. D. Speiser. Basel 1991. S. 515.

Das ist mehr oder weniger der EULER hinterlassene Funktionsbegriff, den dieser seit etwa 1730 über die elementaren algebraischen Operationen, die für JOH. BERNOULLI noch die allgemeine Art der Zusammensetzung einer Funktion darstellten, hinaus erweitert und arithmetisiert hat.

Wie modern der BERNOULLIsche Ansatz ist, möchte ich Ihnen an der Kritik von KARL WEIERSTRASS verdeutlichen, die dieser in seinen Vorlesungen über die *Theorie der analytischen Funktionen* immer wieder geäußert hat und die aus seinem Bestreben nach (konstruktiver) Darstellbarkeit einer Funktion verständlich wird:

Eine andere und scheinbar sehr allgemeine Definition einer Funktion gab zuerst J. BERNOULLI: Wenn zwei veränderliche Größen so miteinander zusammenhängen, daß jedem Werth der einen eine gewisse Anzahl bestimmter Werthe der anderen entsprechen, so nennt man jede der Größen eine Funktion der anderen.[37]

Nach diesem Zitat fährt er überraschenderweise so fort:

Auch in der Mechanik treten viele Beispiele auf, welche die BERNOULLIsche Definition rechtfertigen. Dieselbe gilt jedoch zunächst nur für reelle Zahlen. Sie ist aber überhaupt vollkommen unhaltbar und unfruchtbar. "

Weshalb kommt WEIERSTRASS auf dieses vernichtende Urteil? Kurz gesagt stört ihn an diesem allgemeinen Begriff, daß er nicht konstruktiv ist und daß es unmöglich ist, aus ihm irgendwelche Eigenschaften einer Funktion wie etwa Differenzierbarkeit abzuleiten.

Übrigens steht die von WEIERSTRASS angeführte Definition BERNOULLIS an keiner der drei von ihm genannten Stellen. BERNOULLI spricht noch nicht arithmetisch vom *Wert* einer Größe, das tun erst LACROIX und CAUCHY, das *quelque manière* (irgendeine Art) ist sicher im Sinne einer *mehrdeutigen* Funktion überinterpretiert, wenn wir uns an die briefliche Kontroverse zwischen LEIBNIZ und BERNOULLI über die Logarithmen negativer und imaginärer Zahlen aus den Jahren 1712/13 erinnern, die erst EULER 1749 mit der Einführung der unendlichen Vieldeutigkeit der Logarithmenfunktion in sei-

---

[36] "Man nennt hier eine Quantität, die in irgendeiner Weise aus einer variablen Größe und aus Konstanten zusammengesetzt ist, Funktion dieser variablen Größe." *Streitschriften*, hrg. D. Speiser. Basel 1991. S. 534.

[37] Hier zitiert in der Mitschrift von A. Hurwitz (1878) der *Einleitung in die Theorie der analytischen Funktionen*, hrg. P. Ullrich. Braunschweig 1988, S. 48.

ner Arbeit *De la controverse entre Mrs. Leibnitz et Bernoulli*[38] zu einem inhaltlichen Abschluß gebracht hat.

Treten wir zurück, um noch einmal mit Abstand auf die Entwicklung zu
blicken, die mit einer infinitesimalen "geometrischen Analysis" begann und
die zum analytischen LAGRANGEschen Formalismus führte. JOHANN
BERNOULLI hatte zunächst mittels physikalischer *Analogiebetrachtungen*
das Problem gelöst, der formaler denkende JACOB BERNOULLI hatte vor einem geometrischen Hintergrund die Aufgabe mit *analytischen Methoden
(Variationsprinzip)* behandelt sowie verallgemeinert, und diese allgemeinen
Überlegungen hatte der eher intuitiv denkende JOHANN BERNOULLI wiederum durch eine bemerkte Gleichförmigkeit *formal* vereinfacht. EULER wird
hier starten, zwar noch *geometrisch*, aber schon für allgemeinere Problem-
klassen, für die dann LAGRANGE ein *analytisches,* nicht mehr geometrisches
Verfahren, den δ-Kalkül, allerdings nur formal liefert, und diesen Kalkül begründet wiederum EULER mittels einer parametrischen Schar von Vergleichskurven, indem er zwischen Differentiation nach den Variablen und
den Parametern unterscheidet.

Ich bin am Ende mit meinen Ausführungen. ADOLPH KNESER hat 1907 einen
Gedenkvortrag anläßlich EULERs 200. Geburtstages über dessen Variationsrechnung mit der Frage geschlossen:

*Besinnen wir uns noch einen Augenblick darüber, was Betrachtungen wie
die heute Ihnen vorgeführten, eigentlich wollen und sollen. Wühlen wir nur
im alten Schutt, weil es uns Vergnügen macht, allerhand Antiquitäten einer
wohlverdienten Vergessenheit zu entreißen? Und was sind überhaupt die
Zwecke einer historischen Betrachtung für den Mathematiker?*[39]

KNESER gab zwei Antworten. Zum einen stimmte er LEIBNIZ zu, man möge
die *Ars inveniendi* (Erfindungskunst) mehren, zum anderen wollte er den
geistigen Verkehr mit großen Männern gepflegt sehen. LEIBNIZ selbst hatte
sich über die Erfindungskunst und ihre Vervollkommnung so geäußert:

*man könne methodische Verfahren ausmachen, wenn man nachvollziehe,
wie andere zu großen Erfindungen gelangten.*[40]

---

[38] In: *Mémoires de l'Academie Royale des Sciences et des Belles-Lettres*, Berlin 1749
      (ersch. 175 1); *Opera omnia*, ser. 1, t. 17, p. 195 - 232.
[39] In: *Festschrift zur Feier des 200. Geburtstages Leonhard Eulers*. Leipzig 1907, S.34.
[40] Gerhardt, a.a.O., Bd. V, Seite 392.

Lassen Sie mich eine Rechtfertigung CARATHÉODORYS anfügen, mit der er
eine Rede anläßlich eines anderen 300jährigen Jubiläums, dem 300jährigen
Bestehen der *Harvard University* (Massachusetts), beendete:

*I will be glad if I have succeeded in impressing the idea that it is not only
pleasant and entertaining to read at times the works of the old mathematical authors, but this may occasionally be of use for the actual advancement
of science.*

*Besides this there is a great lesson we can derive from the facts I have just
referred to. ... It may happen that the work of most celebrated men may be
overlooked. If their ideas are too far in advance of their time, and if the
general public is not prepared to accept them, these ideas may sleep for
centuries on the shelves of our libraries. Occasionally, as we have tried to
do today, some of them may awakened to life. But I can imagine that the
greater part of them is still sleeping and is awaiting the arrival of the
prince charming who will them take home.*[41]

Ich hoffe, am Beispiel des ehrwürdigen Brachistochronenproblems etwas
vom Nutzen, nicht vom Nachteil der Historie für die Mathematik vermittelt
zu haben.

Literatur

Johannis Bernoulli Opera omnia. 4 Bde. Hrg. G. Cramer. Lausanne & Genf
1742 (Reprint 1968).

Jacobi Bernoulli Opera. 2 Bde. Hrg. G. Cramer. Genf 1744.

Der Briefwechsel von Johann Bernoulli. 3 Bde. Hrg. O. Spieß, P. Costabel,
J. Peiffer. Basel 1955f.

Der Briefwechsel von Jacob Bernoulli. Hrg. D. Speiser. Basel 1993.

Die Streitschriften von Jacob und Johann Bernoulli. Hrg. D. Speiser. Basel
1991. [Hierin befinden sich neben den relevanten Arbeiten zum Brachistochronenproblem auch die Werkverzeichnisse der Brüder mit bibliographi-

---

[41] *Gesammelte mathematische Schriften*, Bd. 2. München 1955. S. 101.

schen Angaben über die Erstveröffentlichung und Verweisen auf die jeweiligen *Opera omnia]*

Leibnitii et Johan. Bernoullii commercium philosophicum et mathematicum. 2 vols. Lausanne 1745. [Von Johann Bernoulli in "bereinigter" Form herausgegeben.]

Leibnizens mathematische Schriften. Hrg. von C. I. Gerhardt. Band 1 - 7, Berlin, später Halle 1875 - 1890 (Reprint 1960 - 1961); neuere Ausgabe der Briefe in: *Sämtliche Schriften und Briefe* (Reihe 3) im Akademie - Verlag, Berlin 1971f. [In der Gerhardtschen Ausgabe enthalten die Bände 2 - 3 der 1. Abtheilung des 3. Bandes der 3. Folge den Briefwechsel mit den Brüdern Bernoulli]

P. DIETZ, *Die Ursprünge der Variationsrechnung bei Jakob Bernoulli.* Verhandlungen der Naturforschenden Gesellschaft in Basel, 70 (1959) 81 - 146.

G. ENESTRÖM, *Framställning af striden om det Isoperimetriska Problemet.* Upsala 1876.

J. O. FLECKENSTEIN, *Johann und Jakob Bernoulli.* Elemente der Mathematik, Beiheft 6. Basel 1949.

A. HERZIG und I. SZABÓ, *Die Kettenlinie, das Pendel und die "Brachistochrone" bei Galilei.* Verhandlungen der Naturforschenden Gesellschaft in Basel, 91 (1981) 51 - 76.

J. E. HOFMANN, *Über Jakob Bernoullis Beiträge zur Infinitesimalmathematik.* L'enseignement mathématique. Genf 1957

J. A. van MAANEN, *Een complexe grootheid. Leven en werk van Johann Bernoulli.* Utrecht 1995.

J. PEIFFER, *Le problème de la brachystochrone.* In: *Der Ausbau des Calculus durch Leibniz und die Brüder Bernoulli.* Hrg. H. J. Heß und F. Nagel. Sonderheft 17 der *Studia Leibnitiana.* Stuttgart 1989. S. 59 - 81.

R. WOLF, *Biographien zur Kulturgeschichte der Schweiz.* 4 Bde. Zürich, 1858f. 1. Cyclus 1858 (darin Jakob Bernoulli), 2. Cyclus 1859 (darin Johann Bernoulli).

Leibniz' Physikbegriff in seiner mathematischen und metaphysischen Grundlegung

Hartmut Hecht

LEIBNIZ' Beiträge zur Physik werden in der wissenschaftshistorischen Literatur zumeist der cartesischen Tradition zugeordnet. LEIBNIZ habe, so die weitgehend akzeptierte Ansicht, wie DESCARTES mechanische Modelle konstruiert und damit eine Form der physikalischen Erklärung konservieren wollen, die, um es salopp zu sagen, seit NEWTON zum Auslaufmodell eines physikalischen Paradigmas gehörte. Der Grund dafür wird gewöhnlich in seinem Anspruch einer metaphysischen Fundierung der Physik gesehen, die Hypothesen fingiere, wo NEWTON die Formulierung von Quaestionen, d. h. metaphysische Problemformulierungen verlangte, die mit experimentalphilosophischen Mitteln zu entscheiden seien.

Es soll hier nicht bestritten werden, daß es für diese Interpretation gute Gründe gibt, ja daß sie sich auf NEWTON selbst berufen kann, jedoch auf einen, für diese Zwecke zurechtgemachten NEWTON. Denn auch SIR ISAAC war, wie allgemein bekannt ist, mit den zeitgenössischen Begründungsversuchen der von ihm postulierten Fernwirkungskräfte nicht eben glücklich, und so verwahrte er sich gegen BENTLEYS Unterstellung, daß die Schwere der Materie wesentlich oder eingepflanzt sei, mit den Worten, ihm diese Ansicht doch bitte nicht zuzuschreiben. Eine Kraftübertragung ohne Vermittlung "... ist für mich", wie er schreibt, "ein solch absurder Gedanke, daß ich glaube, auf ihn kann niemand verfallen, der auf philosophischem Gebiet das erforderliche Urteilsvermögen besitzt." [Leibniz-Clarke 1991, S.179f.] Mit deutlichem Bezug auf diesen Sachverhalt diskutierte NEWTON denn auch im letzen Absatz des Scholium generale seiner *Principia* die Möglichkeit eines vermittelnden "spiritus", der alle Körper durchdringen sollte.

Wie wenig ergiebig eine Rekonstruktion der großen physikalischen Grundlagendiskussionen des 17. Jahrhunderts im Bilde der Polarisierung *Metaphysik versus Physik* ist, läßt sich zudem an physikalischen Detailproblemen demonstrieren. Der vermeintlich alle Hypothesen ablehnende NEWTON stimmt nämlich mit dem Metaphysiker LEIBNIZ hinsichtlich der falschen Konsequenz aus dem optischen Brechungsgesetz überein, daß sich - modern gesprochen - die Dichten der Medien verhalten wie die Geschwindigkeiten des Lichtes in diesen Medien. Und der Grund dafür findet sich in der Tatsache, daß die von NEWTON ad hoc eingeführten kurzreichweitigen Wechselwirkungskräfte an der Grenzschicht der optischen Medien philosophisch keinesfalls besser begründet sind als die Leibnizschen mechanischen Modelle.

Man wird sich also, will man die eigentümliche Übereinstimmung der dioptrischen Resultate von DESCARTES, LEIBNIZ und NEWTON verstehen, gerade nicht von der Metaphysik fernhalten können. Und genau in diesem Sinne wird im folgenden vor allem von zwei Schriften LEIBNIZENS die Rede sein, von seinem 1682 in den Acta Eruditorum publizierten Aufsatz *Unicum opticae, catoptricae et dioptricae principium* und von der *Nova Methodus pro Maximis et Minimis*, die als Anwendung der neuen Methode auch eine Ableitung des optischen Brechungsgesetzes bietet. Aus mathematischer Sicht sind sie interessant, weil in ihnen erstmals in der Geschichte der Physik der Funktionsbegriff für die Formulierung des Brechungsgesetzes Anwendung findet. Ihr metaphysischer Reiz liegt in der Erörterung des Problems der Finalursachen durch LEIBNIZ, die er nicht absolut aus der Naturphilosophie verbannen will und daher auf ihr Erklärungspotential für die Physik hin untersucht.

Wie beides zusammenhängt, wie, um es genauer zu sagen, die Mathematik eine ganz bestimmte sein muß, um im Verbund mit der Metaphysik den Leibnizschen Physikbegriff zu ermöglichen, soll den Gegenstand der folgenden Überlegungen ausmachen. LEIBNIZ selbst hat seinen Begriff von Physik auf die knappe Formel gebracht: "Physica per Geometriam Arithmeticae per Dynamicen Metaphysicae subordinatur" [Leibniz 1971, Bd. 6, S. 104]. Um diesen Schlüsselsatz seiner Wissenschaftsmethodologie anhand der Dioptrik zu erläutern, wird zunächst der historische Diskussionsstand zu skizzieren sein.

Dioptrik im 17. Jahrhundert

Das Phänomen der Refraktion oder Brechung des Lichtes war, wie man vermutet, bereits ARCHIMEDES bekannt. Erstmals genauer untersucht wurde es von PTOLEMAIOS, der im 5. Buch seiner *Optik* eine Versuchsanordnung beschreibt, die es ihm ermöglichte, eine Tafel aufzustellen, in der für verschiedene Medien die Größe des Brechungswinkels in Abhängigkeit vom

Einfallswinkel aufgetragen ist. Ein Brechungsgesetz im eigentlichen Sinne findet man in der Antike nicht. Erst SNELLIUS und DESCARTES geben einen mathematisch, besser geometrisch formulierten Zusammenhang an, der Allgemeingültigkeit beansprucht. Doch auch hier hat man hinsichtlich des Charakters dieser mathematischen Beziehung Vorsicht walten zu lassen, um nicht vorschnell unser heutiges Bewußtsein in die Geschichte hineinzulesen. Das Verständnis der Optik als Wissenschaftsdisziplin ist im 17. Jahrhundert so eindeutig nicht. Noch JEAN-BAPTISTE LE ROND D'ALEMBERT spricht in der *Encyclopédie* von "une partie des mathématiques mixtes". Dann betrachtet er sie als "une branche considérable de la Philosophie naturelle" [Encyclopédie 1966, S. 518], um schließlich auch noch auf ihre Zugehörigkeit zu Physik, Astronomie und Metaphysik zu verweisen. Ja, LEIBNIZ selbst hatte für seine Akademie eine mathematische und eine physikalisch-medizinische Klasse vorgesehen, wobei die Optik selbstverständlich neben Astronomie, Architektonik und Mechanik der mathematischen Klasse zugeordnet wurde.

Diese methodologische Unsicherheit findet ihr Pedant auf geometrischer Ebene in einer Formulierungsvielfalt des optischen Brechungsgesetzes, die sich LEIBNIZ an einer eigens dafür entworfenen Figur klar macht. Sie läßt sich als Zusammenfassung der vorliegenden Darstellungen der Dioptrik von SNELLUIS und DESCARTES, aber auch der Argumentation FERMATS lesen (Figur 1). Um dies einzusehen, betrachte man den Strahlengang CEGT. Er stellt, da die Brechung zum Einfallslot hin erfolgt, den Übergang von einem optisch dünneren zu einem optisch dichteren Medium dar.

DESCARTES formuliert den in Rede stehenden Zusammenhang nun so, daß für alle möglichen Strahlengänge bei gegebenen Medien das Verhältnis der Gegenkatheten von Einfalls- und Brechungswinkel stets dasselbe bleibt, also $\frac{CI}{KG}$ = const gilt. SNELLIUS erhält das gleiche Ergebnis in bezug auf die Hypotenusen, nämlich $\frac{EV}{ET}$ = const. FERMAT schließlich, stellt das Problem, eine Beziehung zwischen dem Einfalls- und Brechungswinkel sowie den Dichten der Medien zu finden, als eine Extremwertaufgabe, deren Variationsbedingungen im LEIBNIZschen Bild durch die möglichen Lagen des Punktes F veranschaulicht werden.

Was nun LEIBNIZ mit dieser Figur nahe legen will, ist, daß er die erwähnten verschiedenen begrifflichen Fassungen eines und desselben optischen Phä-

nomens als besondere Ergebnisse einer einzigen übergreifenden Methode
nachweisen kann. Und er betont mit nicht wenig Stolz in der berühmten Abhandlung *Nova Methodus pro Maximis et Minimis*, durch diese Methode,
d. h. vermittels seiner Infinitesimalanalyse, in nur drei Zeilen herausgebracht
zu haben, was andere gelehrte Männer nur auf Umwegen erreicht hätten.
Dies ist in erster Linie auf FERMAT gemünzt, der eine komplizierte Rechnung ausfahren mußte, da er nicht über den Leibnizschen Kalkül verfügte.
Aber auch die anderen Ergebnisse folgen wie von selbst aus der LEIBNIZ-
schen Lösung, die im folgenden vorgestellt werden soll.

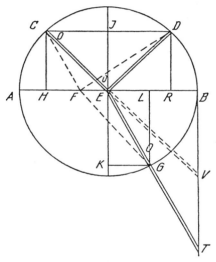

Figur 1: Leibniz' Darstellung der geometrischen Verhältnisse bei der Reflexion
und Refraktion des Lichtes, die zugleich eine Interpretation der Ansichten von
Descartes, Snellius und Fermat liefert.

Leibniz' geometrische Herleitung des Brechungsgesetzes

Bereits der Titel des Acta-Eruditorum-Textes von 1682 läßt erkennen, daß
LEIBNIZ für die wissenschaftstheoretische Begründung und physikalische
Darstellung der gesamten Optik nur ein einziges Prinzip benötigt. Es lautet:
"Lumen a puncto radiante ad punctum illustrandum pervenit via omnium

facillima" [Leibniz 1682, S. 185]. Dieser leichteste Weg ist, wie aus der *"Optica simplici"* [Leibniz 1682, S. 185] bekannt, der kürzeste und direkte Weg. Solange man nur innerhalb eines einzigen Mediums verbleibt, ist dieser Weg grafisch durch eine gerade Linie, etwa durch CE in Figur 1 darstellbar.

Das Ergebnis läßt sich nun sofort für die Katoptrik aufschließen und mithin für die Ableitung der Reflexionsgesetze nutzen. Es sei wieder C der strahlende Punkt und der zu beleuchtende Punkt möge durch D gegeben sein. Der unter der Voraussetzung der Euklidischen Geometrie kürzeste Weg, ist dann offenbar durch die Summe CE + ED gegeben. Denn alle Variationen der Lage des Punktes F im offenen Intervall zwischen H und E, liefern für den Gesamtweg CF + FD einen größeren Wert als die Summe CE + ED, so daß die aus der Katoptrik bekannte Gleichheit von Einfalls- und Reflexionswinkel, auf rein geometrische Weise aus dem Leibnizschen Prinzip folgt.

Nicht ganz so einfach liegen die Verhältnisse im Falle der Dioptrik. Zwar ist auch hier zunächst noch eine vergleichbare Lösung möglich, doch führt die Untersuchung der Refraktion des Lichtes auch schnell an die Grenzen einer bloß geometrischen Betrachtungsweise in der Physik. Das Hauptproblem besteht darin, daß es sich bei der Brechung des Lichtes um eine optische Erscheinung handelt, die an der Grenzfläche ungleicher Medien auftritt. Der Einfluß des Mediums kann also nicht unberücksichtigt bleiben, wenn nach dem Weg des Lichtes in den beiden Medien gefragt wird.

Das 17. Jahrhundert wußte sich nun darin einig, daß dies keinesfalls der geometrisch kürzeste Weg sein könne. Erhebliche Differenzen gab es allerdings hinsichtlich der Auffassungen, wie die Modifikationen durch das Medium im wörtlichen Sinne in Rechnung zu stellen seien. LEIBNIZ' Antwort auf diese Frage liegt in der konkreten, d. h. durch die physikalischen Bedingungen determinierten Explikationen des "leichtesten Weges". Der "leichteste Weg", diktiert er, ist der des geringsten Widerstandes. Der Widerstand aber ist klarerweise keine geometrische Größe, und LEIBNIZ rettet die geometrische Argumentation in diesem Stadium der Problementwicklung dadurch, daß er den in Betracht zu ziehenden Weg des Lichtes als Produkt aus geometrischem Weg und einer ebenfalls geometrisch vorgestellten empirischen Konstanten, die wir heute Dichte nennen, ansetzt.

Der Beweisgang ist nun folgender: Wir nehmen an, daß sich die Dichte des Mediums im oberen Halbkreis der Figur 1 durch eine Strecke r darstellen läßt und die im unteren Halbkreis durch eine Strecke h. Gesucht ist derjenige

Punkt E auf der Geraden AB, für den die Summe des Rechtecks aus der Strecke CE multipliziert mit r und der Strecke EG multipliziert mit h ein Minimum ergibt. Substituieren wir nun die von LEIBNIZ in der *Nova Methodus pro Maximis et Minimis* benutzten Bezeichnungen, setzen also

g = CE, f = EG, c = LG, p = HL, x = HE und e = CH,

so lauten seine drei Zeilen:

1. w = hf + rg mit f und g = $\sqrt{c^2 + (p-x)^2}$ und g = $\sqrt{e^2 + x^2}$ für die Funktion, deren Minimum zu bestimmen ist. Da die Bedingung für das Minimum, wie LEIBNIZ vorher gezeigt hat, $\frac{dw}{dx} = 0$ lautet, ergibt die Lösung der Differentialgleichung die zweite Zeile, nämlich $\frac{h(p-x)}{f} = \frac{rx}{g}$, woraus nach Umformung die dritte Zeile, $\frac{\sin\alpha_1}{\sin\alpha_2} = \frac{h}{r}$ folgt; α_1 und α_2 bezeichnen dabei den Einfalls- bzw. den Brechungswinkel.

Man sieht nun sofort, wie man von der Leibnizschen Darstellung des Brechungsgesetzes, die mathematisch die Sinusfunktion voraussetzt, zu der Cartesischen gelangt. Es sind dafür nur die Hypotenusen gleichzusetzen (Figur 2). In ähnlicher Weise folgt das SNELLIUSsche Ergebnis, und zwar für die Komplementwinkel bei gleichen Ankatheten (Figur 3).

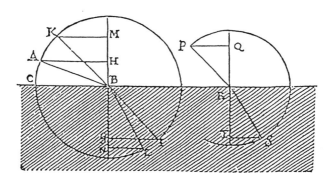

Figur 2: Die geometrischen Bestimmungsstücke des Brechungsgesetzes bei Descartes

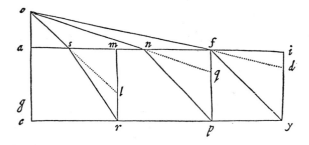

Figur 3: Snellius' Skizze der Lichtbrechung

Das eigentlich Faszinierende ist nun aber, daß LEIBNIZ mit dieser mathematischen Synthese zugleich die adäquate, physikalische Erklärung zu finden glaubt und somit ein physikalisches Gesetz zu formulieren beansprucht, während er die Proportionen seiner Vorgänger lediglich als Analogiebetrachtungen ansieht. In der gleichen Weise also, wie er in der Mathematik eine allgemeine Methode gefunden hatte, deren spezielle Lösungen sich auf seine Vorgänger verteilten, soll nun auch hinsichtlich des physikalischen Verständnisses eine Erklärung angegeben werden, in der die bloß partiell gültigen Ansichten seiner Vorgänger hinsichtlich ihrer einschränkenden Voraussetzungen zu thematisieren sind. Anders ausgedrückt beabsichtigt er zu zeigen, daß die mathematische Syntheseleistung nur mit einer ganz bestimmten physikalischen Erklärung harmoniert, die freilich in einer speziellen Metaphysik ihr Fundament hat.

Die physikalischen Erklärungen von DESCARTES, SNELLIUS und FERMAT

Um dies zu demonstrieren, wenden wir uns noch einmal der historischen Problemlage zu. Für DESCARTES bedeutet *physikalisches Erklären* die Angabe eines mechanischen Modells, das die geometrisch formulierten Zusammenhänge inhaltlich interpretiert. Eine mathematisch formulierte Beziehung ist für ihn deshalb nur dann wahr im Sinne der Physik, wenn sie ein Verhältnis der Realität ausdrückt. Da der physikalische Realitätsbegriff nun aber nicht selbstverständlich ist, sondern definiert werden muß, und zwar in der Metaphysik, muß eine physikalische Erklärung mit den dort formulierten Naturgesetzen und insbesondere mit dem Maß der Bewegung, der *Quantitas motus* sowie den Stoßregeln übereinstimmen. Die Brechung des Lichtes wird so als mechanisches Stoßproblem diskutierbar. DESCARTES wählt dafür ein Modell, bei dem die Grenzschicht der Medien eine eigene physikalische Bedeutung besitzt, indem sie als eine Leinwand vorgestellt wird, die der stoßende Körper, bei ihm ein Tennisball, zerreißen und also durchdringen kann. Dabei tritt, wie DESCARTES erklärt, eine Verzögerung der Bewegung ein, die auf eine Ablenkung der Trajektorie des Balls vom Einfallslot weg hinausläuft (Figur 4).

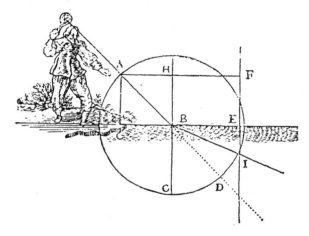

Figur 4: Ein mechanisches Modell der Reflexion des Lichtes nach Descartes

Nun gibt es aber auch eine Ablenkung zum Einfallslot hin, die sich DESCARTES durch folgende Überlegung plausibel macht: Er setzt voraus, daß man die Bewegung des Körpers nicht nur in zwei Komponenten auseinanderlegen kann, sondern daß es sich um zwei verschiedene Bewegungen handelt, um zwei *Determinationen*, wie er sagt. Der damit ausgesprochene Unterschied mag auf den ersten Blick als eher zweitrangig erscheinen. Auf ihm aber beruht die Cartesische Proportionalität von Lichtgeschwindigkeit und Dichte des Mediums. Die Unterscheidung von zwei Determinationen der Bewegung bedeutet nämlich, daß die Gesamtbewegung nicht durch eine Gesamtrichtung ausgezeichnet ist. Der Cartesischen Erhaltungsgröße der Be-

wegung, der *Quantitas motus* fehlt also, wenn wir es modern formulieren
wollen, der vektorielle Charakter. Und in der Tat versteht DESCARTES ja
Bewegung im philosophischen Sinne als die Überführung eines Teils der
Materie oder eines Körpers aus der Nachbarschaft der Körper, die ihn unmittelbar berühren, und die als ruhend angesehen werden, in die Nachbarschaft anderer. Ein Richtungsbezug läßt sich in dieser Formulierung also
nicht ausmachen. Folglich gibt es für DESCARTES auch keine Gesamtbewegung, die sich in Komponenten auseinanderlegen ließe, sondern nur additive
Determinationen.

Das hat nun entscheidende Auswirkungen für das Verständnis der Lichtbrechung. Denkt man sich nämlich die Bewegung des Lichtes aus einer horizontalen und einer vertikalen Bewegung zusammengesetzt, so ist klar, daß
sich im Falle des Grenzübergangs an der horizontalen Bewegung nichts ändert, während die vertikale Bewegung verzögert wird. Auf diese Weise stellt
sich die Gesamtbilanz als Richtungsänderung dar, und zwar derart, daß sich
die Bewegung bei der Auslenkung zum Einfallslot hin beschleunigt, während
sie im entgegengesetzten Falle verzögert wird. Im Gegensatz zu unserem
heutigen Wissen, ist also bei DESCARTES die Lichtgeschwindigkeit im dichteren Medium größer als im dünneren. Dies macht er sich wieder anhand
einer Modellannahme klar. Läßt man, so die Argumentationsfigur, eine Kugel von den Dielen eines Fußbodens über einen Teppich laufen, so wird sie
abgebremst. Der Teppich, das dünnere Medium, hemmt also die Bewegung.
Freilich fällt der Mangel dieser ad hoc Erklärung sofort ins Auge. Wenn die
Kugel nämlich den Teppich wieder verläßt, erhält sie ihre ursprüngliche Geschwindigkeit ja nicht zurück, was sowohl für LEIBNIZ als auch für FERMAT
zum Gegenstand der Auseinandersetzung wurde.

DESCARTES' Argumentation macht deutlich, daß - im Gegensatz zum Refle-
xionsgesetz - das Brechungsgesetz nicht rein geometrisch abzuleiten ist. Er
selbst gibt zwar einen geometrischen Ausdruck an, den er jedoch physikalisch durch ein Modell interpretiert, das auf den metaphysischen Voraussetzungen der *res extensa* und der Berührungskausalität basiert. Dadurch wird
er in die Lage versetzt, seine Stoßregeln auf das Problem zu schalten, d. h.
allgemeingültige Gesetze für die Lösung eines besonderen Problems aufzu-
schließen, wodurch er das resultierende spezielle Gesetz, in unserem Falle
das Brechungsgesetz, als wahr ausgeben kann. Das Kriterium der Wahrheit
ist somit die Fundierung in der Metaphysik, die über ein mechanisches Modell und die dafür geltenden Bewegungsgesetze vollzogen wird. Ein Natur-

phänomen ist für DESCARTES daher genau dann "physikalisch erklärt", wenn er ein mechanisches Modell angegeben hat.

Vergleicht man diese Ansichten nun mit denen SNELLIUS', so findet man das gleiche Ergebnis nur durch andere geometrische Bestimmungsstücke ausgedrückt. DESCARTES formuliert die Konstanz der in Frage stehenden Proportion in bezug auf die Gegenkatheten von Einfalls- und Brechungswinkel, SNELLIUS in bezug auf die Hypotenusen. In ISAAC VOSSIUS' Mitteilung dieses Ergebnisses heißt es genauer: "Radiis incidentae versus ad adparentem in ejusdem generis medio, rationem semper habet eandem" [Vossius 1662, S. 36]. Was unter den einfallenden Strahlen zu verstehen ist, läßt sich der Figur 3 entnehmen. SNELLIUS meint damit die Strecken sl, nq und fd. Die Strecken sr, np und fy hingegen veranschaulichen die erscheinenden Strahlen. Interessant ist nun, daß sich auch SNELLIUS keinesfalls mit einer bloß geometrischen Darstellung begnügt. Er läßt nämlich der Mitteilung seiner Ergebnisse die Überzeugung folgen, daß der Schöpfer der Natur, den verschiedene Medien passierenden Strahlen genau dieses Gesetz vorgeschrieben habe. Diese Mitteilung hat, wie es scheint, LEIBNIZ veranlaßt, SNELLIUS und FERMAT in einem Atemzug zu nennen. Ihre Arbeiten zeigen seiner Meinung nach, daß die Methode der Alten, Zweckursachen für die Erklärung physikalischer Phänomene heranzuziehen, nicht grundsätzlich zu verachten sei.

Hatte DESCARTES zur Ableitung des Brechungsgesetzes ein mechanisches Modell herangezogen und mußte sich SNELLIUS zur physikalischen Legitimation seines geometrischen Ergebnisses auf den einzigen und besten Gott beziehen, so unterstellt FERMAT zur Herleitung der von DESCARTES mitgeteilten Beziehung für die Brechung des Lichtes ein Prinzip, nach dem es der natürlichen Vernunft eher entspricht, *"naturam operari per modos et vias faciliores et expeditiores"* [Fermat 1891, S. 173]. Er fügt den Gedanken weiterverfolgend an, daß dies der in der Zeit kürzeste Weg sei. FERMAT läßt also keinen Zweifel darüber, daß es die Schwierigkeiten des Cartesischen Modells waren, die am Beginn seiner eigenen Überlegungen standen. Daß nämlich die Lichtgeschwindigkeiten in den dichteren Medien, in denen sie mehr Widerstand erfahren, größer sein sollten als in den dünneren, schien ihm nicht recht einsichtig zu sein, ja dem natürlichen Licht der Vernunft zu widersprechen. Dies um so mehr, als DESCARTES dafür keine befriedigende Erklärung geben konnte. Er rechnete daher die Verhältnisse unter seinen Voraussetzungen und gemäß seiner Variationsmethode durch und stand erstaunt vor einem Phänomen, das sich in einem Brief an CUREAU DE LA CHAMBRE (1594-1669) vom 1. Januar 1662 folgendermaßen anhört: "J'ai été si surpris d'un événement si peu attendu," schreibt FERMAT dort, "que j'ai peine à revenir de mon étonnement. J'ai réitéré mes opérations algébraïques diverses fois et toujours le succès a été le même, quoique ma démonstration suppose que le passage de la lumière par les corps denses soit plus malaisé que par les rares, ce que je crois très vrai et indisputable, et que néanmoins M. Descartes suppose le contraire" [Fermat 1894, S. 462]. Obwohl er in seinem Text *Synthesis ad Refractiones* fragt, ob es denn überhaupt möglich sei, ohne Paralogismen auf zwei absolut entgegengesetzten Wegen zu einer und derselben Wahrheit zu gelangen, will er die Beantwortung dieser Frage doch lieber tiefer eindringenden Geometern überlassen. Daß diese Haltung ein gutes Maß an Resignation einschließt, steht außer Zweifel. Man kann davon ausgehen, daß FERMAT mit seinem Resumée auch das Fazit der Diskussion mit CLERSELIER zieht, der im Bewußtsein des Erklärungsmonopols der Cartesianer in seinem Brief vom 6. Mai 1662 an FERMAT feststellt, dieser habe mit den Zweckursachen ein moralisches Prinzip in die Physik eingeführt, das als Ursache überhaupt keiner Wirkung in der Natur zugrunde liegen könne.

Man wird kaum erstaunt sein zu hören, daß sich LEIBNIZ dieser Frage annahm, rechtfertigte er doch nicht nur FERMATS Ruf nach einem subtilen Geometer, sondern zugleich den eines ungewöhnlichen Metaphysikers.

LEIBNIZ' Synthese

Lassen wir diesbezüglich LEIBNIZ zunächst selbst zu Wort kommen. In dem Acta-Eruditorum-Aufsatz von 1682 heißt es: "So haben wir alle Gesetze der Strahlen, die durch die Erfahrung bestätigt worden sind, auf reine Geometrie und Rechnung zurückgeführt, indem wir ein einziges Prinzip anwendeten, das, wenn man die Sache recht bedenkt, von einer Zweckursache abgeleitet ist; denn der von C ausgehende Strahl stellt keine Erwägung darüber an, wie er wohl am leichtesten zum Punkte E oder D oder G kommen könnte, noch wendet er sich von sich aus an jene Orte, sondern es hat der Schöpfer der Dinge das Licht so erschaffen, daß aus seiner Natur jene überaus schöne Folge entsteht. Daher irren diejenigen sehr, um nicht etwas Schwerwiegenderes zu sagen, die mit DESCARTES die Zweckursachen in der Physik ver-

werfen, während sie uns doch außer der Bewunderung der göttlichen Weisheit das schönste Prinzip bieten, um auch die Eigenschaften solcher Dinge
zu entdecken, deren innere Natur uns noch nicht so klar bekannt ist, daß wir
die naheliegendsten Wirkursachen verwenden und die Mechanismen [ma-
chinae] erklären können, die der Schöpfer angewendet hat, um seine Zwek-
ke zu behaupten" [Leibniz 1951, S. 290-291].

Was aus dieser Passage deutlich wird, ist die LEIBNIZsche Einsicht, daß
Zweckursachen nicht als solche schon physikalische Erklärungsmittel sind,
denn das Prinzip, von dem er ausging, ist von einer Zweckursache abgeleitet, nicht aber das Brechungsgesetz selbst. Dieses muß vielmehr aus der
Natur der Dinge erklärt werden, und die stellen keine Erwägungen darüber
an, wie man wohl am leichtesten von einem Punkt zum anderen kommt.
Damit ist schon die Argumentation SNELLIUS', der sich genau in diesem Sinne auf Gottes Zwecksetzungen berief, um von der Geometrie zur Physik
übergehen zu können, als die Dinge zu sehr vereinfachend abgewiesen.
Dennoch bleiben die Zwecke nicht außen vor. Sie ermöglichen uns nämlich
zu erkennen, was wir uns durch Wirkursachen nicht oder noch nicht zu erschließen wissen. Mehr noch, LEIBNIZ verbindet diese Überlegung mit dem
Ansatz, die Cartesische Erklärung, d. h. die Angabe eines mechanischen
Modells nicht ablehnen, sondern verbessern zu wollen. Er versucht also
ganz offenbar, die Alternative DESCARTES - FERMAT aufzuheben. LEIBNIZ
sucht mit anderen Worten nach einer physikalischen Erklärung, die sich
nicht in eine Disjunktion von Final- und Wirkursachen auflöst. Wie aber
kann das gelingen? Seine Antwort lautet: Die Verbesserung besteht darin,
daß man als die wahre Ursache für die Brechung des Lichtes, die Elastizität,
anzusehen habe. Es ist dies eine schlichte Feststellung, eine von denjenigen
allerdings, die in ihrer Konsequenz eine gänzlich veränderte Metaphysik zu
ihrer Grundlage haben.

Die Tragweite des LEIBNIZschen Rekurses auf die Elastizität kann man sich
daran klar machen, daß bei ihm der physikalische Körper nicht wie bei
DESCARTES als *res extensa* gefaßt wird. Daß die Materie wesentlich ela-
stisch ist, erfordert nach LEIBNIZ eine gänzlich andere metaphysische Fundierung. Akzeptiert man nämlich die Elastizität als Strukturprinzip der Materie, so können nicht mehr geometrische Bestimmungen den Körper wesen-
haft charakterisieren. Sie werden vielmehr selbst zu etwas Abgeleitetem, das
seinen Grund in einer Realitätsschicht hat, die durch Kräfte bestimmt wird.

LEIBNIZ hat dafür eine eigenständige und wie er sagt, ganz neue Wissenschaft konzipiert, die *Dynamik*. In ihr wird der Begriff des Körpers definiert, und es werden die grundlegenden Gesetzmäßigkeiten der Bewegung hergeleitet. Die Dynamik legt damit fest, was überhaupt ein Gegenstand naturwissenschaftlicher Erkenntnis sein kann, d. h. sie erarbeitet jene begrifflichen Voraussetzungen und Prinzipien, die jeder besonderen Naturerklärung zugrunde liegen. Und - was in dem hier interessierenden Zusammenhang besonders wichtig ist - LEIBNIZ zeigt, daß die Form dieser Begriffe *mathematisch* sein muß. So gelingt es ihm, durch die Einführung infinitesimaler Größen wie *Conatus*, *Impetus* und *Aktion* mit der mathematischen Fassung des Kraftbegriffs zugleich physikalische Aussagen zu formulieren.

Um dies etwa für den physikalischen Körper zu leisten, muß LEIBNIZ einen komplizierten Kraftbegriff einführen, bei dem primitive und derivative Kräfte unterschieden werden. *Primitive Kräfte* sind solche, durch die das metaphysische Dasein der Körper als Substanzen vorgestellt wird. Sie geben an, was an den Körpern real ist, und nur durch sie sind die sinnlichen Gegenstände, d. h. die physikalischen Phänomene wohlfundiert. Doch bieten die primitiven Kräfte noch keinen Erklärungsgrund für die körperlichen Substanzen als körperliche, d. h. für ihr physikalisches so-und-nicht-anders-Sein.

Hierfür bedarf es besonderer Ursachen, die LEIBNIZ als Modifikationen der ursprünglichen (primitiven) Kräfte einführt und *derivative Kräfte* nennt. An BURCHARD de VOLDER schreibt er: "...quoniam in modificatione limitum tantum variatio est, Modique adeo res limitant tantum" [Leibniz 1879, S. 257]. Sie vermehren also dessen Inhalt nicht, sondern ermöglichen die Größenbestimmung primitiver Kräfte. So wird die Raumerfüllung als *moles* gemäß dem Produkt aus Volumen und Dichte gemessen (derivative passive Kraft), und die derivative aktive Kraft geht als Begrenzung der ursprünglichen aus dem Zusammenprall der Körper untereinander hervor. In der Einheit dieser vier "Kräfte" kann dann der Körper als etwas Bewegliches verstanden werden, d. h. als ein physikalisches Objekt, das nicht nur durch Ausdehnung und Raumerfüllung definiert ist. Es wird klar, wie sich mathematische Darstellung und metaphysische Realitätsbestimmung bedingen. DESCARTES' *res extensa* läßt nur eine geometrische Darstellung zu, während der in einer Kraft fundierte LEIBNIZsche Körper eine Infinitesimalanalyse erfordert, und genau dies ist mit der Bemerkung, daß die Physik durch die

Geometrie der Arithmetik und durch die Dynamik der Metaphysik unterge-
ordnet sei, gemeint.

LEIBNIZ verfügt damit über jene Voraussetzungen, die seine in Aussicht gestellte Verbesserung der Cartesischen Erklärung der Lichtbrechung einlösen.
Die Gemeinsamkeit mit DESCARTES besteht darin, daß beide unter einer
physikalischen Erklärung die Angabe eines mechanischen Modells verstehen. Die Differenz ihrer Modelle ist freilich die einer Mechanik von Druck
und Stoß zu derjenigen, die auf einer Dynamik basiert ist. Sie hat ihren mar-
kantesten Punkt in dem historischen Streit der Cartesianer und Leibnitianer
um das wahre Maß der Bewegung gefunden. Und es ist dieses Erhal-
tungsprinzip, d. h. ein grundsätzlich veränderter Bewegungsbegriff, der nun
für das Verständnis der Lichtbrechung aufgeschlossen wird.

Im Gegensatz zu DESCARTES erhält sich bei der Bewegung nämlich auch die
Gesamtrichtung der Bewegung, und genau dies drückt sich in seinem Maß
der Kraft aus. Deshalb ist für LEIBNIZ nicht nur die Grenzschicht der Medien
von Bedeutung, um die Brechung des Lichtes physikalisch zu erklären, indem er in der *Nova Methodus pro Maximis et Minimis* diktiert: "Quae den-
sitas tamen non respectu nostri, sed respectu resistentiae quam radii lucis
faciunt, intelligenda est" [Leibniz 1971, Bd. 5, S. 224]. Für LEIBNIZ ist also
die Dichte, wie sie als gegebener Widerstand der Medien gegenüber dem
Licht auftritt, keine passive Eigenschaft. Sie ergibt sich vielmehr erst aus der
Wechselwirkung des Lichtes mit den Medien. Der Widerstand der Medien
ist folglich eine dynamisch zu erklärende physikalische Eigenschaft, die im
gesamten Medium wirksam bleibt. Nur so läßt sich dann auch der Mangel
des Cartesischen Teppich-Modells korrigieren. Dies macht er mit folgender
Überlegung deutlich: LEIBNIZ geht davon aus, daß das Licht neben den bislang diskutierten Eigenschaften noch andere besitzt, namentlich die der
Verteilung über ein bestimmtes Medium. Er setzt weiterhin voraus, daß aus
der Tatsache, daß dünnere Medien heller leuchten als dichtere, zu schließen
sei, daß sie nicht so undurchdringlich wie dichtere sind. Dies aber bedeute,
daß die Materieverteilung von der Art sein muß, daß man bei Medien dün-
nerer Dichte eine homogenere Verteilung von leuchtender Materie voraus-
zusetzen hat, was wiederum auf Teilchen von geringeren Abmessungen
schließen läßt. Nach dieser Vorbereitung kann LEIBNIZ seine dynamischen
Argumente ausspielen. Wie man aus der Mechanik weiß, setzt er fort, ver-
teilen sich die Impetus so, daß ihre Summe konstant ist, woraus folgt, daß
bei mehr leuchtender Materie die Einzelimpetus geringer sind. Das Vorhan-

densein von gröberer leuchtender Materie in dichteren Medien, bedeutet für
ihn daher größere Lichtgeschwindigkeit.

Wie man leicht sieht, kann LEIBNIZ die Schwierigkeiten des Cartesischen
Modells hinsichtlich der Lichtgeschwindigkeit beim Übergang von einem
Medium zum anderen aufklären, indem er auch FERMAT Gerechtigkeit widerfahren läßt. Um dies zu zeigen, ist an eine Aussage zu erinnern, die sehr
pointiert den Zusammenhang von Physik und Metaphysik herausstellt. Sie
lautet in der Formulierung des § 80 der *Monadologie:* "Des-Cartes a recon-
nu, que les Ames ne peuvent point donner de la force aux corps, parce qu'il
y a toûjours la même quantité de [la] force dans la matière. Cependant il a
crû que l'ame pouvoit changer la direction des corps. Mais c'est parce qu'on
n'a point sû de son temps la loy de la nature qui porte encore la conservation
de la même direction totale dans la matière. S'il (sic) avoit remarquée, il se-
roit tombé dans mon Systeme de l'Harmonie préétablie" [Leibniz 1962, S.
134].

LEIBNIZ traut DESCARTES also sehr wohl seine eigenen Leistungen zu, und
es sind allein die temporären Bedingungen, die ihn daran hindern. Mehr
noch, DESCARTES' Ansatz muß als im großen und ganzen richtig angenommen werden, wenn man über ihn hinaus will. Er muß akzeptiert werden, als
unter Bedingungen gültig, die auf dem Hintergrund der erwähnten wissenschaftlichen Ergebnisse neu zur Disposition stehen. Aber, und darauf muß
nun insbesondere aufmerksam gemacht werden, um die Physik zu verstehen,
muß man Metaphysik treiben, denn das ist mit dem Verweis auf die prästabilierte Harmonie gemeint, die LEIBNIZ hier als System charakterisiert, und
zwar eine andere Metaphysik als die Cartesische.

Was ist also mit dem System der prästabilierten Harmonie gemeint? Schla-
gen wir in der *Monadologie* zurück, so lesen wir im § 78: "L'Ame suit ses
propres loix et le corps aussi les siennes; et ils se rencontrent en vertu de
l'harmonie prééitablie entre toutes les substances, puisqu'elles sont toutes
des representations d'un même univers" [Leibniz 1962, S. 130]. Offenbar
geht es um eine Übereinstimmung zweier Bereiche, die bei DESCARTES zwar
metaphysisch als *res extensa* und als *res cogitans* auseinandergehalten werden, jedoch eine Vermittlung über die Annahme von Lebensgeistern erfahren. Bei LEIBNIZ entfällt die Notwendigkeit einer solchen Konstruktion, wie
der angezogene Paragraph sinnfällig macht, weil in seinem System alle Substanzen ein und dasselbe Universum vorstellen. Seelen und Körper sind bei
ihm nur zwei unterscheidbare Momente von Monaden, die über die Fähig-

keit der Apperzeption verfügen. Seelen besitzen nämlich die Fähigkeit des Gedächtnisses, d. h. eine bestimmte Form der Selbstreflexion, die an den organischen Körper gebunden ist. Körper und Seele bedingen sich in diesem Sinne wechselseitig. "Ce Systeme fait", liest man im § 81 der *Monadologie*, "que les corps agissent si (par impossible) il n'y avoit point d'Ames; et que les Ames agissent, comme s'il n'y avoit point de corps; et que tous deux agissent si l'un influoit sur l'autre" [Leibniz 1962, S. 134].

Was hier zum Ausdruck kommt ist die Einsicht, daß Physik nicht voraussetzungslos auf Kausalursachen beruht und menschliche Handlungen nicht allein auf Zwecken. Beide haben ihren gemeinsamen Grund in dem, was LEIBNIZ mit dem Verb "agir" bezeichnet, d. h. in der Tätigkeit der Monade. Diese Tätigkeit wird bei den Monaden mit Apperzeptionsfähigkeit nur in zweierlei Form auseinandergelegt. Die Körper sind tätig gemäß den Gesetzen der Wirkursachen und die Seelen gemäß den Gesetzen der Finalursachen. Nur wenn man diese tiefer liegende Seinsschicht nicht reflektiert, muß man wie DESCARTES im Nachhinein einen Zusammenhang konstruieren, um das Verhältnis von Körper und Seele zu erklären. Denn die Monade durch ihre Tätigkeit zu charakterisieren bedeutet, sie als ein kontinuierliches Übergehen von Perzeption zu bestimmen, das durch den Appetit gelenkt wird. Die Monade erstrebt in ihrer Tätigkeit etwas, und dieses Streben erscheint hinsichtlich der Seele als Zweck und in bezug auf den Körper als eine Bewegungstendenz, die sich im Begriff der Kraft explizieren läßt. LEIBNIZ' Bewegungsbegriff ist daher von vornherein eine Richtung immanent, und sein Maß der Bewegung ist folglich keine skalare Größe.

Daraus nun folgt für unsere Fragestellung, daß eine physikalische Erklärung, die in der Konstruktion mechanischer Modelle besteht, zwar nicht durch Finalerklärungen ersetzt werden kann, weil eben das Reich der Wirkursachen und das der Zwecke auf eigenen Gesetzen beruhen. Man kann sich aber aufgrund der erwähnten Harmonie durch Finalursachen einen Zusammenhang erschließen, der über die Natur der Körper noch nicht zugänglich ist, wenn sich letztere als noch zu unbekannt erweist. In diesem Sinne sind sie, wie es im *Specimen Dynamicum* heißt, für die Naturforschung von hypothetischer Bedeutung. Das ist gemeint, wenn LEIBNIZ DESCARTES dafür kritisiert, daß er und seine Schüler, allein Kausalursachen für die Naturerkenntnis zulassen. Der Konstruktionsfehler dieser Ansicht hat seinen Grund darin, daß der Cartesische Gott der Materie in prinzipiell der gleichen Weise die allgemeinen Gesetze vorschreibt wie der des SNELLIUS die besonderen. Dazu läßt

sich LEIBNIZENS Gott nicht herab. Er wählt die Welt und setzt damit Bedingungen für die Physik, nicht aber deren besonderen Gesetze. Diese sind Ergebnis der Tätigkeit der Monaden. Und daß sie mathematisch, d.h. um genau zu sein, durch die Infinitesimalmathematik formulierbar sind, hat eben
darin seinen Grund.

Die Materie gibt sich, wenn man so will, ihre eigenen Gesetze als das, was
sich bei jeder besonderen Kraftentfaltung erhält. Der Begriff der *Kraft* avan-
ciert damit zur zentralen Kategorie in LEIBNIZ' Physik. Durch Kräfte ist nicht
nur die Materie mit ihren Eigenschaften real, sie sind auch die Ursache der
Bewegung, und insbesondere sind sie mathematisch formulierbar. Die *Dynamik* ist, wie sich LEIBNIZ ausdrückt, eine mathematische Wissenschaft,
und die arithmetische Darstellung physikalischer Verhältnisse wird bei ihm
dadurch legitimiert, daß die Kräfte, die als Konstituenten den dynamischen
Modellen zugrunde liegen, infinitesimalanalytisch faßbar sind. LEIBNIZ zeigt
damit, daß eine bloß geometrische Betrachtungsweise in der Physik nur
durch eine doppelte, nämlich metaphysische und mathematische Bewegung
aufzuheben oder zu transzendieren ist, und er drückt dies in der Verwendung
des *Funktionsbegriffs* aus, der sich im hier interessierenden Falle in der
Verwendung der Sinusfunktion niederschlägt. Deshalb sind, streng genommen, weder DESCARTES' Mathematik, noch seine Metaphysik geeignet für
eine vollständige physikalische Erklärung. Mehr noch, man hat so erst den
Beweis dafür in der Hand, daß es sich bei der Ableitung des Brechungsgesetzes mit Hilfe des Calculus um einen physikalischen und nicht bloß mathematischen Satz, d. h. um ein Naturgesetz handelt, dessen Formulierung
LEIBNIZ bei seinen Vorgängern hinsichtlich der hier untersuchten Dioptrik
noch vermißt.

Literatur

ENCYCLOPEDIE ou Dictionnaire raisonné des Sciences des Arts et des Mé-
tiers. vol. 11, Stuttgart/ Bad Cannstatt 1966

FERMAT, Pierre de: Oeuvres. Publ. par P. Tannery & Ch. Henry, t. 1. Paris
1891

FERMAT, Pierre de: Oeuvres. Publ. par P. Tannery & Ch. Henry, t. 2. Paris
1894

LEIBNIZ, Gottfried Wilhelm: Mathematische Schriften. Hrsg. von C. I. Gerhardt, Bd. 5. Hildesheim/New York 1971

LEIBNIZ, Gottfried Wilhelm: Mathematische Schriften Hrsg. von C. I. Gerhardt, Bd. 6, a. a. 0.

LEIBNIZ, Gottfried Wilhelm: Monadologie. Hrsg. von J. C. Horn, Frankfurt / Main 1962

LEIBNIZ, Gottfried Wilhelm: Die philosophischen Schriften. Hrsg. von C. I. Gerhardt, Bd. 2. Berlin 1879

LEIBNIZ, Gottfried Wilhelm: Schöpferische Vernunft. Hrsg. von W. von Engelhardt, Marburg 1951

LEIBNIZ, Gottfried Wilhelm: Unicum opticae, catoptricae et dioptricae principium. In: Acta Eruditorum, an. 1682, m. junii

LEIBNIZ-CLARKE Briefwechsel. Hrsg von V. Schüller, Berlin 1991

VOSSIUS, ISAAC: De lucis natura et proprietate. Amstelodami 1662

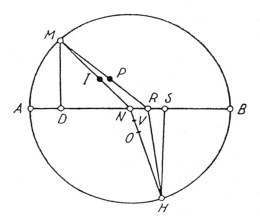

Figur 5: Eine grafische Darstellung der Methode Fermats
zur Ableitung des Brechungsgesetzes

Leibnizens Raumbegriff

Harro Heuser

LEIBNIZens Raumbegriff hat sich in polemischer Auseinandersetzung mit dem NEWTONschen herausgebildet; man kann ihn denn auch nur verstehen, wenn man den NEWTONschen kennt. Der NEWTONsche Raumbegriff - der Begriff eines *absoluten* Raumes - ist seinerseits aufs stärkste inspiriert von den Imaginationen eines Mannes, der eine unsichere Mitte zwischen einem Philosophen und einem Mystiker hält, eines Mannes, den NEWTON persönlich gekannt und geschätzt hat: HENRY MORE, geboren 1614 in ebendem Städtchen Grantham, in dem der knapp dreißig Jahre jüngere NEWTON die Lateinschule besucht hatte. MORE war seit 1639 *Fellow* im *Christ's College* der Universität Cambridge, NEWTON seit 1669 Mathematikprofessor in *Trinity College* ebendieser Universität. MOREs Raumvorstellungen, die NEWTON ohne wesentliche Änderungen übernommen hat, sind so stark theologisch durchtränkt, daß mein Vortrag notgedrungen selbst zunächst eine theologische Tonlage bekommen wird - und sie behalten wird, wenn ich nach MORE auf NEWTON und LEIBNIZ zu sprechen komme.

HENRY MORE ist heutzutage wenig bekannt, in den sechziger und siebziger Jahren des 17. Jahrhunderts jedoch waren seine Bücher Bestseller, auch NEWTON besaß und studierte sie.[1] Als der mystische Spekulierer 1687 (also im Erscheinungsjahr des NEWTONschen Hauptwerks *Philosophiae naturalis principia mathematica)* starb, vermachte er NEWTON ein Erbstück, freilich ein trübseliges: einen Begräbnisring.

MORE war zunächst ein Anhänger der seit etwa 1640 kometenhaft aufsteigenden cartesischen Philosophie gewesen,[2] hatte sich dann aber energisch gegen sie gewandt. Bei dieser Wendung spielte gerade der cartesische Raumbegriff eine entscheidende Rolle. Zunächst denn also ein kurzes Wort über den Raumbegriff bei DESCARTES.

Die Grundunterscheidung in der cartesischen Philosophie ist die zwischen *res extensa* und *res cogitans,* zwischen der ausgedehnten Materie und dem (unausgedehnten) Geist. Materie ist einzig und allein durch ihr *Ausgedehntsein* bestimmt (nicht durch Qualitäten wie Schwere oder Härte etc.) - so

---

[1] John Harrison: The library of Isaac Newton, Cambridge University Press 1978
[2] Descartes' *Discours de la méthode* erschien 1637, seine *Principia philosophiae* 1644.

sehr, daß DESCARTES Materie mit Ausdehnung *(extensio)* oder Raum *(spatium)* in eins setzt. Die erste Konsequenz dieser These ist die Leugnung des *Leeren:* Das Leere ist eine *contradictio in adjecto,* ein existierendes Nichtexistierendes. Die Welt ist fugenlos angefüllt mit Materie, die freilich nicht immer die grobe Materie der Steine, Metalle, Hölzer, Knochen usw. sein muß, sondern auch eine höchst "subtile" Materie, ein "Äther" sein kann. Als PASCAL durch sorgfältige Experimente 1647 zu der Überzeugung gekommen war, *le vide* sei keine *chose impossible dans la nature,* sagte DESCARTES abschätzig, es gäbe wohl schon ein Leeres, aber das fände sich nur in PASCALS Kopf. DESCARTES ist denn auch konsequent genug, keinen "Raum" als ein von Materie getrenntes, selbständig existierendes Etwas gelten zu lassen: Er kennt keinen "Raum", der als ursprünglich leerer Behälter (als bloßes *receptaculum)* für Materie dient. Raum und Materie sind identisch - in seinen eigenen Worten: "Ebendieselbe Ausdehnung in Länge, Breite und Tiefe, die den Raum konstituiert, konstituiert auch den Körper."[3]

Mit HENRY MORE betreten wir einen ganz anderen Gedankenkreis, den Gedanken- oder besser Dunstkreis des übergeistigten Neuplatonismus, der mystischen Kabbala und des hellenistisch-ägyptischen Mystagogen HERMES TRISMEGISTOS, der viel über Astrologie, Alchemie, sympathetische Kuren und die verborgenen Kräfte der Steine und Pflanzen vorzubringen weiß. MORES Welt ist randvoll angefüllt mit Geistern - mit Geistern der verschiedensten Größen- und Güteklassen, bis tief hinab zu Teufeln, Hexen und Gespenstern. In seinem *Antidote to Atheism* (Gegengift gegen den Atheismus, 1652) brandmarkt er alle diejenigen als Gotteslästerer, die sich zu glauben weigern, daß Hexen auf Besen durch die Luft reiten können. Das Buch befand sich in NEWTONs Bibliothek, und zu dem Geist dieses extravaganten Werkes paßt vorzüglich die folgende Stelle aus NEWTONs *Principia,* an der sich der Begründer der modernen Physik über seine Verwendung des Wortes "Anziehung" *(attractio)* ausläßt:

> Die Benennung "Anziehung" nehme ich hier allgemein für jeden Versuch der Körper, sich einander zu nähern, an; mag jener Versuch aus der Wirksamkeit der entweder zueinander hinstrebenden, oder mittels ausgeschickter Geister *(per spiritus emissos)* sich gegenseitig antreibender Körper entstehen; oder mag er aus der Wirkung eines Äthers, der Luft oder irgendeines Mittels hervorgehen, welches letztere kör-

---

[3] Descartes: Principia philosophiae II, § 10

perlich oder unkörperlich [!] sei, und die in ihm schwimmenden Körper auf irgendeine Weise gegeneinander antreibt.[4]

DESCARTES' Hauptwerk, die *Principia philosophiae*, waren 1644 erschienen. Vier Jahre später beginnt ein Briefwechsel zwischen MORE und DESCARTES, in dem der Engländer mit Leidenschaft die Fundamentalthesen des Franzosen bestreitet, in erster Linie dessen radikale Trennung von Körper und Geist. Wie könnte denn in diesem Falle, fragt MORE, eine rein spirituelle Seele, die nach DESCARTES keinerlei Ausdehnung hat, mit einem rein materiellen Körper vereinigt sein, der doch nach ebendemselben DESCARTES nichts als Ausdehnung ist? Ist denn nicht die Annahme vernünftiger, daß auch die immaterielle Seele ausgedehnt ist - daß restlos *alles* ausgedehnt ist, ja daß sogar *Gott* ausgedehnt ist? Wie könnte er denn sonst *überall* in der Welt gegenwärtig sein? Wie könnte er sonst an *jeder* Stelle des Universums die Materie in Bewegung setzen?[5] Nicht *Ausdehnung* ist konstitutiv für Materie, sondern *Berührbarkeit und Undurchdringlichkeit*. Geistige Entitäten unterscheiden sich von materiellen nicht in puncto Ausdehnung - sie *sind* ausgedehnt! - sondern dadurch, daß sie nicht *berührt* werden und sich gegenseitig *durchdringen* können. Und so ist auch die Ausdehnung des Raumes nicht an die Ausdehnung der Materie gebunden, es gibt durchaus einen leeren, ausgedehnten Raum als eine spirituelle Wirklichkeit - übrigens auch schon deshalb, weil man sich sehr wohl vorstellen kann, daß Gott alle Materie im Raum in Nichts zerstört, den Raum selbst aber unversehrt läßt. *Absolut* leer wird dieser materiefreie Raum freilich nicht sein, denn er wird nach wie vor an- und ausgefüllt sein mit Gott - mehr als das: In einem gewissen Sinne ist er Gott selbst, in MORES Worten:

> Wenn es nach Entfernung von körperlicher Materie aus der Welt immer noch Raum und Abstand gibt, in denen diese Materie, solange sie da war, befindlich gedacht war, und wenn man diesen sich erstreckenden Raum als etwas denken muß, ohne ihn deshalb als körperlich zu denken, da er doch weder undurchdringlich noch berührbar ist, so muß es eine Substanz geben, die unkörperlich, notwendig und ewig

---

[4] Newton: Mathematische Prinzipien der Naturlehre. Hrsg. von J. Ph. Wolfers. Neuausgabe Darmstadt 1963, S.190. Auf diese Ausgabe wird im folgenden kurz mit "Newton: Prinzipien" verwiesen. Die Übersetzung habe ich gelegentlich leicht geändert.

[5] Der Briefwechsel zwischen More und Descartes findet sich im Band V der Ausgabe der Descartesschen Werke von Adam-Tannery (Paris 1903). Für die gerade mitgeteilten Ansichten Mores s. die englische Übersetzung in Alexandre Koyré: From the closed world to the infinite universe. Baltimore 1957, S. 111.

aus sich selbst besteht. Diese klarere Idee eines absolut vollkommenen Wesens wird uns vollkommener und trefflicher über ihre Gleichheit mit dem selbstsubsistierenden Gott unterrichten.[6]

Das mag noch verhalten klingen. Aber 1672 tut MORE in seinem *Enchiridium metaphysicum* den entscheidenden Schritt: Die Attribute des Raumes
erkennt er als die Attribute Gottes:

> Und nicht als Reales nur (was wir an letzter Stelle vermerken wollen),
> sondern als etwas Göttliches erscheint dieses unendlich Ausgedehnte
> und Unbewegliche (das wir doch mit solcher Sicherheit in der Natur
> erfassen), wenn wir jene göttlichen Namen und Titel aufzählen, die
> ihm genau zukommen ... Es sind die folgenden, welche die Metaphy-
> siker dem ersten Seienden in besonderer Weise beilegen: Das Eine,
> das Einfache, das Unbewegliche, das Ewige, das Vollkommene, das
> Unbedingte, das aus sich Existierende, das in sich Subsistierende, das
> Unvergängliche, das Notwendige, das Unendliche, das Ungeschaffe-
> ne, das Unbeschreibliche, das Unfaßbare, das Allgegenwärtige, das
> Unkörperliche, das alles Durchwaltende und Umfassende, das wesen-
> haft Seiende, das aktuell Seiende, der reine Akt. Es sind nicht weniger
> als zwanzig Titel, mit denen man das göttliche Numen zu bezeichnen
> pflegt und die diesem unendlichen weltimmanenten Ort, dessen Sein
> wir in der Natur der Dinge aufgewiesen haben, gebührendermaßen
> zustehen. Nebenbei sei erwähnt, daß das göttliche Numen bei den
> Kabbalisten den Namen "makôm", d.h. Ort, trägt.[7]

Was MORE hier "nebenbei" erwähnt, dürfte im Prozeß seiner *Vergöttlichung*
des Raumes in Wirklichkeit das Hauptingredienz gewesen sein: Es ist die
bizarre Tatsache, daß im späthellenistischen Judentum das Wort "makôm"
(= Raum) als Name für Gott verwendet wurde, und zwar so auffallend häufig, daß man nach einer Erklärung suchte. Man fand sie in der Zahlenmystik,
genauer: in der *Gematrie*. Addiert man nämlich die Quadrate der Zahlen, die
den Buchstaben des heiligen Namens (gemäß ihrer Stellung im hebräischen
Alphabet) entsprechen, so erhält man gerade die Summe der Zahlen, die den
Buchstaben des Wortes "Raum" entsprechen.[8] Womit nun endlich der innere

---

[6] Zitiert nach Max Jammer: Das Problem des Raumes, Darmstadt 1960, S. 49. Die Stelle
findet sich im Nachtrag zu Mores *Antidote against Atheism*.
[7] More: Enchiridium metaphysicum, Teil 1, Kap. 8. Zit. nach Max Jammer, a.a.O., S. 49.
[8] Max Jammer, a. a. 0., S. 28 und 32

und innige Zusammenhang zwischen Gott und Raum einsichtig geworden war.

Dieser göttliche Raum ist - unabhängig von aller Materie in ihm - etwas Reales und ewig Ruhendes, "Unbewegliches". Gegen DESCARTES behauptet MORE denn auch, selbst der *leere* Raum könne "nach Ellen und Meilen" vermessen werden (für DESCARTES war die Ausmessung des *Nichts* eine blanke Absurdität), ja, in dieser Meßbarkeit sieht er sogar einen *Beweis* für die Existenz des materiefreien Raumes. Noch wichtiger: Der *reale* und *unbewegliche* Raum gibt MORE - modern gesprochen - das *absolute Koordinatensystem* an die Hand, auf das er die Bewegung der Körper beziehen kann. DESCARTES hatte nur die *relative Bewegung* - die Ortsveränderung eines Körpers in Bezug auf einen anderen - gelten lassen; für MORE aber gibt es die *absolute Bewegung*, die Bewegung eines Körpers in Bezug auf den "unbeweglichen" absoluten Raum.[9]

Damit kommen wir zu NEWTON. Seine *Principia*, die 1687 (also fünfzehn Jahre nach MORES *Enchiridium metaphysicum)* erschienen, beginnen mit acht Definitionen. Ihnen folgt unmittelbar das berühmte *Scholium*, in dem NEWTON seine Begriffe von Raum und Zeit darlegt. Es beginnt mit den Worten:

> Bis jetzt habe ich zu erklären versucht, in welchem Sinne weniger bekannte Benennungen in der Folge zu verstehen sind. Zeit, Raum, Ort und Bewegung als allen bekannt, erkläre ich nicht. Ich bemerke nur, daß der *vulgus* [die große Menge, der Pöbel; gemeint sind die Cartesianer] diese Größen nicht anders als in Bezug auf die Sinne auffaßt [d.h. in Bezug auf materielle Körper] und so gewisse Vorurteile entstehen, zu deren Aufhebung [und nun hören wir MOREs Stimme!] man sie passend in absolute und relative, wahre und scheinbare, mathematische und gewöhnliche *[Mathematicas et vulgares]* unterscheidet.

> I. Die absolute, wahre und mathematische Zeit verfließt an sich und vermöge ihrer Natur gleichförmig, und ohne Beziehung auf irgend einen äußeren Gegenstand ... [Sie ist also eine selbständig existierende, nicht-materielle Entität.]

---

[9] Die relative Bewegung selbst ist ihm ein deutlicher Hinweis auf die absolute: Wenn zwei Körper sich relativ zueinander bewegen, muß doch, meint er, zumindest einem von ihnen widerfahren, daß er sich tatsächlich bewegt, d. h., daß er seinen (stillschweigend als absolut angenommenen) Ort wechselt.

II. Der absolute Raum [*spatium absolutum*] bleibt vermöge seiner
Natur und ohne Beziehung auf einen äußeren Gegenstand stets gleich
[*similare*] und unbeweglich. [Auch er also ist, wie die Zeit, eine selbständig existierende, nichtmaterielle Entität.]

Dank dieses absoluten Raumes kann NEWTON (wie schon vor ihm MORE)
von dem *absoluten Ort* eines Körpers und so denn auch von seiner *absoluten Bewegung* und seiner *absoluten Ruhe* sprechen. Genau diese Begriffe
aber braucht er dringend, um über MORES Raumtheologie hinaus das Haupt-
gesetz seiner Mechanik, das Trägheitsgesetz, überhaupt formulieren zu können:

> Jeder Körper beharrt in seinem Zustand der Ruhe oder der gleichför-
> migen geradlinigen Bewegung, wenn er nicht durch einwirkende
> Kräfte gezwungen wird, seinen Zustand zu ändern.[10]

Ein abenteuerliches Gesetz! Vollendet abenteuerlich gerade in NEWTONS
Kosmos, in dem jeder Körper jederzeit "einwirkenden Kräften" unterworfen
ist, nämlich den Gravitationskräften, die von allen anderen Körpern des Universums ausgehen und nach ihm greifen. Um es zu bestätigen, müßte man
den Raum entleeren bis auf einen einzigen Körper - und nun müßte man versuchen, in diesem Kunstraum die Ruhe oder gleichförmig geradlinige Bewegung dieses einen Körpers in alle Ewigkeit zu beobachten. Das alles aber ist
im *leeren* Raum, der unseren Menschenaugen keinen Halt gibt, gar nicht be-
obachtbar - ein Einwand, den schon zu NEWTONs Lebzeiten der scharfsinni-
ge Bischof und Erkenntniskritiker BERKELEY erhoben hatte:

> Nehmen wir an, die anderen Körper würden in nichts vergangen sein
> und nur z. B. eine einzige Kugel würde allein existieren. So ließe sich
> keine Bewegung in ihr wahrnehmen. So notwendig ist es, daß immer
> ein anderer Körper gegeben ist, durch dessen Lage die Bewegung
> faßbar und bestimmbar wird.[11]

Das weiß auch NEWTON. Er weiß - und sagt es -, daß die "Teile des [absolu-
ten] Raumes weder gesehen noch vermittels unserer Sinne voneinander unterschieden werden können", und deshalb, fährt er fort, "nehmen wir statt
ihrer wahrnehmbare Maße an. Aus der Lage und Entfernung der Dinge von

---

[10] Das ist Newtons *Lex prima* (in seiner eigenen Formulierung).
[11] George Berkeley: De motu. In: The works of George Berkeley IV, S. 47. Zitiert nach
Max Jammer, a. a. O., S. 117. Siehe auch Berkeleys *Philosophisches Tagebuch*. Übers.
von Wolfgang Breidert, Hamburg 1979; dort Nr.876.

einem Körper, welchen wir als unbeweglich betrachten, erklären wir nämlich alle Orte. Hierauf schätzen wir auch alle Bewegungen in Bezug auf bestimmte Orte, insofern wir wahrnehmen, daß die Körper sich von ihnen entfernen. So bedienen wir uns, und nicht unpassend, in menschlichen [!] Dingen statt der absoluten Orte und Bewegungen der relativen." Und nun fließt dem Manne, der sich selbst als strenger Empiriker sieht (und auch von anderen so gesehen wird), der aber partout den unsinnlichen absoluten Raum nicht preisgeben will, der berüchtigte Satz aus der Feder:

> In Philosophicis [in der Philosophie, hier: in der Naturwissenschaft] muß man aber von den Sinnen abstrahieren [abstrahendum est a sensibus].[12]

NEWTON hat leicht reden: Er ist durch MORES Theologie des Raumes gegangen, er weiß also, daß der absolute Raum zumindest ein Attribut Gottes (vielleicht noch mehr) und folglich nicht weniger gewiß vorhanden ist als Gott selbst. Er sagt es im Scholium zwar nicht ausdrücklich, läßt es aber durchblicken - nämlich in dem raunenden Satz:

> Ferner tun diejenigen der Heiligen Schrift Gewalt an, die diese Wörter [nämlich Zeit, Raum, Bewegung] dort als die gemessenen Größen interpretieren.[13]

Er läßt uns hier im dunkeln, welche Aussagen der Heiligen Schrift er meint. In der zweiten Auflage der Principia (1713) wird er deutlicher. Ihr nämlich fügt er das berühmte Scholium generale ein, in dem er das Lob seines Gottes singt, der nicht der verdünnte Gott der Philosophen, sondern der urkräftige Gott der Bibel ist. Von diesem pantokrator ("Herr über alles") heißt es dort:

> Gott [ist] überall und beständig ein und derselbe Gott. Er ist überall gegenwärtig, und zwar nicht nur virtuell, sondern auch substantiell ... In ihm sind alle Dinge enthalten und bewegen sich in ihm. [In ipso continentur et moventur universa.] [14]

Dem letzten Satz - "In ihm sind alle Dinge enthalten und bewegen sich in ihm" - fügt NEWTON eine Anmerkung bei, in der er auf sage und schreibe

---

[12] Newton: Prinzipien, S. 27. In der (lateinischen) Ausgabe von 1687 finden sich die zitierten Sätze auf S. 7.

[13] Newton: Prinzipien, S. 30

[14] Newton: Prinzipien, S. 509f. In dem letzten Satz habe ich die Übersetzung von Wolfers geringfügig geändert.

acht unterstützende Bibelstellen verweist, als erstes auf einen Satz des
PAULUS, wo der Apostel den Athenern ziemlich genau das sagt, was
NEWTON gerade seinen Lesern gesagt hat:

> Sie sollten Gott suchen, ob sie ihn ertasten und finden könnten; denn
> keinem von uns ist er fern. Denn in ihm leben wir, bewegen wir uns
> und sind wir ...[15]

In der Lutherübersetzung heißt der letzte Satz: "In ihm leben, weben und
sind wir." Statt "weben wir" sollte man aber besser "bewegen wir uns" sagen, wie es in heutigen Bibelübersetzungen ja auch geschieht[16]; so nämlich
steht es im griechischen Urtext *(kinoumetha)* und in der lateinischen Vulgata
(movemur) - und in einem durchaus "kinematischen" Sinn versteht auch
NEWTON das Pauluswort (NEWTON: *In ipso moventur universa.)* Von den
sieben weiteren Bibelstellen[17] führe ich nur noch die folgende aus Jeremias
an, in der Gott (wie bei MORE) als eine "raumerfüllende" Wesenheit erscheint:

> Bin nicht ich es, der Himmel und Erde erfüllt? - Spruch des Herrn.[18]

Die gewissermaßen "physikalische" Kernaussage der NEWTONschen Physikotheologie des Raumes und der Zeit ist der folgende Satz des *Scholium generale:*

> [Gott] ist weder die Ewigkeit noch die Unendlichkeit, aber er ist ewig
> und unendlich; er ist weder die Dauer noch der Raum, aber er währt
> fort und ist gegenwärtig; er währt stets fort und ist überall gegenwär-
> tig, er existiert stets und überall, *er macht den Raum und die Dauer
> aus.*[19]

Zu all diesen Aussagen muß man noch den berühmten Text nehmen, den
NEWTON schon etwa neun Jahre vor dem *Scholium generale* in seiner *Optik*
niedergeschrieben hatte. In ihm spricht er von der "Weisheit und Intelligenz
eines mächtigen, ewig lebenden Wesens, welches allgegenwärtig die Körper
durch seinen Willen in seinem unbegrenzten, gleichförmigen Sensorium zu

---

[15] Apg. 17, 27f.

[16] Z. B. in der *Neuen Jerusalemer Bibel*

[17] Johannesev. 14, 2; Deuterononium 4, 39 und 10, 14; Psalm 139, 7-9; 1. Könige 8, 27;
Hiob 22, 12-14; Jeremias 23, 23-24. Newton gibt nur die Stellen an; er zitiert keine
Texte. Seine Bibelkenntnis wurde auch von Theologen als stupend empfunden.

[18] Jeremias 23, 24

[19] Newton: Prinzipien, S. 509, Hervorhebung von mir.

bewegen und dadurch die Teile des Universums zu bilden und umzubilden vermag".[20] Der Raum also ein Organ, das "Sensorium" Gottes!

Um das Ganze zugespitzt zusammenzufassen: Das absolute Bezugssystem, mit dem NEWTONs Mechanik steht und fällt - dieses absolute Bezugssystem ist der unveränderliche Gott, der "den Raum ausmacht", dessen "Sensorium" dieser Raum ist und in dem sich "alles bewegt". Man glaubt, HENRY MORE zu hören.

Aber anders als MORE ist NEWTON auch Physiker, und als solcher sagt er sich, daß man die Existenz des unsinnlichen absoluten Raumes *beweisen* könnte, wenn man nur die Existenz absoluter Bewegungen zu demonstrieren vermöchte. Dies meint er, lasse sich tatsächlich bewerkstelligen, und zwar durch das Studium der *Kräfte,* denn

> die Ursachen, durch welche wahre [absolute] und relative Bewegungen verschieden sind, sind die Kräfte, welche zur Erzeugung der Bewegung auf die Körper eingewirkt haben. Eine wahre Bewegung wird nur erzeugt oder abgeändert durch Kräfte, welche auf den Körper selbst einwirken, wogegen relative Bewegungen erzeugt und abgeändert werden können, ohne daß die Kräfte auf diesen Körper einwirken. Es genügt schon, daß sie auf den anderen Körper, auf welchen man diesen bezieht, einwirken.[21]

In diesem Zusammenhang nun gewinnt die *Rotationsbewegung* und die bei ihr auftretende *Fliehkraft* für NEWTON eine zentrale Bedeutung. Hören wir dazu HUYGENS, der NEWTON in diesem Punkt freilich nicht folgen wollte:

> Lange habe ich geglaubt, daß die Rotationsbewegung in den dort auftretenden Zentrifugalkräften ein Kriterium für die wahre [absolute] Bewegung enthalte. Mit Bezug auf andere Phänomene ist es ja tatsächlich dasselbe, ob neben mir eine Kreisscheibe oder ein Rad rotiert, oder ob ich bei ruhender Scheibe mich um sie bewege. Wenn jedoch ein Stein an die Peripherie der Scheibe gelegt wird, so wird dieser nur fortgeschleudert, wenn sich die Scheibe bewegt. Daraus habe ich früher den Schluß gezogen, daß die Kreisbewegung der Scheibe nicht relativ zu einem anderen Gegenstand [sondern eben absolut] sei.[22]

---

[20] Newton: Optik, übers. von William Abendroth, II. und III. Buch, Leipzig 1898, S. 145
[21] Newton: Prinzipien, S. 28f.
[22] Diese Sätze finden sich in den nachgelassenen Papieren von Huygens. Sie wurden erst 1920 von D. J. Korteweg und J. A. Schouten veröffentlicht (Jahresbericht der Deut-

HUYGENS glaubt, eine Erklärung für die Zentrifugalkraft gefunden zu haben, welche die *Relativität* jeder Bewegung unangetastet läßt. Die Erklärung ist falsch - aber bemerkenswert wird immer bleiben, daß HUYGENS hier gewissermaßen instinktiv und gegen eine allgemein akzeptierte empirisch-experimentelle Evidenz den Fundamentalgedanken der EINSTEINschen Relativitätstheorie vorausahnt - wie es übrigens auch schon der Bischof BERKELEY getan hat, der die MORE - NEWTONsche Physikotheologie des Raumes aus theologischen Gründen aufs schärfste ablehnte und in Gott kein absolutes Koordinatensystem sehen wollte.

Als empirisch-experimentelle Evidenz für die absolute Bewegung und damit für den absoluten Raum hat NEWTON seinen berühmten *Eimerversuch* ersonnen: Er läßt einen mit Wasser gefüllten Eimer, aufgehängt an einem langen Faden, rotieren und verfolgt die Gestaltänderung der Wasseroberfläche unter der Einwirkung der Zentrifugalkraft. "Diesen Versuch habe ich selbst gemacht", schreibt er mit Selbstgefühl (und weil es um Hochwichtiges geht: um die Existenz des absoluten Raumes und damit fast um einen physikalischen Gottesbeweis).[23]

Noch 1870 hat CARL NEUMANN, dem die Potentialtheorie so viel verdankt, in den Zentrifugalkräften der Rotationsbewegung einen Beweis für die Existenz absoluter Bewegungen gesehen.[24] HUYGENS, wir wissen es schon, hat anders gedacht, und anders hat auch LEIBNIZ gedacht. Am 14. September 1694 schreibt er HUYGENS einen aufschlußreichen Brief:

> ... Als ich Ihnen eines Tages in Paris sagte, es sei schwierig, das wahrhafte Subjekt der Bewegung zu erkennen, antworteten Sie mir, es ließe sich dies vermittels der Kreisbewegung erreichen. Das machte mich stutzig und fiel mir wieder ein, als ich fast dasselbe in dem Werk NEWTONs las; indessen glaubte ich damals schon zu erkennen, daß der Kreisbewegung in dieser Rücksicht kein Vorrecht zukommt. Auch Sie sind, wie ich nun sehe, derselben Ansicht. Ich halte also dafür, daß alle Annahmen äquivalent sind, und daß, wenn man bestimmten Körpern bestimmte Bewegungen zuschreibt, dafür

---

schen Mathematikervereinigung XXIX, 1920, S.136. Die deutsche Übersetzung in Max Jammer, a. a. 0., S. 136.

[23] Newton: Prinzipien, S. 29f.

[24] Carl Neumann: Die Prinzipien der Galilei-Newtonschen Theorie, Leipzig 1870, S. 27. Vgl. auch die kritische Darstellung bei Ernst Mach: Die Mechanik in ihrer Entwicklung, 9. Aufl. Leipzig 1933, reprograf. Nachdruck Darmstadt 1988, S. 270.

kein anderer Grund als die Einfachheit der Hypothese sich angeben läßt, da man, alles in allem, die einfachste Annahme immer für die wahre halten darf.[25]

LEIBNIZ fügt noch hinzu, daß er versucht habe, mit dieser Relativitätstheorie "die maßgebenden Persönlichkeiten in Rom zur Zulassung der kopernikanischen Ansicht zu bewegen". LEIBNIZ sieht, da ihm alle Bewegung nur relativ ist, keine physikalischen Unterschiede zwischen dem geozentrischen und dem heliozentrischen System, das heliozentrische ist eben nur beschreibungstechnisch einfacher als das geozentrische. So sieht es auch die allgemeine Relativitätstheorie, so sieht es jetzt auch die Kirche - aber KOPERNIKUS, KEPLER und GALILEI haben es so *nicht* gesehen. Man hat damals erbittert gestritten um etwas, das heute in Rauch aufgegangen ist. Die Wissenschaftsgeschichte, die ironischste aller Geschichten, hat hier eine ihrer diabolischsten Ironien produziert.

LEIBNIZ hat sich natürlich auch Gedanken über die physikalischen Hintergründe seiner "Relativitätstheorie" gemacht, leider hören wir von ihm aber in dem schon erwähnten Brief an HUYGENS nur den dunklen Satz (und mehr hören wir auch später nicht):

> Wenn Sie indessen über die Realität der Bewegung so denken, so meine ich, müßten auch Ihre Anschauungen über die Natur der Körper von den gewöhnlichen abweichen. Die meinen sind ziemlich eigenartig, jedoch, wie mir scheint, streng erwiesen.

"Streng erwiesen" werden diese Anschauungen wohl nicht gewesen sein, jedenfalls hält Leibniz mit ihnen bei einer Gelegenheit zurück, wo er nicht mit ihnen hätte zurückhalten dürfen: bei seinem Briefwechsel in den Jahren 1715/16 mit dem englischen Theologen SAMUEL CLARKE, einem Freund NEWTONS. In diesem Briefwechsel hat LEIBNIZ kurz vor seinem Tod die reifste Darstellung seines Raumbegriffes gegeben, auf ihn komme ich nun zu sprechen.[26]

Die eine Seite der Sache kann man kurz abmachen: LEIBNIZ verwirft restlos alles, was NEWTON über den Raum gesagt hat, ganz besonders alles theolo-

---

[25] Zitiert nach Max Jammer, a. a. 0., S. 134.

[26] Man findet diesen Briefwechsel (mit einigen Auslassungen) in Leibniz: Philosophische Schriften V/2. Darmstadt 1989, S. 357-455. Es ist dort der englische bzw. französische Urtext mit einer deutschen Übersetzung versehen, die ich hier benutze. Ich verweise im folgenden auf diese Ausgabe kurz mit "Leibniz-Clarke: Briefwechsel".

gisch Eingefärbte (wobei er freilich selbst ausgiebig theologisiert). Schon im dritten Satz seines ersten Briefes (November 1715) schreibt er:

> Herr NEWTON sagt, der Raum sei ein Organ, dessen Gott sich bedient, um die Dinge wahrzunehmen.[Er spielt hier auf NEWTONs These an, der Raum sei das "Sensorium" Gottes.] Aber wenn er irgendeines Mittels bedarf, um sie wahrzunehmen, so sind sie nicht völlig von ihm abhängig und sind keineswegs sein Erzeugnis.

Im dritten Brief (25. Februar 1716) nennt er den "realen absoluten Raum" abschätzig ein "Idol einiger moderner Engländer", wobei er das Wort "Idol" nicht theologisch, sondern im Sinne BACONS verstanden wissen will, also - und das macht die Sache freilich nicht besser - als dumpf überliefertes Vorurteil nach Großmutterart. Und dann heißt es erbarmungslos (man glaubt NEWTON in einer Art von theologischem Vollwaschgang zu sehen):

> Diese Herren halten dafür, daß *der Raum* ein reales absolutes Seiendes ist; das führt aber in große Schwierigkeiten. Denn es scheint, als müsse dieses Seiende ewig und unendlich sein. Aus diesem Grunde haben manche ja geglaubt, es sei Gott selbst oder doch eine seiner Eigenschaften, nämlich seine Unermesslichkeit[*son immensité*]. Aber da der Raum Teile hat, so ist er etwas, was Gott nicht zukommen kann.[27]

Mit Sarkasmus schreibt er wenig später: "Kann man denn eine Meinung ertragen, die dafürhält, daß sich die Körper in den Teilen des göttlichen Wesens umherbewegen?"[28] Er mag dabei an NEWTONs Satz im *Scholium generale* der *Principia* gedacht haben: "Alle Dinge bewegen sich in ihm [in Gott]".[29] LEIBNIZ seinerseits hat eine vollendet gottfreie Raumidee: Nach ihm ist der Raum etwas rein Relatives *(quelque chose de purement relatif)*, er ist "eine Ordnung des Miteinanders der Existenzen *(un ordre des Coexistences)*". Und zwar eine *ideelle* Ordnung -

> wie sich der Geist auch eine Ordnung von Geschlechtsregistern *(un ordre consistant en lignes Genealogiques)* einbilden kann, bei der die Größen nur aus der Anzahl der Generationen bestünden, in der jede Person ihren Platz hätte ... Und obwohl sie reale, Wahrheiten aus-

---

[27] Leibniz-Clarke: Briefwechsel, S. 371; s. auch S. 411, §§ 42 und 43, dort spricht er ironisch von einem "Gott aus Teilen". s. ferner S. 421, § 50.

[28] Leibniz-Clarke: Briefwechsel, S. 421 f.

[29] Newton: Prinzipien, S. 509

drückten, würden diese Plätze, Linien und genealogischen Räume nur ideelle Dinge sein.[30]

Daß der Raum nicht "ein absolut Seiendes" sein kann, demonstriert LEIBNIZ so:

> Der Raum ist etwas vollkommen Gleichförmiges, und ohne die Dinge, die sich in ihm befinden, ist jeder Punkt des Raumes in überhaupt nichts verschieden von einem anderen Punkt des Raumes. Daraus folgt, vorausgesetzt der Raum ist etwas an sich selbst und nicht nur die bloße Ordnung der Körper untereinander, daß es unmöglich einen Grund dafür gibt, warum Gott - die Lage der Körper untereinander beibehaltend - die Körper so und nicht anders in den Raum plaziert hat und warum er nicht alles (beispielsweise) durch eine Vertauschung von Osten und Westen und umgekehrt angeordnet hat. Aber wenn der Raum nichts anderes als diese Ordnung oder Beziehung ist und wenn er ohne die Körper nichts als die Möglichkeit, sie zu plazieren, ist, dann sind diese beiden Zustände, nämlich der eine, so wie er wirklich ist, und der andere, der ganz umgekehrt angenommene, in nichts voneinander verschieden. Ihr Unterschied findet sich nirgends als in unserer chimärischen Einbildung von der Realität des Raumes an sich selbst. In Wahrheit jedoch wäre der eine genau dasselbe wie der andere, da sie vollkommen ununterscheidbar sind, und folglich hätte man keinen Anlaß zu fragen, aus welchem Grund der eine Zustand dem anderen vorgezogen wurde.[31]

Hier sind zwei explosive LEIBNIZsche Prinzipien am Werk: das (gewissermaßen harmlos explosive) Prinzip von der Gleichheit des Ununterscheidbaren und das Prinzip vom zureichenden Grund, das unter LEIBNIZens Händen hochexplosiv wird, weil er es sogar auf Gott selbst anwendet. Auch Gott braucht gute Gründe (meint LEIBNIZ), wenn er etwas ins Werk setzen will: "Gott tut nichts ohne Grund".[32] In einem "absolut seienden" Raum hätte er aber nicht einen einzigen guten Grund, eine Welt *A* zu erschaffen statt einer spiegelbildlich verkehrten Welt *B*, er würde also wohl - so dürfen wir LEIBNIZ verstehen - das Erschaffen ganz sein lassen. Hier nun zeigt sich (zu-

---

[30] Leibniz-Clarke: Briefwechsel, S. 417. s. dazu auch S. 413f. (Leibnizens 5. Brief, § 47), wo Leibniz darlegt, "wie die Menschen dazu kommen, sich einen Begriff vom Raum zu bilden".

[31] Leibniz-Clarke: Briefwechsel, S. 373

[32] Leibniz-Clarke: Briefwechsel, S. 385. s. auch S. 387, § 18.

sammen mit CLARKES Entgegnung), daß der Gegensatz zwischen dem
NEWTONschen und dem LEIBNIZschen Raumbegriff im innersten Kern ein
Gegensatz zwischen zwei unversöhnlich verschiedenen Gottesbegriffen ist:
NEWTONs Gott ist der Gott ABRAHAMS, ISAAKS und JAKOBS, der grandios in
Wetterstürmen einherfährt und sich dies und jenes und vielerlei einfallen
läßt, das er flugs, weil es ihm so behagt - und nur, weil es ihm so behagt - in
Tat und Gestalt umsetzt; er ist ein *pantokrator* (NEWTON), ein *Governor*
(CLARKE). LEIBNIZens Gott hingegen hat Philosophie, Logik und Mathematik studiert und hält sich an die zügelnden Vorschriften dieser edlen Wissenschaften: An die Stelle genialischer Willkür tritt bei ihm LEIBNIZens Prinzip
des zureichenden Grundes und LEIBNIZens Differential- und Integralrechnung.[33]

LEIBNIZ seinerseits hat DESCARTES studiert. Er weiß also, daß ohne "Ge-
schaffenes" (ohne Körper) Raum und Zeit in sich zusammenbrechen müßten;
es gäbe sie dann "nur in den Ideen Gottes".[34] Ferner weiß er wie DESCAR-
TES, daß ein Leeres nicht existiert: "Alles ist angefüllt".[35] (Er schließt dies
aus der Güte Gottes; woher er sie kennt, sagt er nicht.) Die englischen
Gründe für das Leere sind ihm "nichts anderes als Sophismen".[36] Einen Sei-
tenhieb auf den mystischen HENRY MORE kann und will er sich nicht länger
versagen:

> Übrigens, wenn der von Körpern leere Raum (den man sich einbildet)
> nicht gänzlich leer ist, womit ist er dann angefüllt? Gibt es vielleicht
> ausgedehnte Geister *(esprits étendus)* oder immaterielle Substanzen,
> die sich ausdehnen und wieder zusammenziehen können, die sich dort
> umherbewegen und sich durchdringen, ohne sich zu behindern, so wie
> sich auf der Oberfläche einer Wand die Schatten zweier Körper
> durchdringen? Ich sehe da die unterhaltsamen Einbildungen *(les plai-
> santes imaginations)* des verstorbenen Herrn HENRY MORE (eines an-
> sonsten weisen und wohlgesinnten Mannes) und einiger anderer wie-
> derkehren ...[37]

---

[33] s. etwa Leibniz-Clarke: Briefwechsel, S. 375. Die Bändigung Gottes durch Logik und
Mathematik ist das zentrale Phänomen der Leibnizschen *Theodizee.*
[34] Leibniz-Clarke: Briefwechsel, S. 389
[35] Leibniz-Clarke: Briefwechsel, S. 391
[36] Leibniz-Clarke: Briefwechsel, S. 393
[37] Leibniz-Clarke: Briefwechsel, S. 419

Nun aber müßte LEIBNIZ seinen Kampf gegen NEWTONs absoluten Raum zu einem triumphalen Ende führen, indem er das *Scholium* zu den Definitionen der *Principia* und den die absolute Bewegung (also auch den absoluten Raum) demonstrierenden Eimerversuch hinwegdemonstriert - und zwar mittels seiner "Relativitätstheorie", die er in dem schon erwähnten Brief an HUYGENS vom 14. September 1694 angedeutet hatte und die auf seinen "ziemlich eigenartigen" Anschauungen über die Natur der Körper beruht. Betrübt muß man konstatieren, daß LEIBNIZ es in diesem alles entscheidenden Punkt nur zu einem kaum kaschierten Rückzug bringt. Das hört sich so an:

> Weder in der achten Definition der *Mathematischen Prinzipien der Natur* noch in dem Scholium dieser Definition finde ich etwas, das die Realität des Raumes an sich beweist oder beweisen könnte. Indessen stimme ich zu [jetzt beginnt der Rückzug!], daß es einen Unterschied zwischen einer tatsächlichen absoluten Bewegung eines Körpers und einer einfachen relativen Veränderung seiner Lagebeziehung zu einem anderen Körper gibt. Wenn nämlich die unmittelbare Ursache für die Veränderung im Körper liegt, ist er tatsächlich in Bewegung. Und demnach wird auch die Lage der anderen durch die Beziehung zu ihm verändert, obwohl die Ursache dieser Veränderung keineswegs in ihnen selbst liegt. Es ist wahr, genau gesprochen gibt es überhaupt keinen Körper, der vollkommen und gänzlich in Ruhe ist; aber davon sieht man ab, wenn man die Sache mathematisch betrachtet. So habe ich nichts unbeantwortet gelassen von all dem, was man zugunsten der absoluten Realität des Raumes angeführt hat.[38]

Hier irrt LEIBNIZ. Gerade die Hauptfrage hat er unbeantwortet gelassen. Das braucht uns nicht zu wundern. Beantwortet hat sie erst EINSTEIN, genau zweihundert Jahre nach Beginn des LEIBNIZ-CLARKEschen Briefwechsels.

---

[38] Leibniz-Clarke: Briefwechsel, S. 425

Leibnizens Existenzbegriff

Antonella Balestra

Wenn man unter dem "Essentialismus" dieselbe ontologische Auffassung versteht, die E. GILSON vertreten hat[1], und die den Primat der essentia vor der existentia behauptet, und damit die Reduktion des Seienden auf die Essenz unter Vernachlässigung der Existenz vollzieht, dann kann man nicht mit Recht diese Auffassung LEIBNIZ zuschreiben. Dessen war sich GILSON selber bewußt, indem er in seiner berühmten Abhandlung über Essenz und Existenz behauptete, daß LEIBNIZ "ein lebendiges Gefühl für den Sinn der Existenz" habe. Allerdings, wenn es darauf ankommt, über die Existenzontologie historisch und chronologisch zu berichten, so kommt der Name LEIBNIZ' in seiner Abhandlung nur in der zitierten kleinen Bemerkung vor. Philosophen wie SUAREZ, DESCARTES, WOLFF und KANT dagegen widmet GILSON eine ziemlich umfangreiche Diskussion. Diese Verlegenheit, LEIBNIZ innerhalb der Geschichte der Ontologie zu situieren, läßt sich damit erklären, daß es gute Gründe gibt, ihm sowohl die essentialistische, als auch die existentialistische Option zuzuschreiben; dies kann aber nur in einer Perspektive geschehen, die sie es zuläßt, die Essenz als zentralen Begriff für die Konstitution der Realität mit einem existentialistischen Gesichtspunkt zu vereinbaren.

Was ist aber unter Essentialismus zu verstehen? Eine Diskussion über diesen Begriff kann nur Sinn haben, wenn man sich zuerst über die Bedeutung der Termini "Essentialismus" und "Existentialismus" Klarheit verschafft hat. Das ist keine Selbstverständlichkeit, denn diese Termini bzw. Optionen haben im Laufe der Zeit verschiedene Interpretationen bekommen. Allerdings kann man allgemein unter dem "Essentialismus" die Option verstehen, nach der der Grund alles Seienden auf die Essenz zurückgeführt werden kann. ADELINO CARDOSO faßt diesen Gedankengang folgendermaßen zusammen: "l'essentialisme répond à une exigence d'intelligibilité, au dessin de donner raison de tout l'existant par la lumière naturelle de la raison".[2] Darüber hinaus stellt er eine Unterscheidung zwischen MALEBRANCHE und LEIBNIZ fest, indem er MALEBRANCHE als "Existentialist", LEIBNIZ dagegen als "Essentia-

---

[1] Gilson (1948), 297
[2] Aldelino Cardoso

list" bezeichnet. Der erste habe die Auffassung vertreten, daß die aktuelle
Welt deswegen die beste aller möglichen Welten sei, weil Gott sich für diese
Welt entschieden habe, während LEIBNIZ der Auffassung gewesen sei, daß
die Perfektion der Welt darin bestehe, daß die Welt vollständig sei. Damit
ist die Tatsache impliziert, daß Gott sich für diese und nicht für eine andere
Welt entschieden hat. Die Perfektion der Welt wohne der Welt selber inne,
und liege nicht nur in der Tatsache, daß Gott diese Welt gewählt habe.[3] Dieser Sachverhalt ist nicht zu bestreiten. Man muß aber die Frage stellen, ob
die Auffassung, der Grund der Perfektion der Welt liege in ihr selber, einem
essentialistischen Gesichtspunkt entspricht.

Die essentialistische Option kann allerdings nicht von der Definition des entsprechenden Begriffes ausgehen. Deswegen muß zuerst die Definition von
"Essenz" nach Möglichkeit festgesetzt werden. In "De ente et essentia" faßt
THOMAS VON AQUIN die Essenz als dasjenige auf, das durch die Definition
festgelegt wird: "Et quia (...) quod significatur per definitionem indicatem
quid est res".[4]

LEIBNIZ hält an der thomistischen Auffassung der Essenz in dem Sinne fest,
daß für ihn die Essenz immer die Kennzeichnung eines Gegenstandes durch
die Definition darstellt.

Außerdem bezeichnet die Essenz bei LEIBNIZ wie in der traditionellen Ontologie immer etwas, was Gegenstände gemeinsam haben: "Omnes res habent aliquid commune, (...) scilicet Essentiam seu realitatem." Doch ist zu
unterscheiden, ob der behandelte Gegenstand nur als möglicher oder als tatsächlich bestehender aufzufassen ist.[5] In diesem Punkt weicht aber die Lehre
von LEIBNIZ von der des Aquinaten ab, denn für LEIBNIZ wird die Essenz
immer dann thematisiert, wenn es darauf ankommt, den unterschiedlichen
Status der Existenz hervorzuheben: "Quando de existentia loquor, loquor de

---

[3] Ibid.: "Voilà la différence fondamentale entre l' "existentialisme" de Malebranche et l'
   "essentialisme" de Leibniz: tandis que, pour Malebranche, le monde actuel est le meilleur des mondes possibles par la seule raison formelle que c'est Dieu qui l'a choisi,
   l'élection divine étant la marque certaine de sa perfection, pour Leibniz Dieu a choisi ce
   monde et non pas un autre parce qu'il était le meilleur, le seul vraiment complet."

[4] Thomas von Aquin: *De ente et essentia*, S. 3

[5] Dieser Punkt stellt eine Schwierigkeit in der Interpretation dar, weil Leibniz Termini
   wie 'ens' und 'res' sowohl im Sinne von 'mögliche Gegenstände', als auch im Sinne von
   'aktuelle Gegenstände' verwendet. Außerdem werden von Leibniz keine Kriterien angegeben, die eine solche Differenzierung erlauben.

actuali; opponitur enim essentiae, seu possibilitati existendi."[6] Während die Existenz die Aktualität bezeichnet, meint LEIBNIZ mit Essenz die Möglichkeit. Darüber hinaus unterliegt die Essenz dem Widerspruchsprinzip, und wird daher in der LEIBNIZschen Ontologie mit der Denkbarkeit gleichgesetzt. Im allgemeinen kann man also sagen, daß für LEIBNIZ Begriffe: Essenz, Möglichkeit und Ens gleichbedeutend sind. LEIBNIZ gibt folgende Definitionen:

1. "Ens est quae distincte cogitari potest."[7]

2. "Ens seu possibile est, cuius definitionem quantumlibet resolutam non ingreditur A non A seu contradictio"[8]

Die Essenz ist nach LEIBNIZ das, was man deutlich denken kann. Die "cogitabilitas distincta" wird ihrerseits durch die Widerspruchsfreiheit garantiert. Die Widerspruchsfreiheit, d. h. die logische Möglichkeit, garantiert der essentia ein ens qua cogitabile.

In diesem Zusammenhang hat HEINEKAMP behauptet: "Die Frage nach dem Verhältnis zwischen dem Wesen und dem Dasein ist deshalb im Rahmen der LEIBNIZschen Philosophie gleichbedeutend mit der Frage, wie Mögliches wirklich wird".[9]

Anhand dieser Überlegungen lassen sich zwei Themen diskutieren, die aber nicht als getrennt angesehen werden sollen: Eines behandelt allgemein das Verhältnis, das zwischen Essenzen und Existierenden besteht. Das andere diskutiert dieses Verhältnis in Verbindung mit der LEIBNIZschen Definition der individuellen Substanz.

LEIBNIZ definiert die Natur einer individuellen Substanz dadurch, daß sie einen vollständigen Begriff darstellt, aus dem man alle Attribute ableiten kann, die zu diesem Begriff gehören: "C'est la nature d'une substance individuelle, d'avoir une telle notion complète, d'ou se peut déduire tout ce qu'on luy peut attribuer"[10]. Diese Definition besagt, daß dem reellen Subjekt oder der individuellen Substanz ein logisches Subjekt zugrunde liegt, aus dem sich alle Eigenschaften, die dem Individuum als solchem innewohnen, deduzieren lassen. Diese Option, so wie sie in der Definition der individuellen

---

[6] In: GP I, 229
[7] In: VE I, 146
[8] In: VE VI, 1690
[9] Heinekamp (1969), 136
[10] In: GP II, 17

Substanz gegeben wird, kann insofern "essentialistisch" genannt werden, als sie im Grunde behauptet, daß man durch Analyse der "notio completa" eine vollständige Erkenntnis des entsprechenden Individuums erwerben kann. In seinem berühmten Aufsatz hat MONDADORI diese Lehre "Superessentialismus" genannt. Dabei hat er die These vertreten, alle Eigenschaften seien dem Individuum in dem Sinne wesentlich, daß, wenn nur eine von diesen fehlt, das Individuum aufhört, dasselbe zu sein.[11]

Ich möchte nicht auf diese Debatte eingehen, und ich möchte auch nicht die Interpretation bestreiten, LEIBNIZ habe einen essentialistischen Gesichtspunkt vertreten. Mir geht es nur darum, zu zeigen, daß diese Option die LEIBNIZsche Theorie der individuellen Substanz nicht vollständig interpretiert. Dieser Auffassung war z.B. A. HART, indem er behauptete, daß die essentiellen Eigenschaften, die einem Individuum innewohnen, nicht hinreichend sind, ein existierendes Individuum als solches zu identifizieren.[12] Im folgenden werde ich diese Auffassung zu verteidigen versuchen. Bei diesem Versuch werde ich mich darauf beschränken, einige Textabschnitte von LEIBNIZ, die den Existenzbegriff thematisch behandeln, zu analysieren.

1. Die reale Definition der Existenz

Es gibt zumindest eine wichtige Stelle, an der LEIBNIZ den Anspruch erhebt, die *reale* Definition der Existenz zu liefern. An dieser Stelle behauptet er: Die reale Definition der Existenz besteht darin, daß dasjenige existiert, was die größte Vollkommenheit besitzt unter allem, was überhaupt existieren kann - genau dasjenige, was mehr Essenz enthält. Darüber hinaus strebt alles, was möglich ist, als Mögliches, nach der Existenz. Als Begründung dieser Argumentation fügt LEIBNIZ hinzu, daß, wenn es nicht so wäre, daß das Mögliche als Mögliches nach Existenz strebe, die Existenz der Dinge nicht auf einen Grund zurückgeführt werden könnte. Damit würde das Prinzip vom zureichenden Grund außer Kraft gesetzt.[13]

---

[11] Mondadori (1973)

[12] Vgl. A. Hart (1987), 193

[13] In: GP VII, 195: "Quoniam vera propositio est quae identica est, vel ex identicis potest demonstrari adhibitis definitionibus, hinc sequitur Existentiae definitionem realem in eo consistere, ut existat quod est maxime perfectum ex iis quae alioqui existere possent, seu quod plus involvit essentiae. Adeo ut natura sit possibilitatis sive essentiae exigere existentiam. Nisi id esset, ratio existentiae rerum reddi non posset."

Man kann sich zuerst fragen, ob die Definition der Existenz, die LEIBNIZ an dieser Stelle angibt, tatsächlich einer realen Definition entspricht. Nach LEIBNIZ' Auffassung ist eine Definition nur dann *real*, wenn aus ihr hervorgeht, daß das Definierte möglich ist. LEIBNIZ unterscheidet nämlich traditionell die reale von der *nominalen* Definition. Seiner Auffassung nach ist es die Funktion einer nominalen Definition, Merkmale einer Sache oder eines Begriffes aufzulisten, die in ihrer Gesamtheit hinreichen, um das zu Definierende von anderen Begriffen zu unterscheiden. Im Gegensatz zu einer realen Definition sagt die nominale Definition nichts darüber aus, ob das Definierte möglich ist.[14] Nun ist aber die Frage, was an dieser Stelle unter dem Begriff der Möglichkeit zu verstehen ist. BURKHARDT hat darauf hingewiesen, daß dem Terminus "Möglichkeit" in diesem Kontext zwei verschiedene Bedeutungen zuzuschreiben sind: Einmal sei die logische Möglichkeit gemeint, d.h. die Widerspruchsfreiheit des durch die Definition bezeichneten Begriffs oder Sachverhalts, und zum anderen die ontische Möglichkeit, nämlich der Nachweis (der Möglichkeit) der Existenz des definierten Gegenstandes durch die Erfahrung.[15] Zur Leistungsfähigkeit von Realdefinitionen sagt LEIBNIZ am Rande einer kleinen Schrift, daß es *Notiones* gibt, die von uns unmittelbar wahrgenommen werden, und mit Bezug auf reale Definitionen angeführt werden können. Zu diesen Notiones zählt LEIBNIZ auch das Existieren.[16] Die Dunkelheit dieser Behauptung läßt sich teilweise beseitigen, wenn man das Verhältnis zwischen Existieren und Wahrnehmen näher betrachtet. Dazu ist es notwendig, einige Definitionen von LEIBNIZ vor Augen zu stellen, in denen dieses Verhältnis zur Sprache gebracht wird. Das LEIBNIZsche Programm in diesen kleinen Schriften kann als ein Versuch verstanden werden, durch eine Auflistung von Definitionen die Grundzüge einer Erkenntnistheorie zu profilieren. Einige von diesen Definitionen lauten:

Existens est quod distincte concipi potest.[17]

---

[14] Vgl."Meditationes de cognitione veritate et ideis', in: GP IV, 424-425: "Atque ita habemus quoque discrimen inter definitiones nominales, quae notas tantum rei ab aliis discernendae continent, et reales, ex quibus constat rem esse possibilem."

[15] Vgl. Burkhardt (1986), 215

[16] Vgl. VE I, 115: "Veritatis definio realis est. Verum est quod ex identico demonstrabile est per definitiones. Quod demonstratur ex definitionibus nominalibus verum est hypothetice, quod ex realibus absolute; definitiones non nisi reales earum notionum afferri possunt, quae a nobis immediate percipiuntur, ut cum dico *existere, verum esse, extensio, calor*, nam huic ipsi quod confuse percipimus, assignandum est ac aliquid distinctum. Definitiones reales a posteriori possunt probari, nempe ab experimentis."

[17] In: VE I, 180

Ens est distincte cogitabile.[18]

Existens est distincte perceptibile.[19]

Res est quae distincte cogitari potest.[20]

Im folgenden soll somit das Verhältnis von: *percipere, cogitare, intelligere* in bezug auf die LEIBNIZsche Bestimmungen *existentia-existens und ens-res* interpretiert werden. In dieser Auflistung definiert LEIBNIZ die Existenz als deutliche Wahrnehmbarkeit: *Existentia est sensibilitas distincta.*[21]

Halten wir fest: Die reale Definition der Existenz, nach der nur dasjenige existiert, was mehr Essenz enthält, kann als Schlußfolgerung aus einer Prämisse betrachtet werden. Diese Prämisse lautet: Alle Essenzen oder Möglichen streben nach Existenz *(omne possibile exigit existere)*. Sie ist für die LEIBNIZsche Ontologie von zentraler Bedeutung und nimmt in ihr den Status eines allgemeinen Prinzips ein. Außer diesem Prinzip stellt LEIBNIZ noch ein entsprechendes es ergänzendes Prinzip auf. Dieses besagt: *non quodlibet possibile existit.*

Dem Prinzip also, daß alles Mögliche nach der Existenz strebt, gibt LEIBNIZ eine für seine Ontologie definierende Einschränkung, nach der nicht alles, was existieren kann, auch existiert. Und daher gilt die Schlußfolgerung, die in der Realdefinition ausgedrückt wird. Es handelt sich hier um eine wichtige Pointe, die LEIBNIZ erlaubt, sich von dem Spinozismus zu entfernen: Wenn alles, was nach Existenz strebt, existieren würde, dann ergäbe sich, daß alles, was existiert, *notwendigerweise* existiert. Die Kontingenz wäre innerhalb der LEIBNIZschen Metaphysik nicht mehr zu rechtfertigen.

LEIBNIZ ist davon überzeugt, daß aus der These, alles Mögliche strebe nach Existenz, ein Argument für das Prinzip des zureichenden Grundes entwickelt werden kann. Diese Überzeugung bedarf einer Interpretation. In diesem Zusammenhang stellt sich unmittelbar die Frage, wie eigentlich das LEIBNIZsche Argument zu interpretieren ist, das folgende Form hat: Wenn es nicht so wäre, daß ausschließlich das existiert, was mehr Essenz enthält, dann gäbe es keinen zureichenden Grund seiner Existenz. Denn die Existenz einer Sache liegt darin begründet, daß sie mehr Essenz enthält als alle anderen, die nicht existieren; darin liege aber auch die Gültigkeit des Prinzips des zu-

---

[18] In: VE I, 167
[19] Ibid.
[20] In: VE I, 146
[21] Ibid.

reichenden Grundes. Das so dargestellte Argument ist aber offensichtlich ein zirkuläres. Denn zu behaupten, die Tatsache, daß nur dasjenige existiert, was mehr Essenz enthält, sei der zureichende Grund dafür, daß existiert, was mehr Essenz enthält, impliziert eine logische Äquivalenz zwischen der Existenz und dem Prinzip des zureichenden Grundes.[22] Nach dieser Fragestellung ist allerdings klar, daß - nach LEIBNIZ' Auffassung - das Prinzip des zureichenden Grundes verantwortlich dafür ist, daß

(i) alle Essenzen nach Existenz streben und

(ii) dasjenige, was mehr Essenz enthält, existiert.

Wie überwindet LEIBNIZ diese Zirkularität? LEIBNIZ fügt eine an dieser Stelle wichtige Annahme hinzu, so daß am Ende das Argument in seiner Vollständigkeit lautet:

Wenn es nicht so wäre, daß das Mögliche als Mögliches nach Existenz strebe, dann würde überhaupt nichts existieren ("nisi in ipsa Essentiae natura esset quaedam ad existendum inclinatio, nihil existeret"[23]). Deswegen konnte die Existenz der Dinge nicht auf einen Grund zurückgeführt werden.

Dem Prinzip (i) widmet LEIBNIZ zwei Arten von Überlegungen: Einmal sagt er, daß dieses Prinzip eine Tatsachenwahrheit bildet, weil, wie HEINEKAMP meint: "er nicht mit Hilfe des Widerspruchssatzes bewiesen werden kann". Zum anderen sagt er aber auch, daß sie eine absolut erste Wahrheit ist ("veritas absolute prima"), weil aus ihr alle Tatsachenwahrheiten abgeleitet werden können. Innerhalb dieser Überlegungen versucht LEIBNIZ zu erklären, warum von allen Möglichen nur einige existieren. Um zu existieren, muß das Mögliche kompatibel sein mit einer Reihe von Dingen.[24]

---

[22] Ein zirkuläres Argument für den Beweis des Prinzips des zureichenden Grundes befindet sich in der *Confessio philosophi*, 34: "Quicquid existit, utique habebit omnia ad existendum requisita, omnia autem ad existendum requisita simul sumpta sunt *ratio existendi sufficiens;* ergo quicquid existit, habent rationem existendi sufficientem".

[23] In: VE, I, 115

[24] In: VE, I, 115: "Veritates absolute primae, sunt inter veritates rationis identicae et inter veritates facti haec ex qua a priori demonstrari possent omnia experimenta, nempe *Omne possibile exigit existere*, et proinde existeret nisi aliud impediret, quod etiam existere exigit, et priori incompatibile est, unde sequitur, semper eam existere rerum combinationem, qua existunt quam plurima, ut si ponamus ABCD esse aequalia quoad essentiam, seu aeque perfecta sive aeque existentiam exigentia, et ponamus D esse incompatibile cum A et cum B, A autem esse compatibile cum quovis praeter cum D, et similiter B et C, sequitur existere hanc combinationem ABC, excluso D, nam si D exi-

LEIBNIZ faßt diesen Gedanken auch wie folgt zusammen: *"Existens compossibile perfectissimo".*[25]

Mir kommt es in dem Zusammenhang dieser Überlegung nur auf die Tatsache an, daß LEIBNIZ in diesem Gedankengang die Existenz von Etwas nicht voraussetzt: Vielmehr wird sie im Rekurs auf (i) erklärt.

In derselben Schrift versucht LEIBNIZ außerdem zu zeigen, daß (i) *a posteriori* bewiesen werden kann: Dafür muß aber die Existenz von etwas vorausgesetzt sein.[26] Wenn etwas existiert, dann geht es nur darum, den Grund seiner Existenz zu liefern. Diesen Grund liefert das unter (ii) namhaft gemachte Prinzip. Wenden wir uns daher diesem Prinzip zu.

Wenn die Essenz als "cogitabilitas" definiert wird, d.h. als etwas, was keinen Widerspruch enthält, dann muß einem höheren Grad der Essenz ein höherer Grad der Intelligibilität entsprechen. Mit (ii) will LEIBNIZ nicht behaupten, daß der zureichende Grund der Existenz bloß in der Essenz gefunden werden kann. Was er vielmehr an dieser Stelle behaupten will, ist, daß der Grund der Existenz in dem "mehr" bzw. dem Überschuß der Essenz zu finden sein soll.

Aus einem höheren Grad der Essenz, soll also nach LEIBNIZ die Existenz folgen. Was meint aber LEIBNIZ mit dem Ausdruck "mehr Essenz"? [27] Bei der Beantwortung dieser Frage ist von dem folgenden Zusammenhang auszugehen.

Wir haben oben gesehen, daß LEIBNIZ die Essenz als deutliche Denkbarkeit *(cogitabilitas distincta)* kennzeichnet, wobei die Deutlichkeit auf die Widerspruchsfreiheit zurückgeführt wird. Die Existenz wird dagegen von ihm als deutliche Wahrnehmbarkeit *(sensibilitas distincta)* gekennzeichnet. Daraus ergibt sich, daß nur dasjenige existiert, was deutlich wahrgenommen werden

---

stere volumus, non nisi C, ipsi poterit coexistere, ergo existet combinatio CD, quae utique imperfectior est combinatione ABC. Itaque hinc patet res existere perfectissimo modo".

[25] In: VE, I, 115

[26] Ibid.: "Haec propositio: omne possibile exigit existere, probari potest a posteriori posito aliquid existere, nam vel omnia existunt, et tunc omne possibile adeo exiget existere, ut etiam existat; vel quaedam non existunt, tunc ratio reddi debet, cur quaedam prae aliis existant".

[27] Der Leibnizsche Gedankengang läßt sich meines Erachtens an dieser Stelle nicht vollständig analysieren, sondern nur einigermaßen rekonstruieren, so daß es am Ende möglich wird, eine Tendenz innerhalb der Leibnizschen Metaphysik aufzuzeigen.

kann, wobei die Deutlichkeit in der Verbindung mit der Wahrnehmbarkeit gerade nicht die Widerspruchsfreiheit bedeutet, sondern ein klares Bewußtsein von allen Vorstellungen, die in dem Wahrgenommenen enthalten sind. Anhand einer deutlichen Wahrnehmung muß es also möglich sein, das Wahrgenommene von anderen zu unterscheiden. Daher bildet die Definition der Existenz als deutlicher Wahrnehmbarkeit die nominale Definition einer existierenden Sache.

2. Ist die Existenz ein reales Prädikat?

Die Frage, ob die Existenz als reales Prädikat aufzufassen sei, läuft auf die Frage hinaus, ob die Existenz eine Vollkommenheit unter anderen ist. In der Philosophie des 17.Jahrhunderts wurde das Verhältnis der Begriffe "Existenz" und "Vollkommenheit" vor allem im Zusammenhang mit dem ontologischen Gottesbeweis behandelt[28]. Die Frage lautete dann, ob die Existenz als die begriffliche Bestimmung aufzufassen ist, wie sie von dem ontologischen Gottesbeweis vorausgesetzt wird. An einer Stelle beantwortet LEIBNIZ diese Frage negativ:

Valde dubitari potest an existentia sit perfectio, seu gradus realitatis: quoniam dubitari potest an existentia sit ex eorum numero quae concipi possunt seu ex partibus essentiae: an vero sit tantum quidam conceptus imaginarius qualis est *calor* et *frigoris,* qui non est nisi perceptionis nostrae denominatio, non rerum naturae. Si tamen accurate consideremus nos aliquid amplius concipere cum cogitamus rem A existere, quam cum cogitamus esse possibile, ideo videtur verum esse, existentiam esse gradum quendam realitatis; vel certe esse aliquam relationem ad gradus realitatis; non est autem existentia aliquis realitatis gradus: nam de quodlibet realitatis gradu intelligi potest tum possibilitas tum existentia: erit ergo existentia excessus graduum realitatis rei unius, supra gradus realitatis rei oppositae, id est quod est perfectius omnibus inter se incompatibilibus existit et contra quod existit est ceteris perfectius. Itaque verum quidem est id quod existit perfectius esse non existente, sed verum non est, ipsam existentiam esse perfectionem, cum sit tantum quaedam perfectionum inter se comparatio.[29]

---

[28] Vgl. Cramer (1994), 80 - 98
[29] In: VE VI, 2016

Diese Erörterung über den Existenzbegriff beginnt LEIBNIZ zunächst damit, daß er die Möglichkeiten erwägt,

(a) ob die Existenz als Vollkommenheit, d.h. als Grad der Realität aufzufassen sei, oder

(b) ob sie aus der Anzahl der Dinge bestehe, die erfaßt werden können, d.h. ob sie aus Teilen von Essenzen bestehe.

Beide Möglichkeiten sind nach LEIBNIZ auszuschließen. Die Existenz besteht nicht in einem Grad der Realität, denn, so LEIBNIZ' Argument, in bezug auf jeden beliebigen Grad der Realität kann man sich sowohl die Möglichkeit als auch die Existenz vorstellen. Die Existenz muß LEIBNIZ zufolge vielmehr als eine Relation aufgefaßt werden, in der eine existierende Sache einen Überschuß des Realitätsgrades im Vergleich zu dem Realitätsgrad einer nichtexistierenden Sache aufweist ("erit ergo existentia excessus graduum realitatis rei unius, supra gradus realitatis rei oppositae"). Aus diesem Grund, folgert LEIBNIZ, ist das, was existiert, vollkommener als das, was nicht existiert. Die Existenz an sich stellt also keine Vollkommenheit, sondern nur einen Vergleich zwischen Vollkommenheiten dar, welche Essenzen bilden.

Es gibt aber andere Texte von LEIBNIZ, in denen er die These vertritt, die Existenz sei eine Vollkommenheit (NE IV, 10, § 7; GP V 418; C 9). Es handelt sich hauptsächlich um Schriften, die grundsätzlich das Ziel verfolgen, das ontologische Argument in der ANSELMschen Form zu ergänzen und in diesem Sinne zu verteidigen.

BERTRAND RUSSELL hat in *A Critical Exposition of the Philosophy of Leibniz* behauptet, LEIBNIZ habe nicht die Absicht gehabt, die Existenz als ein reales Prädikat aufzufassen. An einer entscheidenden Stelle seines Buches geht er davon aus, daß der Begriff eines möglichen Individuums sich von dem eines wirklichen dadurch unterscheidet, daß in dem ersten bereits alle Merkmale, außer dem der Existenz, vollständig enthalten sind. Aus dem Begriff eines möglichen Individuums kann deshalb auf dessen Existenz nicht geschlossen werden. RUSSELL argumentiert folgendermaßen: Von der aktuellen Existenz eines Individuums kann man nur durch Erfahrung wissen und Urteile über die Existenz eines Individuums nur durch den Rekurs auf das Prinzip des zureichenden Grundes rechtfertigen. Ist von der Existenz eines Individuums die Rede, so ist das Prinzip des Widerspruchs irrelevant. Auf diese Weise gelangt RUSSELL zu der Auffassung, daß bei LEIBNIZ, genauso wie bei KANT, alle Existenzurteile synthetisch seien. Und dies ergebe sich eben aus dem Argument, daß jedes mögliche Individuum schon alle Eigenschaften besitzt, bevor es existiert.

Schließlich behauptet RUSSELL, LEIBNIZ hätte anerkennen müssen, daß die Existenz kein reales Prädikat ist, weil sie nicht einfach zusammen mit denjenigen Prädikaten gefaßt werden kann, welche einem existierenden Individuum zukommen. Das Problem liegt für RUSSELL nämlich darin, daß es mindestens eine Stelle gibt, an der LEIBNIZ behauptet, daß die Existenz ein Prädikat sei.[30] Abgesehen von dieser Stelle liege die LEIBNIZsche Inkonsistenz darin, daß er es vermieden hat, seine Existenzlehre auf Gott anzuwenden. Hier hat RUSSELL das von LEIBNIZ verteidigte ontologische Argument im Auge.[31]

JACQUES JALABERT hat die Gegenthese zu verteidigen versucht, daß die Existenz bei LEIBNIZ doch als ein reales Prädikat aufzufassen sei. Sein Gedankengang stützt sich auf die LEIBNIZsche Annahme, nach der jedes Mögliche in einem gewissen Grade eine Art von Aktualität impliziert. Wenn das Mögliche nicht eingeschränkt wird, dann wird es aktuell. Und wenn es aktuell wird, dann unterscheidet sich seine Aktualität nicht von seiner Möglichkeit. Dies in dem Sinn, daß die Aktualität auf der Ebene der Existenz dem gleich ist, als was sie früher auf der Ebene der Essenz war.[32] Die Existenz sei dann ein reales Prädikat.

Interessant ist hier die Tatsache, daß RUSSELL und JALABERT sich auf dasselbe Argument stützen, dem zufolge in dem Begriff eines möglichen Individuums schon alle Attribute außer der Existenz enthalten sind. Sie beide tun es in der Absicht, jeweils die gegenseitige These nachzuweisen. Das Problem liegt also darin, daß anhand dieses Arguments beide Thesen vertretbar sind, da dieses Argument voraussetzt, daß die Existenz als "complementum possibilitatis" aufzufassen ist. JALABERT folgert aus dieser Tatsache, die Existenz müsse bei LEIBNIZ als ein reales Prädikat aufgefaßt werden, RUSSELL aber, und zwar aus derselben Tatsache, LEIBNIZ sei der Auffassung, daß die Existenz kein reales Prädikat sei. Meines Erachtens verhält es

---

[30] Russell (1901), 27. Hier zitiert Russell die berühmte Bemerkung von Leibniz in: GP VI, 339: "Mais lorqu' on dit qu'une chose existe, ou qu'elle a l'existence reelle, cette existence même est le predicat, c'est a dire elle a une notion si liée avec l'idée dont il s'agit, et il y a connection entre ces deux notions".
[31] Für den Russellschen Gedankengang, vgl. Russell (1901), 27
[32] In: Jalabert (1947), 84

sich so, daß das oben genannte Argument an sich nicht ausreicht, weder um die eine noch um die andere These zu beweisen.

Die Vertreter der These, bei LEIBNIZ sei die Existenz ein reales Prädikat, stützen sich auf das von LEIBNIZ verteidigte ontologische Argument.

Es scheint daher angebracht zu sein, im Umgang mit LEIBNIZ' Theorie der Existenz zunächst einmal drei Verfahren voneinander zu unterscheiden:

1) Man fängt mit der Analyse des Existenzbegriffs in bezug auf die existierenden Dinge an und wendet dann das Ergebnis dieser Analyse auf Gott an. Dies scheint die Russellsche Vorgehensweise zu sein.

2) Man beginnt umgekehrt mit der Analyse des Existenzbegriffs, der dem ontologischen Gottesbeweis zugrunde liegt, und wendet das Ergebnis auf die existierenden Dinge an.

3) Man betrachtet die Frage nach dem Existenzbegriff, wie er von LEIBNIZ in bezug auf den ontologischen Gottesbeweis entwickelt wird, und die Frage nach dem Existenzbegriff in bezug auf beliebige existierende Substanzen, als getrennte Probleme. Möglicherweise führt dieses Verfahren zu dem Ergebnis, daß LEIBNIZ zwei verschiedene Konzeptionen der Existenz entwickelt hat und sie nebeneinander vertritt, ohne die so entstehenden Spannungen und Widersprüche seiner Ontologie zu bedenken.

3. Die existentialistische Option

Es ist wohl bekannt, daß LEIBNIZ' entscheidendes Kriterium für die Kontingenz einer Wahrheit das ist, daß sie sich auf etwas Existierendes bezieht. Alle Wahrheiten, die die Existenz in Raum und Zeit ausdrücken, sind dann nach LEIBNIZ kontingent, wenn die von ihnen ausgedrückten Sachverhalte nicht bloß möglich sind, sondern tatsächlich bestehen. Trotz des Zusammenhangs zwischen Möglichkeit und Existenz besitzen beide Begriffe einen unterschiedlichen Status. Wie oben angedeutet, ist Möglichkeit nach LEIBNIZ alles, was ohne Widerspruch vom Intellekt erfaßt werden kann, d.h. alles, was denkbar ist. Auf Grund ihres Bezugs auf die Existenz können dagegen kontingente Wahrheiten nicht durch das Widerspruchsprinzip erklärt werden. LEIBNIZ ist nämlich der Meinung, daß die Negation einer kontingenten Wahrheit keinen Widerspruch enthält. Dieser Sachverhalt läßt sich in der LEIBNIZschen Terminologie in bezug auf seine Urteilstheorie auch anders formulieren: Die Negation einer wahren kontingenten Aussage enthält keinen logischen Widerspruch. Das bedeutet, daß es sich auch anders verhalten könnte, als in dieser Aussage behauptet wird.

Diejenigen, die die Kontingenz bei LEIBNIZ zu entkräften versuchen, behaupten, daß das Widerspruchsprinzip eine Gültigkeit auch innerhalb der kontingenten oder existentiellen Aussagen besitzt, und daß die kontingenten Wahrheiten genauso wie die notwendigen dem Widerspruchsprinzip unterworfen seien. So ergibt sich am Ende, daß das Prinzip des zureichenden Grundes nur eine Variante des Widerspruchsprinzips darstellt.[33] Dies ist aber eine extrem starke These, wie sie am meisten von Logikern in Anlehnung an die COUTURATsche Rezeption der LEIBNIZschen Logik vertreten worden ist. Eine schwächere These hebt die Rolle des Widerspruchsprinzips innerhalb der kontingenten Wahrheiten hervor, ohne die Wichtigkeit des Prinzips des zureichenden Grundes in Frage zu stellen.

So lautet z.B. die Ansicht von GOTTFRIED MARTIN: "Mathematische Existenz besteht allein in der Widerspruchsfreiheit und fließt daher allein aus dem Satz des Widerspruchs, die faktische Existenz verlangt mehr, sie bedarf es noch des Satzes vom zureichenden Grund". Er hat allerdings früher behauptet: "Was existiert ist möglich, und was möglich ist, ist widerspruchsfrei, also ist alles, was existiert, widerspruchsfrei".[34] Das hier von MARTIN vorgeschlagene Argument kann nur insofern gültig sein, als es in der Prämisse die Äquivalenz zwischen Möglichkeit und Existenz nicht voraussetzt. Mit diesem Ansatz interpretiert MARTIN den Grundgedanken LEIBNIZ', die wirkliche Existenz enthalte etwas, was zum bloß Möglichen noch hinzukommen muß, als eine Ansicht, nach der die Existenz selber dem Widerspruchsprinzip unterworfen ist, weil die Möglichkeit des Daseins durch die entsprechende Essenz garantiert werden kann.

Es gibt aber eine andere Interpretation, die davon ausgeht, daß die Existenz bei LEIBNIZ nicht als reales Prädikat aufzufassen sei. Diese These stützt sich auf die Annahme LEIBNIZ', daß die Existenz nicht in einem Grad der Realität, sondern vielmehr in einem "Ueberschuß" des Grades der Realität besteht. Wie ist das zu verstehen?

Die Essenz als allgemeiner Begriff verleiht der Substanz nur eine genetische Bestimmung; die Existenz dagegen, die kein reales Prädikat ist, bezieht die

---

[33] In: G. Martin (1957), 172
[34] Ibid. 169

Substanz auf eine Struktur von zusammengesetzten Dingen, und garantiert damit die Einheit der Substanz, so daß sie nicht ein bloßes Aggregat von Attributen ist. Die Bestimmung des Individuums als solche geschieht durch seine raum-zeitliche Situierung: "Ce qu' on nomme principe d' individuation dans les Ecoles (...) consiste dans l'existence même, qui fixe chaque être à un temps particulier et à un lieu incommunicable à deux êtres de la même espace".[35]

Aus diesem Grund definiert LEIBNIZ schon in seiner früheren Schrift *De Arte combinatoria* kontingente Aussagen als "quasi historicae", deren Wahrheit nicht in der Essenz sondern in der Existenz gegründet ist.[36]

An einer Stelle aus den *Generales inquisitiones,* wiederholt LEIBNIZ seine These, daß alle existentiellen Aussagen zwar als wahr aufzufassen sind, aber nicht vollständig bewiesen werden können. In der Tat impliziert ein vollständiger Beweis unendlich viele Schritte, d.h. die Analyse einer existentiellen Aussage, falls sie vollständig sein soll, muß ins Unendliche weitergeführt werden. Diese Forderung der Unendlichkeit der Analyse folgt aus dem vollständigen Begriff eines Individuums, denn sein Begriff enthält unendlich viele Implikationen.

Die Aussage z.B.: "Petrus verleugnet" kann allerdings unter zwei verschiedenen Gesichtspunkten betrachtet werden. Zuerst kann der von ihr ausgedrückte Sachverhalt als ein Ereignis verstanden werden, das zu einem bestimmten Zeitpunkt stattgefunden hat: In diesem Fall folgt, daß die Analyse dieser Aussage nur dadurch vollständig werden kann, daß sie alles, was in der Welt zu diesem Zeitpunkt geschehen ist, vollständig analysiert. Zum anderen kann der Wahrheitsgehalt dieser Aussage auch unter Absehung von jenem Zeitpunkt betrachtet werden, d.h. man kann dieses Ereignis als ein vergangenes oder aber als ein zukünftiges betrachten. In diesem Fall, fährt LEIBNIZ fort, würde sich der Beweis dieser Aussage aus der bloßen Analyse des Subjektbegriffs ergeben. Da aber jede individuelle Substanz unendlich viele Prädikate bzw. Eigenschaften enthält, kann man nicht zu einem vollkommenen Beweis gelangen. LEIBNIZ Schlußfolgerung lautet überraschen-

---

[35] In: GP V, Kap. II, 27

[36] In: GP IV, 69: "Omes vero propositiones singulares quasi historicae, v. g. Augustus fuit Romanorum Imperator, aut observationes, id est propositiones universales, sed quarum veritas non in essentia, sed in existentia fundata est, quaeque verae sunt quasi casu, id est Dei arbitrio, v.g. omnes homines adulti in Europa habent cognitionem Dei". Zu diesem Punkt vgl. A. Robinet.

derweise: Aus der Unbeweisbarkeit des Begriffes eines Individuums folgt aber nicht seine Unerkennbarkeit. Je weiter man diesen Begriff analysiert, desto mehr nähert man sich diesem selber, so daß "differentia sit minor quavis data".[37]

In den darauffolgenden Abschnitten erklärt LEIBNIZ, daß man auf diese Weise Gewißheit und nicht Notwendigkeit gewinnen kann, weil die Notwendigkeit die Modalität für analytische Sätze ist, die vollständig beweisbar sind, d.h. auf eine Identität zurückgeführt werden können. Man kann dann nach LEIBNIZ die Analyse eines Individuums so weit führen, daß man sogar in die Lage versetzt wird, eine Gewißheit in bezug auf die Kenntnis über es zu erlangen. Um aber zu beweisen, daß einem Individuum tatsächlich das Prädikat zukommt, das in einem Urteil über es enthalten ist, muß man auf die Erfahrung rekurrieren, die zeigt, daß der im Urteil ausgedrückte Sachverhalt tatsächlich besteht. Aus diesem Grund ist nach LEIBNIZ eine kontingente Wahrheit immer "a posteriori", d.h. durch die Erfahrung erkennbar, obwohl wir immer in der Lage sind, Gründe "a priori" zu erbringen.

Bibliographie

I. Quellen

Die philosophischen Schriften von G. W. Leibniz, Hrsg. Gerhardt. Berlin 1875-90 (= GP)

Opuscules et fragments inédits de Leibniz. Hg. L.Couturat. Paris 1903 (= C)

Vorausedition zur Reihe VI philosophischer Schriften. Hrsg. von der Akademie der Wissenschaften der DDR. Leibniz-Forschungstelle der Universität Münster. Münster 1982 (= VE)

Confessio philosophi, la profession du foi du philosophe. Hrsg. v. Y. Belaval. Paris 1970

Thomas von Aquin: *De Ente et Essentia.* Hrsg. M. D. Roland-Gosselin. Paris 1926

---

[37] In: Couturat, 376

II. Sekundärliteratur

Burkhardt, H.: Logik und Semiotik in der Philosophie von Leibniz. München 1980.

Cramer, K.: Zu Leibniz' Emendation des ontologischen Beweises. Plenarvortrag auf dem Internationalen Leibniz-Kongreß Hannover am 22. Juli 1994. In: Leibniz und Europa, VI. Internationaler Leibniz-Kongreß. Hannover 18. bis 23. Juli 1994. S.80-98.

Gilson, E.: L' Etre et l'Essence. Paris 1948.

Hart, A.: Leibniz on God's "Vision". In: Studia Leibnitiana 8 (1987), S.182-199

Jalabert, J.: La théorie leibnizienne de la substance. Paris 1947.

Kaehler, K. E.: Leibniz' Position der Rationalität. Die Logik im metaphysischen Wissen der "natürlichen Vernunft". München 1989.

Martin, G.: Existenz und Widerspruchsfreiheit in der Logik von Leibniz. In: "Leibniz' Logik und Metaphysik". Hrsg. von A. Heinekamp und F. Schupp. Darmstadt 1988. S.155-174.

Mondadori, F.: Reference, Essentialism, and Modality in Leibniz's Metaphysic's. In: Studia Leibnitiana 5 (1973), S.73-101.

Russel, B.: A Critical Exposition of the Philosophy of Leibniz, with an Appendix of Leading Passages. London 1937.

Die Entdeckung der Leibnizschen Logik

Volker Peckhaus

1. Einleitung: Das Leibnizprogramm

GOTTFRIED WILHELM LEIBNIZ' Arbeiten zur Logik gehören zu einem Bereich seines Schaffens, von dem behauptet wird, daß er die heutige Gestalt dieses Wissensgebietes entscheidend geprägt hat. Ziel dieses Vortrages ist es, genau dieser Behauptung nachzugehen. Es wird also vor allem um die Frage gehen, ob und wenn ja, in welcher Weise die LEIBNIZsche Logik die moderne Gestalt der Logik hat prägen können.

Hervorstechendes Merkmal der LEIBNIZschen Logik ist ihre Einbindung in ein Programm zur Schaffung einer allgemeinen Wissenschaft (*scientia generalis*), der Kunst, alle Wissenschaften aus hinreichenden Daten zu erfinden und zu beurteilen.[1] Verbunden mit einer universalen Mathematik (*mathesis universalis*) sollte die allgemeine Wissenschaft die Mittel bereitstellen, damit

> die Wahrheiten der Vernunft gewissermaßen durch einen Kalkül, wie in der Arithmetik und in der Algebra, so in jedem anderen Bereich, soweit er der Schlußfolgerung unterworfen ist, erreichbar würden.

So jedenfalls hat es LEIBNIZ 1708 in einem Brief an C. RÖDEKEN ausgedrückt, in einer seiner letzten Äußerungen zur logischen Programmatik.[2] Um dieses Programm ausführen zu können, stellt LEIBNIZ eine ganze Reihe von Hilfsmitteln zur Verfügung. Mit einer *characteristica universalis* will er die Relationen zwischen Dingen in eindeutiger Weise in Zeichenverhältnissen spiegeln. Die *ars inveniendi* dient ihm zur Findung der ja im göttlichen Schöpfungsakt der besten aller möglichen Welten vollständig

---

[1] [Leibniz 1875–1890, Bd. 7 (1890), 60]; Akademie-Ausgabe [Leibniz 1999, VI, 4, Nr. 89, 370].

[2] Leibniz in dem Entwurf eines Briefes an C. Rödeken in Berlin 1708 [Leibniz 1875–1890, Bd. 7, 32]. Zitat nach der deutschen Übersetzung in [Bocheński 1956, 321, Nr. 38.10.]

gesetzten Wahrheiten. Sie bedient sich einer *logica inventiva*, die diese Wahrheiten ausgehend von einfachen Relationsaussagen liefert. Eine *ars iudicandi* soll unter Verwendung formaler und kontrollierbarer Entscheidungsverfahren Meinungsverschiedenheiten beilegen. Als Hilfsmittel für die findende wie auch für die beurteilende Aufgabe der Logik dienen LEIBNIZ die *ars combinatoria*, die die Regeln der kombinatorischen Verknüpfung von Zeichen liefert und ein *calculus ratiocinator*, der Folgerungsschritte als syntaktische Umformungen von Zeichenketten erklärt [vgl. Thiel 1992, 174].

Wenn von der LEIBNIZschen Logik gesprochen wird, dann wird meist das programmatische Zusammenwirken der genannten Bestandteile außer acht gelassen, die Betonung wird vielmehr auf den Kalkül, das „Rechnen" mit Gedanken, gelegt. Den logischen Kalkül hatte wohl auch der Münsteraner Philosoph, Theologe und 1943 erste deutsche Lehrstuhlinhaber für Mathematische Logik und Grundlagenforschung, HEINRICH SCHOLZ, im Sinn, als er zur Beurteilung der Leibnizschen Logik schrieb [Scholz 1931, 48]:

> Wir sprechen von einem Sonnenaufgang, wenn wir den großen Namen LEIBNIZens nennen. Mit ihm beginnt für die Aristotelische Logik das „Neue Leben", dessen schönste Manifestation in unsern Tagen die moderne exakte Logik, unter der Form der Logistik, ist.

SCHOLZ' Metaphern vom Sonnenaufgang und vom neuen Leben suggerieren, daß mit LEIBNIZ eine kontinuierliche Entwicklung eingesetzt habe, die bruchlos zur Entstehung und Entwicklung der neuen symbolischen Logiken von BOOLE, PEIRCE, FREGE, SCHRÖDER und PEANO in der zweiten Hälfte des 19. Jahrhunderts geführt habe. Davon kann aber nicht die Rede sein, weder in dem Sinne, daß etwa die kontinuierliche Entwicklung der modernen Logik mit LEIBNIZ eingesetzt hätte, noch in dem Sinne, daß die LEIBNIZschen Antizipationen bei ihrer Entstehung überhaupt eine nennenswerte Rolle gespielt hätten. Die Geschichte der modernen Logik ist eine Geschichte unbewußter Wiederentdeckungen. Traditionslinien von der modernen Logik zu LEIBNIZ lassen sich durchaus ziehen, diese weisen aber eben nicht auf seine logischen Kalküle.

Es steht außer Zweifel, daß die volle Einsicht in die Qualität der LEIBNIZschen Logik erst im Zuge der Leibnizrenaissance des beginnenden 20. Jahrhunderts erlangt werden konnte. Von größter Bedeutung ist das 1901 erschienene Werk LOUIS COUTURATs (1868–1914) *La Logique de Leibniz* [Couturat 1901], in dem die LEIBNIZsche Logik von der Warte eines ausgewiesenen Algebraikers der Logik auf Grundlage von ungedruckten Nachlaßtexten vorgestellt und interpretiert wird. COUTURAT ergänzte dieses Werk 1903 um eine Edition der nachgelassenen und bis dahin ungedruckten kleinen Arbeiten und Fragmente zur Logik [Leibniz 1903]. Das wichtigste Werk unter den hier erstmals veröffentlichten LEIBNIZschen Inedita sind seine 1686 verfaßten *Generales Inquisitiones de Analysi Notionum et Veritatum*, von denen WOLFGANG LENZEN nachgewiesen hat, daß das darin entwickelte logische System bei geeigneter Interpretation mit einer BOOLEschen Algebra gleichwertig ist [Lenzen 1984]. Schon COUTURAT hatte behauptet, daß LEIBNIZ so ziemlich über alle Prinzipien der BOOLE-SCHRÖDERschen Logik verfügt habe, in einigen Aspekten sogar fortgeschrittener als BOOLE gewesen sei [Couturat 1901, 386]. Diese durchaus rechtfertigbare Aussage hat nun FRANZ SCHUPP zum Anlaß für die Vermutung genommen, „daß die Leibnizsche Logik über den historisch interessanten Aspekt der ‚genialen Antizipation' der modernen Logik auch für die Weiterentwicklung dieser Logik selbst relevant sein könnte" [Schupp 1988, 42]. SCHUPP stellt korrekt fest, daß mit jedem Schritt der Weiterentwicklung der modernen Logik neue Aspekte der LEIBNIZschen Logik entdeckt wurden; für seine Behauptung, „daß manchmal auch die Beschäftigung mit LEIBNIZ wieder diese Entwicklung beeinflußte" [ebd.], bleibt er den Beleg allerdings schuldig.[3]

Im folgenden soll nun gezeigt werden, daß die letztgenannte Behauptung, wenn mit dieser Beschäftigung eine Beschäftigung mit der LEIBNIZschen *Logik* gemeint ist, zumindest für die Entwicklung der algebraisch-logischen Systeme zurückzuweisen ist. Dafür wird zunächst kurz auf die direkten Wirkungen der LEIBNIZschen Konzeption der Logik eingegangen, dann ihre frühe philosophische Rezeption dargestellt, und schließlich werden die Wurzeln der algebraisch-logischen Systeme in England und Deutschland nach Spuren von LEIBNIZ abgesucht. Auf Grundlage dieser Ergebnisse wird eine Neubewertung des LEIBNIZschen Einflusses auf die Logikentwicklung versucht.[4]

---

[3] Für eine sehr ausgewogene Revision dieser Ansicht vgl. Schupps Einleitung [Schupp 2000] zu seiner ausgezeichneten Edition Leibnizscher Kalkülschriften [Leibniz 2000, LXXXI–LXXXVI].
[4] Der hier behandelte Gegenstand wird umfassend in meinem Buch *Logik, Mathesis universalis und allgemeine Wissenschaft* entwickelt [Peckhaus 1997].

2. Wirkung der Leibnizschen Philosophie der Logik

Der Hallesche Aufklärer CHRISTIAN WOLFF (1679–1754) galt schon zu
Lebzeiten als Vertreter der sogenannten LEIBNIZ-WOLFFschen Philosophie
und als Oberhaupt der LEIBNIZ-WOLFFschen Schule, Bezeichnungen übrigens, denen WOLFF wegen der in ihnen ausgedrückten Zweifel an seiner
Originalität durchaus kritisch gegenüberstand. In WOLFFs philosophischem
System finden sich gleichwohl zahlreiche Analogien zum Leibnizprogramm. So ist die WOLFFsche Philosophie beherrscht von der „mathematischen Lehrart", seine Logik ist auf eine *ars inveniendi* ausgerichtet und mit
einer *ars characteristica* versehen, in der auch die Kombinatorik nutzbar
gemacht wird. Es kann gezeigt werden, daß zwar alle diese Elemente stark
von LEIBNIZ beeinflußt waren, sich jedoch nicht in jedem Fall auf diesen
zurückführen lassen, sondern teilweise durchaus unabhängig auf Quellen
zurückgehen, die auch LEIBNIZ kritisch-synthetisierend genutzt hat. Die
Elemente des Leibnizprogramms in WOLFFscher Logik und Metaphysik
sind weit verstreut und oft nicht ausgeführt. Insbesondere fehlt die spezifisch LEIBNIZsche „Ideologie" des Rechnens außerhalb der Mathematik:
die Anwendung kalkulatorischer Verfahren auf eine symbolisch notierte
Logik. In der WOLFFschen Schule gibt es nur wenige Denker, die über
WOLFFs Betonung der mathematischen Lehrart hinaus in Richtung auf die
LEIBNIZsche Konzeption einer rechnenden Logik gegangen wären. In der
zweiten Hälfte des 18. Jahrhunderts wurden dann aber mathematisierte Logiken diskutiert, in denen dem LEIBNIZschen System entsprechend universelle Charakteristik und Kalkül in den Vordergrund rückten, ohne daß
LEIBNIZ' jedoch im einzelnen bekannt gewesen wären. Wohl am konse-
quentesten ging JOHANN HEINRICH LAMBERT (1728–1777) auf diesem
durch LEIBNIZ vorgezeichneten Weg. Seine wesentlichen philosophischen
Bezugspunkte waren CHRISTIAN WOLFF und JOHN LOCKE [Arndt 1965,
XXXVIII], über die er jedoch in Logik und Mathematik weit hinausging.
Seine im *Neuen Organon oder Gedanken über die Erforschung und Be-
zeichnung des Wahren und dessen Unterscheidung vom Irrthum und Schein*
[Lambert 1764] und in kleineren Schriften zum Kalkül entwickelte logische
Lehre wird „als die umfassendste theoretische Ausgestaltung des Gedan-
kens einer ‚mathesis universalis'" beurteilt [Arndt 1965, XII].

LAMBERT faßt seine Überlegungen zur Charakteristik in der „Semiotik",
dem dritten Hauptstück des *Neuen Organon*, zusammen. Die symbolische

Erkenntnis, also die Erkenntnis, die unter Verwendung von Zeichen zustandekommt, ist für LAMBERT „unentbehrliches Hülfsmittel zum Denken" [*Sem.*, § 12]. Die symbolische Erkenntnis heißt *wissenschaftlich*, wenn „die Theorie der Sache und die Theorie ihrer Zeichen mit einander verwechselt werden können" [*Sem.*, § 23]. Ein Beispiel für ein wissenschaftliches Zeichensystem ist sein im *Neuen Organon* entfalteter geometrischer Linienkalkül, bei dem sich aus der Zeichnung der Prämissen eines syllogistischen Schlusses die jeweils gültige Konklusion „von selbst" ergibt. Noch vor Veröffentlichung von LAMBERTs *Neuem Organon* war der dort konzipierte geometrische Kalkül Gegenstand einer Kontroverse mit GOTTFRIED PLOUCQUET [vgl. Bök (Hg.) 1766], die für mehr als 70 Jahre die letzte ernsthafte Auseinandersetzung mit symbolischen Logiken war, bevor diese durch Sir WILLIAM HAMILTON, GEORGE BOOLE und AUGUSTUS DE MORGAN in Großbritannien und durch den Herbartianer MORITZ WILHELM DROBISCH in Deutschland neu geschaffen wurden. Für LAMBERT war das vollkommenste Muster einer wissenschaftlichen Charakteristik die Algebra [*Sem.*, § 35], mit ihrer paradigmatischen Funktion als Verbindungskunst von Zeichen und als Ausgangspunkt einer vollständigen Symbolisierung der begrifflichen Welt. Schon früh versuchte LAMBERT in den zwischen 1753 und 1756 entworfenen, aber erst posthum veröffentlichten „Sechs Versuchen einer Zeichenkunst in der Vernunftlehre" [Lambert 1782] algebraische Merkmalskalküle zu schaffen.

Die Logikreformbemühungen LAMBERTs waren nicht Selbstzweck. Er stellte sie in den Dienst einer Reform der Metaphysik und damit in den Kontext des wohl wichtigsten philosophischen Problems jener Zeit. Es verwundert daher nicht, daß LAMBERT seine Metaphysik, die er *Anlage zur Architectonic oder Theorie des Einfachen und des Ersten in der philosophischen und mathematischen Erkenntniß* [Lambert 1771] nannte, nach mathematischer Methode aufbaute und mit Überlegungen zu einer Charakteristik in der Metaphysik verband.

Es ist vielleicht nur ein Zufall, daß gerade in jener Zeit die ersten großen Editionen LEIBNIZscher Werke erschienen: 1765 die Edition der lateinischen und französischen Werke durch RUDOLF ERICH RASPE [Leibniz 1765a] und 1768 die *Opera Omnia* von LOUIS DUTENS [Leibniz 1768]. Die Ausgabe RASPEs wurde berühmt durch seine Wiederauffindung der 60 Jahre lang verschollenen *Nouveaux Essais* [Leibniz 1765b]. Daß es trotz des großen Aufsehens, das diese Entdeckung auslöste, nicht zu einer Reform der Metaphysik im LEIBNIZschen Geiste kam, ist dem philosophischen Umbruch jener Zeit zuzuschreiben, in der die rationalistischen Systeme in der WOLFFschen Tradition eher erkenntnistheoretisch orientierten, später kritischen Systemen Platz machten. KANT schrieb seine *Kritik der reinen Vernunft* [Kant 1781] gegen LAMBERTs Metaphysik. KANT und nach ihm HEGEL lehnten eine Anwendung der mathematischen Methode in der Philosophie ab; sie leugneten die Möglichkeit, mittels Charakteristik und Kalkül Wahrheiten zu finden. Mit der Dominanz der kritischen und idealistischen philosophischen Systeme in Deutschland brach die Leibniztradition in Deutschland ab.

3. Die Wiederentdeckung der Leibnizschen Logik

Die zweite Rezeptionswelle fiel mit dem Beginn der Leibniz-Philologie zusammen. Zur gleichen Zeit arbeiteten die großen Editoren GOTTSCHALK EDUARD GUHRAUER, JOHANN HEINRICH PERTZ und JOHANN EDUARD ERDMANN am Nachlaß in Hannover. ERDMANN (1805–1892) publizierte in seiner Ausgabe der *Opera Philosophica* [Leibniz 1839/40] die wichtigsten Fragmente über den algebraischen Kalkül aus dem Nachlaß, und er vergaß auch nicht, in seinem großen *Versuch einer wissenschaftlichen Darstellung der Geschichte der neueren Philosophie* [Erdmann 1842] — für einen orthodoxen Hegelianer überaus wohlwollend — auf diese Stücke hinzuweisen. Mit ERDMANNs Edition, die von RAVIER [Ravier 1937] nicht einmal unter die „großen Editionen" gezählt wurde, standen erstmals über das Programmatische hinausgehende Ausführungen LEIBNIZens zu Universalwissenschaft, allgemeiner Charakteristik und logischem Kalkül zur Diskussion. Die Edition wurde erst durch die 1875 begonnene, teilweise bis heute noch maßgebliche Ausgabe der philosophischen Schriften von CARL IMMANUEL GERHARDT ersetzt [Leibniz 1875–1890]. Heute liegen die bis 1690 verfaßten philosophischen Schriften in einem mustergültig edierten Band der Akademie-Ausgabe vor [Leibniz 1999]. Die Erdmann-Ausgabe ist daher die einzige Quelle für die frühe Rezeption der LEIBNIZschen Kalkülschriften.

Die Edition der logischen Fragmente traf auf ein durchaus günstiges Diskussionsklima, denn in der Zeit nach HEGELs Tod waren die unter dem von FRIEDRICH ADOLF TRENDELENBURG geprägten Stichwort der „logischen Frage" stehenden Logikreformbemühungen beherrschendes Thema in der

Philosophie. Es ging um eine Reform der als unzureichend eingeschätzten traditionellen, „aristotelisch" genannten Logik. Die formale Logik wurde meist als reformresistent, für die Logik als Ganzes aber auch als wenig bedeutsam eingeschätzt. Die Reformdiskussionen betrafen daher vor allem Begründungsfragen, um die sich auch die Psychologismusdebatte drehte, und Anwendungsfragen, wodurch die Entstehung einer eigenständigen Wissenschaftstheorie gefördert wurde.

Bei der sich zunehmend auftuenden Schere zwischen einer mit Begründungsanspruch auftretenden Philosophie und den sich stürmisch entwikkelnden Wissenschaften erstaunt es nicht, daß die ersten Reaktionen auf die Veröffentlichung der LEIBNIZschen Logikfragmente, z.B. von GOTTSCHALK EDUARD GUHRAUER [Guhrauer 1842/1846], FRANZ EXNER [Exner 1843], HERMANN KERN [Kern 1847] und FRANTIŠEK BOLEMÍR KVĚT [Květ 1857] - die drei letztgenannten übrigens allesamt Anhänger JOHANN FRIEDRICH HERBARTs - vor allem den Gedanken der *scientia generalis* aufnahmen, der als zukunftsweisend erachtet wurde, während die von LEIBNIZ ersonnenen Mittel als unpraktikabel zurückgewiesen wurden. Insbesondere fand der Gedanke des Kalküls in der Logik wenig Gegenliebe. Wenn EXNER im Kalkül lediglich das gewöhnliche logische Verfahren sieht, so widerspricht das dieser Einschätzung nicht, denn unter einem „gewöhnlichen logischen Verfahren" versteht EXNER die syllogistische Schlußlehre, deren Überwindung von den philosophischen Logikern jener Zeit einhellig gefordert wurde.

Ähnlich eklektizistisch geht auch FRIEDRICH ADOLF TRENDELENBURG (1802–1875) vor, wenn er den Gedanken der Charakteristik für gewinnbringend auch außerhalb der schon erfolgreich mit Symbolen operierenden Naturwissenschaften und der Mathematik erachtet, diese Charakteristik aber von der LEIBNIZschen Bindung an den Kalkül und einer Zwecksetzung im Rahmen der *ars inveniendi* trennt. Von TRENDELENBURGs 1857 erstmals veröffentlichter Darstellung „Über Leibnizens Entwurf einer allgemeinen Charakteristik" [Trendelenburg 1857] ging gleichwohl eine enorme Wirkung aus. Im 19. Jahrhundert wurde die LEIBNIZsche Logik über TRENDELENBURGs Schrift rezipiert.

Als Zwischenergebnis bleibt festzuhalten, daß in der Mitte des 19. Jahrhunderts sowohl das LEIBNIZsche Programm als auch wichtige Kalkülschriften Leibnizens veröffentlicht vorlagen. Von ihnen hätte also durchaus eine Wirkung auf die Entstehung der neuen Logiken ausgehen können. Es

stellt sich nun die Frage, ob eine solche Wirkung auch tatsächlich vorgele-
gen hat. Hatten sie einen Einfluß bei der Entstehung der algebraisch-
logischen Systeme in England und Deutschland?

Es sei die Beobachtung vorangeschickt, daß die neuen Logiken nicht etwa
von Philosophen, sondern von Mathematikern entworfen wurden. Was sind
die Gründe für das erwachende Interesse der Mathematiker an der Logik?
Die Entdeckung nicht-euklidischer Geometrien und immer neuer Zahlklas-
sen hatte in der Mathematik des 19. Jahrhunderts einen ausgesprochenen
Bedarf nach philosophischer Begründung hervorgerufen. Es wurde insbesondere nach allgemeinen, sogenannten „Pan"-Theorien gesucht, unter deren Dach die auseinanderdriftenden Bereiche der Mathematik zusammengehalten werden konnten. Ein Einfluß der genannten philosophischen Re-
formansätze in der Logik auf die Mathematik kam jedoch schon deshalb
nicht zustande, weil die in der Mathematik vor sich gehenden Änderungen
der Objektbereiche, also die   philosophisch-logische Erklärungsleistungen
verlangenden Wandlungen in der mathematischen Ontologie, von den Philosophen nicht nachvollzogen wurden. Für die Philosophen blieb die Mathematik die Wissenschaft von den Größen. Die an   Grundlagenfragen orientierten Mathematiker wurden also mit ihrem Grundlegungsbedarf von
den Philosophen allein gelassen. So waren es dann die Mathematiker, die
die den Philosophen wenig erfolgversprechend erscheinende Reform der
formalen Logik in Angriff nahmen, dies zunächst weniger um der Reform
der Logik willen als vielmehr aus dem Bestreben heraus, die Logik für die
Grundlagenprobleme der Mathematik zu instrumentalisieren.

4. Die Entstehung der Algebra der Logik in England

Für die britische Philosophie war ein Desinteresse an der formalen Logik
spezifisch, denn diese mußte schon früh hinter einer wissenschaftstheoretisch orientierten Erkenntnistheorie zurückstehen (vgl. ausführlicher [Peck-
haus 1994]). RICHARD WHATELY (1787–1863), der mit seinen ungewöhn-
lich erfolgreichen *Elements of Logic*[5] die formale Logik erstmals wieder in

---

[5] [Whately 1826]. Risse weist in seiner *Bibliographia Logica* [Risse 1965–1979, II,
1973] neun Auflagen bis 1848 und insgesamt 28 Ausgaben bis 1908 nach. Van Evra
[van Evra 1984, 2] erwähnt, daß in den USA bis 1913 etwa 64 Drucke erschienen.

die philosophische Diskussion Großbritanniens einführte, sah sich veranlaßt, dem Vorwort zu seinem Band einen ausführlichen Bericht über die daniederliegende logische Forschung und Ausbildung in Oxford beizugeben [Whately 1826, xv–xxii]. WHATELY kritisierte, daß nur sehr wenige Studenten der Universität Oxford gute Logiker würden und daß [Whately 1826, xv]

> by far the greater part pass through the University without knowing any thing of all of it; I do not mean that they have not learned by rote a string of technical terms; but that they understand absolutely nothing whatever of the principles of the Science.

WHATELYs Buch motivierte weitere Arbeiten zur formalen Logik. Schon im Jahr nach seiner Veröffentlichung erschien GEORGE BENTHAMs *An Outline of a New System of Logic* [Bentham 1827], ein Werk, das als Kommentar zu WHATELYs Buch konzipiert war und das von WILLIAM HAMILTON neben anderen Logikbüchern in einer Sammelrezension für die *Edinburgh Review* [Hamilton 1833] kritisch besprochen wurde. Mit dieser Rezension wurde wiederum HAMILTONs Reputation als "the first logical name in Britain, it may be in the world" begründet.[6]

In der Nachfolge WHATELYs entwickelt sich die Logik in zwei Richtungen: die auf KANT sich berufende formale Logik, vertreten vor allem durch WILLIAM HAMILTON (1788–1856), und die dem Einfluß HUMES verpflichtete induktive Logik, als deren wichtigster Repräsentant JOHN STUART MILL (1806–1873) zu nennen ist. HAMILTON widmete sich, wie auch der Algebraiker AUGUSTUS DE MORGAN (1806–1871), einer Reform der überkommenen Syllogistik. Der Prioritätsstreit zwischen beiden um die Quantifikation des Prädikats in Standardformen soll BOOLEs eigenen Angaben zufolge sein Interesse an der Logik geweckt haben. Diese Äußerung kann aber auch als Reverenz an eine aktuelle Diskussion der seinerzeit renommiertesten Logiker in England gelesen werden, denn wichtiger als der philosophische Einfluß war sicherlich der mathematische.

---

[6] Dieses Urteil findet sich in einem nicht abgesandten Brief De Morgans an Spalding vom 26. Juni 1857; Zit. nach [Heath 1966, xii]. George Boole zählt Hamilton, bei seiner Kritik an dessen Geringschätzung der Mathematik möglicherweise nicht ohne Ironie, zu den " two greatest authorities in Logic, modern and ancient" [Boole 1847, 81]. Die Autorität neben Hamilton ist Aristoteles.

Der Schöpfer der Algebra der Logik, GEORGE BOOLE (1815–1864), kann nämlich mit dem von SUSAN FAYE CANNON so genannten "Cambridge Network" in Verbindung gebracht werden [Cannon 1978, 29–71], also der von Cambridge ausgegangenen Bewegung zur Reform der britischen Wissenschaft, die zugleich auch eine Emanzipation von der NEWTONschen Wissenschaftslehre bezweckte. 1812 riefen CHARLES BABBAGE (1791–1871), GEORGE PEACOCK (1791–1858) und JOHN HERSCHEL (1792–1871) die Analytical Society ins Leben, die im Tripos der University of Cambridge die Übernahme der LEIBNIZschen Notation in der Differentialrechnung an Stelle der bis dahin gepflegten NEWTONschen Fluxionsrechnung durchsetzte. Daß gerade ein Wechsel in der Symbolik eine solch befruchtende Wirkung auf die mathematische Arbeit hatte, mag von Bedeutung gewesen sein für das Entstehen des Interesses an den Grundlagen symbolischen Operierens und für die schrittweise Lösung von einer inhaltlich gedeuteten Mathematik. Die neuen Forschungen im Bereich der Analysis liefen parallel zu innovativen Ansätzen in der Algebra. Es war nun weniger die *Symbolical Algebra* PEACOCKs, DE MORGANs und anderer mit ihrem berühmten "principle of the permanence of equivalent forms" [Peacock 1834, 198f.], als der daraus entstandene "Calculus of Operations" DUNCAN F. GREGORYs, der im Zentrum von BOOLEs mathematischen Interessen stand. GREGORY (1813–1844) ging von *Operationen* mit Zeichen aus. Er definierte d die symbolische Algebra als "The science which treats of the combination of operations defined not by their nature, that is by what they are or what they do, but by the laws of combination to which they are subject" [Gregory 1840, 208]. Schon in seiner Preisschrift "On a General Method in Analysis" [Boole 1844] hatte BOOLE den GREGORYschen "Calculus of Operations" zum wesentlichen methodischen Hilfsmittel der Analysis gemacht. Und auch in seiner 1847 veröffentlichten ersten logischen Schrift, der *Mathematical Analysis of Logic* [Boole 1847] bezieht er sich auf diesen Kalkül. In der Logik sind nur die Prinzipien eines "true Calculus" vorausgesetzt, den BOOLE als "method resting upon the employment of Symbols, whose laws of combination are known and general, and whose results admit of a consistent interpretation" charakteris-iert.(4). Gibt es Bezüge zur LEIBNIZschen Logik? Die gibt es in der Tat, nur sind sie erst für die Zeit, nachdem BOOLEs logisches Hauptwerk *An Investigation of the Laws of Thought* 1854 erschienen war [Boole 1854], nachweisbar. Schon im Jahr nach der Herausgabe des Werkes, 1855, wurde BOOLE von ROBERT LESLIE ELLIS (1817–1856) darauf hingewiesen, daß sich in der

Erdmannschen Leibniz-Ausgabe das „Boolesche Gesetz", das "Law of Duality" *AA=A* finde [vgl. Peckhaus 1994]. BOOLE hat diesen Hinweis sehr ernstgenommen. In seinem Nachlaß finden sich umfangreiche Exzerpte aus den bei ERDMANN edierten Kalkülschriften. Es kann vermutet werden, daß BOOLE in dem projektierten, aber nie fertiggestellten Band über philosophische Aspekte der Logik LEIBNIZ breiten Raum eingeräumt hätte. Nach dem Tod BOOLEs im Jahre 1864 kam es zu ersten Vergleichen zwischen der BOOLEschen und der LEIBNIZschen Logik in England. JOHN VENN schließlich zeigte in seiner 1881 in erster Auflage erschienenen *Symbolic Logic* [Venn 1881] mit aller Deutlichkeit, wie weitgehend die Algebra der Logik durch die rationalistischen Logiker von LEIBNIZ bis LAMBERT antizipiert worden war. Gibt es nun einen Einfluß von LEIBNIZ auf die Entwicklung der Logik in England? Auch diese Frage kann bejaht werden, nur ging der Einfluß eben nicht von der LEIBNIZschen Logik aus, sondern von seinem Infinitesimalkalkül. Es war die Übernahme der LEIBNIZschen Notation, die zu einer Reform der britischen Analysis und der darin verwendeten Algebra beitrug und damit den Blick auf die Möglichkeit einer algebraischen Interpetation der Logik öffnete.

5. Die Entstehung der deutschen Algebra der Logik

Was waren nun die Wurzeln der deutschen Algebra der Logik? Mit der deutschen Algebra der Logik wird vor allem das Werk ERNST SCHRÖDERS (1841–1902) verbunden, der mit seinen zwischen 1890 und 1905 erschienenen dreibändigen *Vorlesungen über die Algebra der Logik* [Schröder 1890–1905] so etwas wie einen Schlußpunkt der Algebra der Logik BOOLEscher Provenienz gesetzt hat. Die Logik, wie sie SCHRÖDER in diesem Werk und auch vorher schon in seinem *Operationskreis des Logikkalkuls* [Schröder 1877] präsentiert, beruht zwar weitgehend auf einer modifizierten Fassung des BOOLEschen Kalküls, seine ersten Überlegungen zur algebraischen Sicht auf die Logik stammen aber aus einer Zeit, als er die BOOLEschen Schriften noch gar nicht kannte. SCHRÖDERs erste logische Versuche sind in dem *Lehrbuch der Arithmetik und Algebra* niedergelegt [Schröder 1873]. In diesem Lehrbuch äußert sich SCHRÖDER auch zu den Grundlagen einer kombinatorisch verfahrenden „formalen Algebra", die er in ihrer letzten Ausbaustufe „absolute Algebra" nennt. Darunter versteht er

„diejenigen Untersuchungen über die Gesetze algebraischer Operationen
[...], welche sich auf lauter allgemeine Zahlen eines unbegrenzten Zahlen-
gebietes beziehen, *über dessen Natur selbst weiter keine Voraussetzungen
gemacht sind*" [Schröder 1873, 233]. Diese „allgemeinen Zahlen" können
z.B. auch Begriffe und Aussagen sein und damit logische Objekte. Zudem
reklamiert SCHRÖDER die Notwendigkeit, in die Mathematik logische Relationen aufzunehmen, mit denen z.B. das Verhältnis zwischen einem, wie
er sagt, „vieldeutigen" Ausdruck wie $\sqrt{9}$ und seinen beiden Basen +3 und -
3 wiedergegeben werden kann. Er schlägt u.a. die für seine späteren Werke
zentrale Relation der Subsumption oder Einordnung vor. Während der Ab-
fassung des Lehrbuchs macht SCHRÖDER in der 1872 von ROBERT
GRASSMANN (1815–1901) herausgegebenen *Formenlehre oder Mathematik*
[Grassmann 1872] die Entdeckung, daß die Verknüpfungsoperationen der
logischen Vereinigung und des logischen Schnittes als Interpretationen von
algebraischen Verknüpfungsoperationen gedeutet werden können und fol-
gerichtig auch mit den algebraischen Zeichen + und · notiert werden können. Auch ROBERT GRASSMANN kannte die damals vorliegenden algebraisch-logischen Schriften von BOOLE und PEIRCE nicht. Seine symbolische
Logik entstammt der Zusammenarbeit mit seinem Bruder HERMANN
GÜNTHER GRASSMANN (1890–1877), dem Begründer der Vektorrechnung.[7]
In der seiner *Formenlehre* vorangestellten kurzen Skizze zur Logikgeschichte erwähnt er LEIBNIZ nicht, für das Studium der Ergebnisse der bisherigen Logik verweist er auf LAMBERTs *Neues Organon* [Lambert 1764]
und die 1825 erschienene *Logik* von AUGUST TWESTEN [Twesten 1825],
einem der wenigen formalen Logiker der Hegel-Zeit.

ERNST SCHRÖDER nennt im *Lehrbuch* als Quellen seiner arithmetischen und
algebraischen Ansichten u.a. MARTIN OHMS Versuch eines vollkommen
consequenten Systems der Mathematik (*1822*), HERMANN GÜNTHER
GRASSMANNs *Lehrbuch der Arithmetik* (*1861*) und HERMANN HANKELs
Theorie der complexen Zahlensysteme (*1867*). Diese Angaben deuten darauf hin, daß SCHRÖDERs Algebrakonzeption und seine Logikbegründung
im Kontext der deutschen Diskussion um die algebraische Analysis zu sehen ist. In seiner kombinatorischen Herangehensweise steht er in der Tradition CARL FRIEDRICH HINDENBURGS (1741–1808) und seiner Leipziger
Schule [Jahnke 1990, 160–232]. Es gehörte zum Stil HINDENBURGS, sich
explizit an die LEIBNIZsche, in der *Dissertatio de Arte Combinatoria* [Leib-

---

[7]Vgl. zur Zusammenarbeit der beiden Brüder [Schubring 1996], [Peckhaus 1996].

niz 1666] propagierte und kombinatorisch begründete universelle Charakteristik anzuschließen. Kennzeichen von HINDENBURGs Zugang war die auf LEIBNIZ zurückgehende Auffassung der Algebra als Spezialform der Kombinatorik und die damit verbundene formale, also deutungsunabhängige Auffassung algebraischer Verknüpfungsoperationen.

Auf MARTIN OHM (1792–1872), den Bruder des Physikers GEORG SIMON OHM, bezieht sich SCHRÖDER explizit. Er war Schüler des zur Hindenburgschen Schule gehörenden Kombinatorikers HEINRICH AUGUST ROTHE. 1822 begann OHM mit der Publikation seines schließlich in neun Teilen erschienenen grundlagentheoretischen Hauptwerks, des *Versuchs eines vollkommen consequenten Systems der Mathematik*. Darin unterschied er zwischen Zahl (oder unbenannter Zahl) und Quantität (oder benannter Zahl) und ordnete die quantitative Mathematik der nicht-quantitativen unter. Damit unterlief er die damals dominierende quantitative Auffassung der Mathematik. Die „verschiedensten Erscheinungen des Kalkuls (der Arithmetik, Algebra, Analysis etc.)" sind für ihn nicht Eigenschaften von *Größen*, „sondern Eigenschaften der *Operationen*, d.h. der *Verstandes-Thätigkeiten*, welche aus der Betrachtung der *Zahl* mit Nothwendigkeit hervorgehen" [Ohm 1853, VIf.]

Die Zurückdrängung des meist arithmetisch konnotierten Zahlbegriffs zugunsten von Operationen mit nicht interpretierten allgemeinen Zahlen läßt sich auch in HERMANN GÜNTHER GRASSMANNs zunächst wenig beachteter *Linealer Ausdehnungslehre* [H.G. Graßmann 1844] feststellen. GRASSMANN definiert die reine Mathematik als Formenlehre. Seiner Ausdehnungslehre stellt er eine „Uebersicht der allgemeinen Formenlehre" voran. Es handelt sich dabei um eine allgemeine Theorie analytischer und synthetischer Verknüpfungen, die er durch Interpretation auf arithmetische Addition und Multiplikation, aber auch auf die Addition gerichteter Strecken, also Vektoren, anwendet. Die GRASSMANNsche allgemeine Formenlehre wird von HERMANN HANKEL (1833–1873) in seine 1867 erschienene *Theorie der complexen Zahlensysteme* [Hankel 1867] übernommen und weiterentwickelt. HANKELs allgemeine Theorie der assoziativen, aber nicht kommutativen „lytischen" und „thetischen" Verknüpfungen bildet die Grundlage seines Aufbaus der Zahlenlehre und wurde von SCHRÖDER ohne große Änderungen übernommen.

Die Wurzeln der SCHRÖDERschen Algebra der Logik liegen also in der Kombinatorik HINDENBURGs, den bei OHM vorbereiteten und bei

HERMANN GÜNTHER GRASSMANN und HERMANN HANKEL ausgeführten allgemeinen Formenlehren sowie in ROBERT GRASSMANNs logischem Kalkül. Bezüge zu LEIBNIZ lassen sich durchaus ziehen. HINDENBURG baute auf die LEIBNIZsche Kombinatorik auf, HERMANN GÜNTHER GRASSMANN war ausgewiesener Kenner des LEIBNIZschen geometrischen Kalküls. Nirgends finden sich aber Hinweise auf die logischen Kalküle LEIBNIZens. SCHRÖDERs Weg zu LEIBNIZ beginnt erst, nachdem die Grundzüge seines Systems geschaffen sind. Seine kleine Schrift über den *Operationskreis des Logikkalkuls* [Schröder 1877] stellte er schon ausdrücklich in die Tradition des Leibnizprogramms. Mit FREGE stritt er sich nach 1880 darüber, wessen logisches System den LEIBNIZschen Überlegungen am ehesten entspreche. Beide berufen sich auf TRENDELENBURGs Leibnizstudien, die die wesentliche Quelle ihrer Leibnizbezüge zu sein scheinen und auf die FREGE von seinem Jenenser philosophischen Kollegen RUDOLF EUCKEN und SCHRÖDER von dem Göttinger Philosophen RUDOLF HERMANN LOTZE hingewiesen worden war. SCHRÖDERs Übernahme der TRENDELENBURGschen Überlegungen zur allgemeinen Charakteristik war so umfassend, daß er sie in der Einleitung seiner *Vorlesungen über die Algebra der Logik*, wie er sagt, in „freier Weise" paraphrasiert, ohne Übernahmen explizit nachzuweisen.

6. Schluss

ERIC J. AITON kommt das Verdienst zu, in seiner Leibnizbiographie auf die Bedeutung der ERDMANNschen Edition für die Logikgeschichte hingewiesen zu haben. Es kann aber keine Rede davon sein, daß das LEIBNIZsche Projekt einer universellen Charakteristik und die sich daraus ergebenden logischen Kalküle "played a significant role in the history of modern logic", wie AITON meinte [Aiton 1985, ix], zumindest dann nicht, wenn unter "to play a significant role" ein systematisch relevanter Einfluß gemeint ist. Auf LEIBNIZ ist in der mathematischen Logikdiskussion des 19. Jahrhunderts nie anders als historisch Bezug genommen worden. Die Entwicklung der algebraisch-logischen Systeme in England und Deutschland muß daher als zunächst *unbewußte,* erst nachträglich bewußt gemachte Aufnahme des LEIBNIZschen Programms interpretiert werden, wobei auffällt, daß der Schwerpunkt des Interesses in England auf dem Gedanken eines *calculus ratiocinator* lag, während in Deutschland vor allem die *lingua characteristica* hervorgehoben wurde und mit den Versuchen, Begriffsschriften" (FREGE) und „Pasigraphien" (SCHRÖDER) zu konstituieren, in Verbindung gebracht wurde. Gegen Ende des 19. Jahrhunderts jedenfalls gab es schon so etwas wie eine „Leibnizkultur". Die Berufung auf LEIBNIZ diente als philosophisch-traditionelle Legitimation der neuen Logiken. Die Leibniz-Renaissance des beginnenden 20. Jahrhunderts ist also vor allem eine Renaissance der Leibniz-Forschung, weniger eine der LEIBNIZschen Logik.

Literaturverzeichnis

AITON, ERIC J.: Leibniz. A Biography. Adam Hilger: Bristol/Boston 1985. Deutsche Übersetzung: Gottfried Wilhelm Leibniz. Eine Biographie. Insel Verlag: Frankfurt/Leipzig 1991.

ARNDT, HANS WERNER: Einleitung. In: Lambert 1965–69, Bd. 1 (1965), V–XXXVIII.

BENTHAM, GEORGE: An Outline of a New System of Logic. With a Critical Examination of Dr. Whately's "Elements of Logic". Hunt and Clark: London 1827. Repr. Thoemmes: Bristol 1990.

BOCHEŃSKI, JOSEPH MARIA: Formale Logik. Alber: Freiburg/München 1956 (Orbis Academicus, III, 2). [4]1978.

BÖK, AUGUST FRIEDRICH (Hg.): Sammlung der Schriften, welche den logischen Calcul Herrn Prof. Ploucquets betreffen, mit neuen Zusäzen. Frankfurt/Leipzig 1766. Repr. Ploucquet 1970.

BOOLE, GEORGE: On a General Method in Analysis. Philosophical Transactions of the Royal Society of London for the Year MDCCCXLIV, pt. 1 (1844), 225–282.

—: The Mathematical Analysis of Logic. Being an Essay Towards a Calculus of Deductive Reasoning. Macmillan, Barclay, and Macmillan: Cambridge/George Bell: London 1847. Repr. Basil Blackwell: Oxford 1951.

—: An Investigation of the Laws of Thought, on which are Founded the Mathematical Theories of Logic and Probabilities. Walton & Maberly: London 1854. Repr. Dover: New York o.J. [1958].

CANNON, SUSAN FAYE: Science in Culture: The Early Victorian Period. Dawson Scientific History Publications: New York 1978.

COUTURAT, LOUIS: La logique de Leibniz d'après des documents inédits. Alcan: Paris 1901. Repr. Olms: Hildesheim 1961, 1969.

ERDMANN, JOHANN EDUARD: Versuch einer wissenschaftlichen Darstellung der Geschichte der neueren Philosophie. Bd. 2, Tl. 2: Leibniz und die Entwicklung des Idealismus vor Kant. Vogel: Leipzig 1842. Repr. in ders.: Versuch einer wissenschaftlichen Darstellung der Geschichte der neuern Philosophie. Faksimile-Neudruck der Ausgabe Leipzig 1834–1853 in sieben Bänden. Mit einer Einführung in Johann Eduard Erdmanns Leben und Werke von Hermann Glockner. Fr. Frommanns Verlag: Stuttgart, Bd. 4. 2. Aufl., frommann-holzboog: Stuttgart-Bad Cannstatt 1977.

EXNER, FRANZ: Über Leibnitz'ens Universal-Wissenschaft. Abhandlungen der Königlichen Böhmischen Gesellschaft der Wissenschaften. 5. Folge, Bd. 3 (1843–44). Calve: Prag 1845, 163–200. Separat: In Commission bei Borrosch & André: Prag 1843.

GRASSMANN, HERMANN GÜNTHER: Die lineale Ausdehnungslehre ein neuer Zweig der Mathematik dargestellt und durch Anwendungen auf die übrigen Zweige der Mathematik, wie auch auf die Statik, Mechanik, die Lehre vom Magnetismus und die Krystallonomie erläutert. Otto Wigand: Leipzig 1844. [2]1878. Neudruck in ders.: Gesammelte mathematische und physikalische Werke, Bd. 1, Tl. 1: Die Ausdehnungslehre von 1844 und die geometrische Analyse, hg. v. Friedrich Engel. B.G. Teubner: Leipzig 1894.

—: Lehrbuch der Arithmetik für höhere Lehranstalten. Th. Chr. Fr. Enslin: Berlin 1861 (Graßmann, Lehrbuch der Mathematik für höhere Lehranstalten. Tl. 1).

GRASSMANN, ROBERT: Die Formenlehre oder Mathematik. R. Grassmann: Stettin 1872. Repr. in ders., Die Formenlehre oder Mathematik, mit einer Einführung v. J.E. Hofmann. Georg Olms: Hildesheim 1966.

GREGORY, DUNCAN FARQUHARSON: On the Real Nature of Symbolical Algebra. Transactions of the Royal Society of Edinburgh 14 (1840), 208–216.

GUHRAUER, GOTTSCHALK EDUARD: Gottfried Wilhelm Freiherr v. Leibnitz. Eine Biographie. 2 Bde. Hirt: Breslau 1842. Neuausgabe Guhrauer 1846.

—: Gottfried Wilhelm Freiherr v. Leibnitz. Eine Biographie. Zu Leibnizens Säkular-Feier. Mit neuen Beilagen und einem Register. 2 Bde. Hirt: Breslau 1846. Repr. Olms: Hildesheim 1966.

HAMILTON, WILLIAM: Logic. In Reference to the Recent English Treatises on that Science. Edinburgh Review 66 (April 1833), 194–238. Wieder in ders.: Discussions on Philosophy and Literature, Education and University Reform. Chiefly from the Edinburgh Review; Corrected, Vindicated, Enlarged, in Notes and Appendices. Longman, Brown, Green and Longmans: London/Maclachlan and Stewart: Edinburgh 1852, 116–174.

HANKEL, HERMANN: Theorie der complexen Zahlensysteme insbesondere der gemeinen imaginären Zahlen und der Hamilton'schen Quaternionen nebst ihrer geometrischen Darstellung. Leopold Voss: Leipzig 1867 (Hankel: Vorlesungen über die complexen Zahlen und ihre Functionen, Tl. 1).

HEATH, PETER: Introduction. In: Augustus De Morgan: On the Syllogism and Other Logical Writings. Hg. v. Peter Heath. Routledge & Kegan Paul: London 1966 (Rare Masterpieces of Philosophy and Science), vii–xxxi.

JAHNKE, HANS NIELS: Mathematik und Bildung in der Humboldtschen Reform. Vandenhoeck & Ruprecht: Göttingen 1990 (Studien zur Wissenschafts-, Sozial- und Bildungsgeschichte der Mathematik; 8).

KANT, IMMANUEL: Critik der reinen Vernunft. Johann Friedrich Hartknoch: Riga 1781.

KERN, HERMANN: De Leibnitii scientia generali commentatio. Programmschrift des Königlichen Pädagogiums in Halle. Druck der Waisenhaus-Buchdruckerei: Halle 1847.

KVĚT, FRANTIŠEK BOLEMÍR: Leibnitz'ens Logik. Nach den Quellen dargestellt. F. Tempsky: Prag 1857.

LAMBERT, JOHANN HEINRICH: Neues Organon oder Gedanken über die Erforschung und Bezeichnung des Wahren und dessen Unterscheidung vom Irrthum und Schein. Johann Wendler: Leipzig 1764: Reprint Lambert 1965–69, Bde. 1 (1965), 2 (1965). Neuausgabe ders.: Neues Organon oder Gedanken über die Erforschung und Bezeichnung des Wahren und dessen Unterscheidung vom Irrtum und Schein. Nach der bei Johann Wendler in Leipzig 1764 erschienenen Auflage. Unter Mitarbeit v. Peter Heyl hg., bearb. und mit einem Anhang versehen v. Günter Schenk. 3 Bde. Akademie Verlag: Berlin 1990 (Philosophiehistorische Texte).

—: Anlage zur Architectonic oder Theorie des Einfachen und des Ersten in der philosophischen und mathematischen Erkenntniß. 2 Bde. Hartknoch: Riga 1771. Repr. Lambert 1965–69. Bde. 3 (1965), 4 (1965).

—: Sechs Versuche einer Zeichenkunst in der Vernunftlehre. In: Joh. Heinrich Lamberts logische und philosophische Abhandlungen. Hg. v. Johann (III) Bernoulli, 2 Bde. Bernoulli: Berlin 1782–1787. Bd. 1 (1782), 3–180. Repr. Lambert 1965–69. Bd. 6 (1967).

—: Philosophische Schriften. Hg. v. Hans-Werner Arndt. 10 Bde. Olms: Hildesheim 1965–1969.

LEIBNIZ, GOTTFRIED WILHELM: Dissertatio de arte combinatoria. Fick und Seubold: Leipzig 1666. Wieder in Leibniz 1875–1890, Bd. 4, 27–102. Kritische Ausgabe Leibniz 1923–. Bd. 6.1, [2]1990.

—: Œuvres philosophiques latines et françaises de feu Mr de Leibnitz, tirées des ses Manuscrits qui se conservent dans la Bibliothèque royale à Hanovre et publiées par M. Rud. Eric Raspe. Jean Schreuder: Amsterdam/Leipzig 1765 (1765a).

—: Nouveaux Essais sur l'entendement humain. In: Leibniz 1765a, Nr. III (1765b).

—: Opera omnia, nunc primum collecta, in Classes distributa, praefationibus & indicibus exornata, studio Ludovici Dutens. 6 Bde. Fratres de Tournes: Genf 1768.

—: God. Guil. Leibnitii opera philosophica quae exstant Latina Gallica Germanica omnia. Hg. v. Johann Eduard Erdmann. 2 Tle. Eichler: Berlin, Tl. 1, 1840, Tl. 2, 1839.

—: Die philosophischen Schriften von Gottfried Wilhelm Leibniz. Hg. v. C[arl] I[mmanuel] Gerhardt. 7 Bde. Weidmannsche Buchhandlung: Berlin 1875–1890.

—: Opuscules et fragments inédits de Leibniz. Extraits des manuscrits de la Bibliothèque royale de Hanovre. Hg. v. L[ouis] Couturat. Alcan: Paris 1903.

—: Sämtliche Schriften und Briefe. Hg. v. der Deutschen Akademie der Wissenschaften zu Berlin. Berlin 1923–.

—: Philosophische Schriften. Hg. v. d. Leibniz-Forschungsstelle der Universität Münster, Bd. 4: 1677–Juni 1690. 4 Tle. Akademie-Verlag: Berlin 1999 (Leibniz: Sämtliche Schriften und Briefe. R. 6, Bd. 4).

—: Die Grundlagen des logischen Kalküls. Hg., übers. und komm. v. Franz Schupp unter Mitarbeit v. Stephanie Weber. Felix Meiner: Hamburg 2000 (Philosophische Bibliothek; 585).

LENZEN, WOLFGANG: Leibniz und die Boolesche Algebra. Studia leibnitiana 16 (1984), 187–203.

OHM, MARTIN: Versuch eines vollkommen consequenten Systems der Mathematik. Tl. 1: Arithmetik und Algebra enthaltend. Tl. 2: Algebra und Analysis des Endlichen enthaltend. Reimer: Berlin 1822. Jonas: Berlin ²1828/1829.

—: Versuch eines vollkommen consequenten Systems der Mathematik, Tl. 1: Arithmetik und Algebra enthaltend. Korn'sche Buchhandlung: Nürnberg ³1853.

PEACOCK, GEORGE: Report on the Recent Progress and Present State of Certain Branches of Analysis. Report of the Third Meeting of the British Association for the Advancement of Science held at Cambridge in 1833. John Murray: London 1834, 185–352.

PECKHAUS, VOLKER: Leibniz als Identifikationsfigur der britischen Logiker des 19. Jahrhunderts. In: VI. Internationalen Leibniz-Kongreß. Vorträge Teil, Hannover, 18.–22.7.1994. Gottfried-Wilhelm-Leibniz-Gesellschaft: Hannover 1994, 589–596.

—: The Influence of Hermann Günther Grassmann und Robert Grassmann on Ernst Schröder's Algebra of Logic. In: Schubring (Hg.) 1996, 217–227.

—: Logik, Mathesis universalis und allgemeine Wissenschaft. Leibniz und die Wiederentdeckung der formalen Logik im 19. Jahrhundert. Akademie Verlag: Berlin 1997(Logica Nova).

PLOUCQUET, GOTTFRIED: Sammlung der Schriften, welche den logischen Calcul Herrn Prof. Ploucquets betreffen, mit neuen Zusätzen, herausgegeben von August Friedrich Bök. Faksimile-Neudruck der Ausgabe

Frankfurt und Leipzig 1766. Hg. v. Albert Menne. Friedrich Frommann Verlag (Günther Holzboog): Stuttgart-Bad Cannstatt 1970.

RAVIER, EMILE: Bibliographie des oeuvres de Leibniz. Paris 1937. Repr. Olms: Hildesheim 1966.

RISSE, WILHELM: Bibliographia Logica. 4 Bde. Georg Olms: Hildesheim 1965–1979 (Studien und Materialien zur Geschichte der Philosophie; 1).

SCHOLZ, HEINRICH: Geschichte der Logik. Junker und Dünnhaupt: Berlin 1931 (Geschichte der Philosophie in Längsschnitten; 4).

SCHRÖDER, ERNST: Lehrbuch der Arithmetik und Algebra für Lehrer und Studirende. Bd. 1 [mehr nicht erschienen]: Die sieben algebraischen Operationen. B.G. Teubner: Leipzig 1873.

—: Der Operationskreis des Logikkalkuls. Teubner: Leipzig 1877. Repr. als „Sonderausgabe" Wissenschaftliche Buchgesellschaft: Darmstadt 1966.

—: Vorlesungen über die Algebra der Logik (exakte Logik). 3 Bde. in 5 Teilen. B.G. Teubner: Leipzig 1890–1905. Repr. Schröder 1966.

—: Vorlesungen über die Algebra der Logik (exakte Logik). 3 Bde. Chelsea: Bronx 1966.

SCHUBRING, GERD: The Cooperation between Hermann and Robert Grassmann on the Foundations of Mathematics. In: Schubring (Hg.) 1996, 59–70.

SCHUBRING, GERT (Hg.): Hermann Günther Graßmann (1809–1877): Visionary Mathematician, Scientist and Neohumanist Scholar. Papers from a Sesquicentennial Conference. Kluwer: Dordrecht/Boston/London 1996 (Boston Studies in the Philosophy of Science; 187).

SCHUPP, FRANZ: Einleitung. Zu II. Logik. In: Albert Heinekamp/Franz Schupp (Hgg.): Leibniz' Logik und Metaphysik. Wissenschaftliche Buchgesellschaft: Darmstadt 1988 (Wege der Forschung; 328), 41–52.

—: Einleitung. In: Leibniz 2000, VII--LXXXVI.

THIEL, CHRISTIAN: Kurt Gödel: Die Grenzen der Kalküle. In: Grundprobleme der großen Philosophen. Philosophie der Neuzeit. Bd. 6. Hg. v. Josef Speck. Vandenhoeck & Ruprecht: Göttingen 1992 (Uni-Taschenbücher; 1654), 138–181.

TRENDELENBURG, FRIEDRICH ADOLF: Über Leibnizens Entwurf einer allgemeinen Charakteristik. Philosophische Abhandlungen der Königlichen Akademie der Wissenschaften zu Berlin. Aus dem Jahr 1856. Commission Dümmler: Berlin 1857, 36–69. Neudruck in ders.: Historische Beiträge zur Philosophie. Bd. 3: Vermischte Abhandlungen. Bethge: Berlin 1867, 1–47.

TWESTEN, AUGUST DETLEF CHRISTIAN: Die Logik, insbesondere die Analytik. Verlag des Taubstummen-Instituts: Schleswig 1825.

VAN EVRA, JAMES : Richard Whately and the Rise of Modern Logic. History and Philosophy of Logic 5 (1984), 1–18.

VENN, JOHN: *Symbolic Logic*. Macmillan & Co.: London 1881. ²1894. Repr. Chelsea Publishing: Bronx, New York 1971.

WHATELY, RICHARD: Elements of Logic. Comprising the Substance of the Article in the Encyclopædia Metropolitana: with Additions, &c. J. Mawman: London 1826.

Rationale Grammatik, characteristica universalis und moderne Beschreibungslogik

Günther Görz

Ausgangspunkt unserer Überlegungen sind das rationalistische Programm der Grammatik und Logik von Port-Royal. Die methodologische Funktion dieser Logik zielt nicht nur auf das korrekte Schließen, sondern auf das vernünftige Denken. Von der Begriffsbildung über die Lehre vom Urteil und vom Schluß wird eine analytische und synthetische Methodenlehre entworfen. In der Grammatik wird ein Rekonstruktionsanspruch bezüglich aller natürlichen Sprachen mit der Absicht der Schaffung einer (universellen) wissenschaftlichen Präzisionssprache verbunden. Sodann wird diskutiert, inwiefern das Leibnizprogramm, in dem eine algorithmische Orientierung mathematischer Problemlösungsverfahren und eine formale Organisation methodischer Schlußweisen zusammengeführt werden, als eine Weiterführung dieses Ansatzes verstanden werden kann: "scientia generalis" als Idee einer Universalwissenschaft, "characteristica universalis" als Idee einer universellen Kalkülsprache und "calculus ratiocinator" als Idee des logischen Kalküls. Auf diesem Hintergrund werden beschreibungslogische Formalismen als moderne Systeme zur maschinellen Wissensrepräsentation und -verarbeitung vorgestellt. Folgerungsprobleme terminologischer Systeme werden hier als logische Deduktionsprobleme aufgefaßt. Dabei soll klar werden, inwiefern Beschreibungslogiken durch die Tradition der Idee einer Universalsprache und der merkmalslogischen Begriffsstrukturen geprägt sind. Den Abschluß bilden einige Anmerkungen zu Anwendbarkeit, Erweiterungsmöglichkeiten und Grenzen dieses Ansatzes.

1. Einleitung

Vom Beitrag eines Informatikers zu einem LEIBNIZkolloquium würde man vielleicht an erster Stelle erwarten, daß er Aspekte aus dem LEIBNIZschen Werk behandelt, die man unmittelbar mit der Informatik assoziiert, etwa das binäre Zahlensystem oder die Rechenmaschine.[1] Doch neben einer eher instrumentellen Sicht, die Mittel und Geräte thematisiert, erscheint eine

---

[1] Vgl. hierzu Beiträge von Ludolf v. Mackensen, sowie zum Dualsystem [41].

konzeptionelle Perspektive gleichermaßen bedeutsam, nämlich die Idee des Kalküls und seiner Instrumentierung zum Erkenntnisgewinn. Ich will mich der Frage zuwenden, inwiefern durch die rationalistische Grammatik und Logik und dann insbesondere das Leibnizprogramm Grundlagen geschaffen wurden für die maschinelle Wissensdarstellung (-repräsentation) und -verarbeitung und inwiefern zu diesem Zweck geschaffene formale Systeme durch methodische Ansätze aus dieser Tradition geprägt sind.

Die Modellierung von Anwendungsgebieten mithilfe formaler Systeme ist eine zentrale Fragestellung der Informatik[2]; jede auch noch so einfache Anwendung setzt eine begriffliche Rekonstruktion voraus. Leider geschieht dies in vielen Fällen nur implizit und oft auch nicht hinreichend klar, worin eine der Ursachen für mannigfache Schwierigkeiten im Einsatz von Softwaresystemen besteht. Gerade aber bei komplexen Problemlösungen mit sog. wissensbasierten Systemen, z.B. für Aufgaben der Planung, Diagnostik, oder Konfiguration, ist eine adäquate Modellierung des Gegenstandsbereichs eine Voraussetzung für ihren Erfolg. Explizite formale Darstellung (Repräsentation) des Wissens und Methoden zu seiner Verarbeitung nehmen in solchen Systemen eine zentrale Stellung ein.

Es geht also um die Konstruktion bzw. Rekonstruktion von Begriffsystemen, um ihre Darstellung in formalen Systemen, und um die Aufstellung und Anwendung von Regelsystemen des formalen Schließens - mit anderen Worten, um angewandte Logik. Dabei, so meinen wir, ist eine Reflexion der Genese der methodischen und formalen Mittel, die wir heute einsetzen, unverzichtbar. Es ist erstaunlich, um nicht zu sagen, verblüffend, bei genauerem Hinsehen festzustellen, wie wir - in der Regel unhinterfragt - auf Prämissen aufbauen, die auf das 16. und 17. Jahrhundert und u.U. sogar noch viel weiter zurückgehen. Freilich hat sich auf der instrumentellen Seite sehr viel getan: Wir sind heute in der Lage, umfangreiche terminologische Systeme nicht nur auf dem Papier aufzustellen, sondern zu implementieren und darauf leistungsfähige Schlußmechanismen anzuwenden, aber es sei die These gewagt, daß wir auf der methodischen Seite nicht besonders weit über das LEIBNIZprogramm und seine Aufarbeitung in der jüngeren Geschichte der formalen Logik hinausgekommen sind.

Allerdings ist an dieser Stelle schon aus Platzgründen nicht mehr möglich, als nur schlaglichtartig einige Aspekte herauszugreifen und auf einige Be-

---

[2] Zu grundsätzlichen Aspekten der Modellierung vgl. [45].

ziehungen zur aktuellen Modellierungspraxis hinzuweisen. Eine systematische historische und methodische Aufarbeitung wäre ein umfangreiches interdisziplinäres Vorhaben, worauf das folgende bestenfalls Hinweise geben kann.

2. Die rationalistische Grammatik und Logik von Port-Royal

Am Kloster Port-Royal des Champs in der Nähe von Paris hatte sich im 17.
Jahrhundert das Zentrum der philosophischen und theologischen Kultur
Frankreichs entwickelt. Die "Grammaire de Port-Royal" von ARNAULD und
LANCELOT (1660) [2] und die von ARNAULD und NICOLE verfaßte "La lo-
gique ou l'art de penser" (1662) [3] gehören zu den herausragenden Wer-
ken der Schule von Port-Royal.

Eine Gemeinsamkeit zwischen der Logik und der *Grammatik* kann im Rekurs auf eine Theorie der Zeichen gesehen werden. Wie die Logik die
Kunst des Denkens thematisiert, so die Grammatik die Kunst des Redens,
Reden als Artikulation von Gedanken durch Zeichen, die die Menschen zu
diesem Zweck entwickelt haben. Zwar wird nicht klar getrennt zwischen
dem deskriptiven Ziel einer universellen Rekonstruktion der natürlichen
Sprachen und dem normativen der Schaffung einer präzisen Wissenschaftssprache, doch wird eine Trennung in den formalen und semantischen Aspekt der Sprache vorgenommen.[3] Neu ist die satzbezogene Sichtweise auf
die Sprachanalyse - Sätze als Subjekt-Prädikat-Strukturen – und die Loslö-
sung von der Fixierung auf Wortklassen und Flexionen in den traditionellen Grammatiken. Bei den Zeichen steht in der Grammatik der Verwen-
dungs- oder Gebrauchsaspekt im Vordergrund, ein operativer Ansatz, in
dem die semantischen Merkmale der Zeichen durch den soziokulturellen
Kontext bestimmt werden, sie mithin also nicht auf absolut vorgegebene
Gegenstände referieren.

MICHEL FOUCAULT hat dies in seiner Einleitung zur Grammatik von Port-
Royal [17] so ausgedrückt, daß die Beziehung zwischen der Sprache und
der Welt der Dinge durch die Intervention von Ordnungs- und Zuordnungs-
prozeduren allererst hergestellt wird, wobei er das Zuweisungsprinzip *Re-*

---

[3] Hierzu vgl. im Detail v.a. Brekle [13]; allgemein - auch für das folgende – die Enzyklopädie Philosophie und Wissenschaftstheorie [32].

präsentation nennt. In der Tat ist die FOUCAULTsche Rekonstruktion ziemlich kompliziert, so daß ich an dieser Stelle nicht im Detail darauf eingehen kann.[4] In den Worten von MANFRED FRANK ist "die Allgemeinheit der Grammatik nicht ableitbar ... aus den einzelnen Rede-Verwendungen der Sprecher, auch nicht aus dem Durchschnitt des Sprachgebrauchs: überhaupt nicht von der Seite des Worts her ... die Allgemeinheit des richtigen Sprechens (also: der Grammatik) wird garantiert von der Einheit der Vernunft, die sich in allen Sprachen gleichförmig, wenn auch unter wechselnden signifiants, repräsentiert ... Über die Regeln des richtigen Denkens aber befindet die Logik, also wird die Zeichentheorie in ihr begründet."[5] Die Repräsentation hat konventionelle Ursprünge, aber im Zeichengebrauch repräsentieren sich sprachliche Universalien. Es ist gerade nicht der Fall, daß zuvor bestehende Vorstellungs-Inhalte nachträglich in Zeichen übersetzt werden: "Die Logik ist nichts anderes als eine Reflexion auf die unbewußt befolgten Regeln des korrekten Denkens".[6] Der Gedanke der Selbstreflexivität findet sich bei LEIBNIZ wieder in seiner Rede vom *sibi repraesentare*. Daher ist es durchaus naheliegend, daß SAUSSURE von FOUCAULT als Wiederentdecker des klassischen Repräsentationsbegriffs bezeichnet wird. FOUCAULT sieht eine enge Beziehung zwischen dem rationalistischen und dem strukturalistischen Denken und hält die historische Kritik im 19.Jahrhundert daran für eine "bloße Epsiode"[7].

Die Grammatik von Port-Royal handelt von Regeln für den Zeichengebrauch sowohl auf der Wortebene als auch auf der Satzebene, wobei bezüglich der Semantik ein Kompositionalitätsprinzip gilt, wie wir es heute normalerweise erst FREGE zuschreiben. Dies wird im Detail an der Phonologie und Graphematik ausgearbeitet; dabei wird von der Unterscheidung von Objekt- und Metasprache Gebrauch gemacht. Mit der erwähnten Orientierung auf die Einheit Satz, der in kleinere semantische Einheiten zerlegt werden kann, die letztlich logisch fundiert sind, wird die grammatische Tiefenstruktur - die somit von der Oberflächenstruktur unterschieden ist - freigelegt. Damit wird die Fähigkeit des Menschen erklärt, mit endlichen Mitteln eine prinzipiell unendliche Menge wohlgeformter Sätze zu generieren. So überrascht es wenig, daß auch CHOMSKY in der "Cartesianischen Linguistik" [14] einen Vorläufer seiner Theorie der Universalgrammatik

---

[4] Eine ausführliche Darstellung gibt Frank [19], S. 149-164.
[5] [19], S. 161f.
[6] [19], S. 161f.
[7] S.a. Foucault [18]

sieht, nicht zuletzt auch deshalb, weil er ungebrochen am Cartesischen Konzept der "angeborenen Ideen" festhält, was erwartungsgemäß nicht unwidersprochen bleiben konnte.[8]

In ihrer *Logik* stellen ARNAULD und NICOLE eine Verbindung zwischen ARISTOTELIScher Schullogik und Cartesischer und PASCALscher Methodenlehre her. Im Hintergrund steht die Bekämpfung der scholastischen Metaphysik und Theologie. Ihr gegenüber wird die Endlichkeit des menschlichen Geistes betont und daraus die Einschränkung der wissenschaftlich möglichen Erkenntnis auf mögliche Erfahrung abgeleitet, womit jede Metaphysik abgelehnt wird. Richtige Erkenntnisse werden durch die Logik gewonnen, der dadurch unmittelbar eine zentrale methodische Funktion für ihre Anwendung in den Wissenschaften zukommt. Wie schon der Titel des Werks besagt, zielt die Logik nicht nur auf das korrekte Schließen, sondern die grundlegenden Verstandesoperationen ("penser"), wozu die Begriffsbildung, das Urteilen, das Schließen und das methodische Ordnen gehören. In ihren ersten drei Teilen, der *Elementarlehre*, wird der traditionelle Bestand der Logik behandelt, zu dem neu ein vierter Teil, die *Methodenlehre*, hinzukommt, die wir heute als erkenntnis- und wissenschaftstheoretisch charakterisieren würden, und die der methodischen Erkenntnisgewinnung gewidmet ist.

Der erste Teil behandelt die *Begriffsbildung*, wobei in Anlehnung an DESCARTES von dem normativen Kriterium der "Klarheit und Deutlichkeit" Gebrauch gemacht wird. Klar ist eine Idee oder Erkenntnis dann, wenn sie offenkundig ist, und deutlich, wenn sie von allen anderen Erkenntnissen unterschieden ist und ihre Bestandteile wiederum voneinander unterschieden und selbst klar sind. Dies wird später von LEIBNIZ wieder aufgegriffen und präzisiert (Klarheit als Wiedererkennbarkeit eines von allem anderen Unterschiedenen). Bezüglich der Verwendung von Prädikatoren könnten wir Klarheit derart rekonstruieren, daß hinsichtlich ihrer Verwendung Konsens über Beispiele und Gegenbeispiele besteht, und Deutlichkeit, wenn man eine Definition durch eine Merkmalszerlegung angeben kann. Festgehalten sei an dieser Stelle noch die Unterscheidung von einfachen und zusammengesetzten Begriffen, auf die wir später zurückkommen werden. Erstmals wird bei Port-Royal explizit bei Begriffen zwischen ihrem *Inhalt* (Intension/compréhension als Gesamtheit der relevanten Merkmale) und ihrem *Umfang* (Extension/étendue als Gegenstandsbereich) unterschieden.

---

[8] Vgl. u.a. Putnam [34], Kutschera [26] und Hughes [23].

Im Hintergrund dieser Bemühungen steht das Ziel einer methodisch aufgebauten und von den Mehrdeutigkeiten der Alltagssprache bereinigten Terminologie und damit ganz allgemein das Ziel einer idealen Wissenschaftssprache.

Im zweiten Teil der "Logique" geht es um die Verknüpfung der Ideen in einfachen und zusammengesetzten *Urteilen*, während der dritte Teil, die *Schlußlehre*, sich an der ARISTOTELIschen Syllogistik orientiert. Als Besonderheit im vierten, methodischen Teil, sei hingewiesen auf die auch für das folgende noch wichtige Unterscheidung zwischen einer *analytischen* Methode, die zur Findung neuer Wahrheiten dient, und einer *synthetischen* Methode zu deren Darstellung.

BOCHENSKI[9] stellt fest, daß die Logik von Port-Royal zwar unbestrittenermaßen zum maßgebenden Handbuch wurde, kritisiert aber gleichzeitig - nicht zu Unrecht -, daß in ihr gegenüber der Scholastik einige Defizite bestehen: es fehlen die Suppositionslehre, die Modallogik, die Konsequenzenlehre und die Antinomienlehre.[10] Und weiterhin wirft er ihr - in meinen Augen etwas zu vorschnell und zu undifferenziert - einen radikalen Psychologismus bzw. Mentalismus vor, während er offenbar die Bedeutung des methodischen Teils übersieht.

LEIBNIZ war durch seinen Parisaufenthalt 1672-76 vom Cartesianismus beeinflußt. Er hat ihn zwar später kritisiert, sich aber nicht von einigen grundlegenden Doktrinen vollständig lösen können, wie z.B. der von den angeborenen Ideen. Allerdings entwickelte er eine differenziertere Sicht derart, daß damit nur ein besonderes begriffliches Vermögen des Verstandes bezeichnet sei, das in der in klarer und deutlicher Anschauung vollzogenen Bildung gewisser Ideen, als Basis apriorischer Erkenntnis, beruhe. Und: die Sprache gilt ihm "als ein rechter Spiegel des Verstandes und (es ist) daher für gewiß zu halten, daß wo man insgeheim zu schreiben anfängt, daß allda auch der Verstand gleichsam wohlfeil und zur kurrenten Ware geworden..."[11]. Damit kommen wir zum LEIBNIZprogramm - der Idee des Kalküls und seiner Instrumentierung zum Erkenntnisgewinn.

---

[9] [9], S. 300
[10] vgl. z.B. Aicher et al. [1]
[11] Holz [22], S. 100

3. Das Leibnizprogramm: scientia generalis, characteristica universalis und calculus ratiocinator

In seiner Auseinandersetzung mit dem Rationalismus DESCARTES' und dem Empirismus LOCKES nimmt LEIBNIZ in der Frage des Anfangs der Erkenntnis eine Zwischenposition gegenüber begrifflichen und empirischen Hilfsmitteln ein. Zur methodischen Basis gehören hierbei eine *Begriffstheorie* und eine *analytische Urteilstheorie*[12] Individuen und Ereignissen werden sog. *vollständige Begriffe* zugeordnet; diese sind äquivalent mit der Konjunktion der dem jeweiligen Individuum zukommenden - ggf. unendlich vielen - Prädikate (Merkmale). Dazu wird eine Theorie vollständiger Begriffsnetze postuliert, die eine Zurückführung auf das Problem sog. *einfacher Begriffe* ermöglicht; jeder Begriff ist äquivalent mit der Konjunktion seiner Oberbegriffe bzw. der Adjunktion seiner Unterbegriffe. Einfache Begriffe (notiones primitivae) sind analytisch nicht weiter zerlegbare Bestandteile (Merkmale) eines zusammengesetzten Begriffs, und sie stehen als undefinierte Elemente am Anfang eines synthetischen Aufbaus wissenschaftlicher Terminologien. Sie sind klar, aber nicht deutlich, d.h. ihre Merkmale können nicht angegeben werden, und sie bilden das "Alphabet des Denkens", eine Universalsprache, in der die Begriffe und Sachverhalte aller Wissenschaften auf *kombinatorische* Weise ausgedrückt werden können - analog zum Verhältnis von Primzahlen zu echt teilbaren natürlichen Zahlen in der Arithmetik. Die Methode soll die Form eines Kalküls annehmen: *characteristica universalis*. All dies kann ohne jeden Abstrich als erster Teil[13] einer Programmatik für moderne Beschreibungslogiken gelesen werden. Leitend sind bei LEIBNIZ wie dort aber definitionstheoretische oder erkenntnistheoretische Gesichtspunkte, nicht ontologische: Die Analyse zusammengesetzter Begriffe führt nicht auf einfache Dinge, sondern auf einfache Unterscheidungen[14]. Die analytische Urteilstheorie beschränkt sich auf eine Enthaltenseinsbeziehung zwischen Subjektbegriff und Prädikatbegriff; Relationsaussagen R(x ,y) werden nicht erfaßt - deren Analyse soll Aufgabe einer ergänzenden rationalen Grammatik sein.

---

[12] Hierzu vgl. allgemein [32].

[13] Vom logischen Schließen ist zunächst noch nicht die Rede.

[14] Bedauerlicherweise sprechen manche Autoren bei terminologischen Systemen in verunklärender Weise von "ontologies". Diesen sei die Leibnizsche Sicht als normative Richtschnur nahegelegt.

LEIBNIZ schreibt: "Als ich diesem Studium eifrig mich ergab, verfiel ich unausweichlich auf diese bewunderungswürdige Idee, daß nämlich ein Alphabet der menschlichen Gedanken ausgedacht werden könnte und durch die Kombination der Buchstaben dieses Alphabetes und durch die Analyse der aus ihnen entstandenen Worte alles aufgefunden und entschieden werden könnte."[15] "Zum Auffinden und zum Beweisen der Wahrheiten ist die Analyse der Gedanken notwendig, ... welche der Analyse der (Schrift-) Charaktere entspricht ... Daher können wir die Analyse der Gedanken sinnlich wahrnehmbar machen und wie mit einem Faden mechanisch leiten; denn die Analyse der Charaktere ist etwas sinnlich Wahrnehmbares."[16] "Eine *Charakteristik der Vernunft*, kraft derer die Wahrheiten der Vernunft gewissermaßen durch einen Kalkül, wie in der Arithmetik und der Algebra, so in jedem anderen Bereich, soweit er der Schlußfolgerung unterworfen ist, erreichbar würden."[17] "Danach wird, wenn eine Meinungsverschiedenheit entsteht, eine Auseinandersetzung zwischen zwei Philosophen nicht mehr notwendig sein, (so wenig) wie zwischen zwei Rechnenden. Es wird vielmehr genügen, die Feder zur Hand zu nehmen und sich an die Rechentische (*ad abacos*) zu setzen und... zueinander zu sagen: Rechnen wir!"[18] "Die Alltagssprachen, obgleich sie meist für das schlußfolgernde Denken von Nutzen sind, sind doch unzähligen Zweideutigkeiten unterworfen und können den Dienst das Kalküls nicht leisten ... Diesen höchst bewundernswerten Vorteil bieten bisher nur die Symbole (*notae*) der Arithmetiker und Algebraisten, bei welchen die Schlußfolgerung allein im Gebrauch der Charaktere besteht und ein Irrtum des Geistes und des Kalküls dasselbe ist."[19]

Formales logisches Schließen und Rechnen sind also analoge Prozeduren, in beiden Fällen wird Wahrheit auf den Nachweis der Richtigkeit zurückgeführt - es geht um die Wohlgeformtheit von Ausdrücken, die Bedeutung der Zeichen spielt keine Rolle. In den Worten von SYBILLE KRÄMER[20]: "Formales Denken ... beruht auf der Möglichkeit, das Operieren mit Gedanken zu ersetzen durch das Operieren mit Zeichenmustern, so daß die Regeln, nach denen der Aufbau und die Veränderung der Zeichenmuster

---

[15] [9], § 38.07; zur Kombinatorik s.a. Eco, Künzel und Bexte [25].
[16] [9], § 38.09
[17] [9], § 38.10
[18] [9], § 38.11
[19] [9], § 38.12, vgl. hierzu auch Eco [16], S. 286f.
[20] [24], S. 102

sich vollzieht, keinen Bezug mehr nehmen auf den Inhalt der Gedanken, sondern nur noch auf die Strukturen der Muster selbst."

Damit wird die Logik zum zentralen Instrument einer konzipierten *scientia generalis*. Diese soll in sich die begriffstheoretischen Konstruktionen mit logischen Schluß- und Entscheidungsverfahren (ars iudicandi) und inhaltlichen Begriffsbestimmungen auf der Basis einer Definitionstheorie (ars inveniendi) vereinigen. Solche Verfahren dienen sowohl zur Beurteilung dessen, was bereits gefunden ist, als auch zur Ableitung von Folgerungen aus einem Bestand wahrer Sätze zur Erweiterung der Wissenschaften. Damit wird die Logik zu einem Instrument der *scientia generalis*, die aus zwei Teilen besteht, einer *ars iudicandi*, die zur Befestigung der Wissenschaften beurteilt, was bereits gefunden ist (Beweisführung und -überprüfung), und einer *ars inveniendi*, die zur Erweiterung der Wissenschaften Folgerungen aus einem Bestand wahrer Sätze ableitet (Definitionstheorie). Mit Hilfe einer derartigen universellen Kalkülsprache, der *characteristica universalis*, soll das Projekt der scientia generalis realisiert werden. Allerdings ist es LEIBNIZ nicht gelungen, diese umfassend auszuarbeiten; er hat eine arithmetische Interpretation der Syllogistik angefertigt und eine Reihe programmatischer Schriften und Definitionstafeln zur Begriffsanalyse hinterlassen.

Mit der Idee des *calculus ratiocinator*, des logischen Kalküls, wurde LEIBNIZ zum Begründer der *mathematischen* Logik. Während im symbolischen Ansatz der characteristica die Zeichen zwar nicht mehr auf Ausdrücke der natürlichen Sprache referieren, sondern auf Begriffe bzw. Ideen, haben sie hier keine Referenzfunktion mehr. Nun geht es um formale Systeme, die nicht nur für verschiedene Deutungen offen sind, sondern nach THIEL "um dieser verschiedenen Deutungsmöglichkeiten willen erst aufgestellt" wurden. An dieser Stelle kann ich auf Einzelheiten des Kalkülprogramms nicht weiter eingehen[21], möchte aber zusammenfassend seine Stufen nennen:

1. Die Aufstellung eines *arithmetischen Kalküls*, in dem die konjunktive Verknüpfung von Begriffen mit Hilfe der erwähnten Primzahlzerlegung dargestellt wird.

2. Entwürfe zur einem *algebraischen Kalkül* für die Gleichheit und das Enthaltensein von Begriffen.

---

[21] Eine ausführliche Darstellung findet sich z.B. bei Krämer [24], S. 108-114

3. Zwei aus Erweiterungen des algebraischen Kalküls entstandene Kalküle, in denen sich der Übergang von einer (intensionalen) Begriffslogik zu einer Klassenlogik vollzieht, womit zum ersten Mal ein formales System vorliegt.

Die Begriffstheorie und das Kalkülprogramm gehen bei LEIBNIZ in eine Theorie der Begründung ein, wozu er einige methodische Prinzipien heranzieht:

1. den *Satz vom zureichenden Grund*,

2. den *Satz vom Widerspruch* ¬(a ∧ ¬a), der den *Satz vom ausgeschlossenen Dritten* a ∨ ¬a einschließt,

3. den *Ununterscheidbarkeitssatz*, der die Identität zweier Gegenstände durch ihre gegenseitige Ersetzbarkeit ihrer vollständigen Begriffe in beliebigen Aussagen unter Erhaltung ihres Wahrheitswerts definiert.

Durch die Verbindung der im Prinzip inhaltlich charakterisierten scientia universalis, welche auch die Erstellung einer idealsprachlich verfaßten Enzyklopädie einschließt, mit einer "Algebra der Logik" konzipiert LEIBNIZ eine "*mathesis universalis*", deren herausragende Eigenschaft die Verknüpfung von analytischen und synthetischen Verfahren ist.

An dieser Stelle wollen wir noch einmal kurz auf die LEIBNIZsche Begriffstheorie zurückkommen. Eine Analyse der Intension ("secundum ideas") führt mit der Erklärung des Begriffsinhalts durch die Menge seiner Merkmale zur Inhaltslogik, eine Analyse der Extension ("secundum individua") zur Umfangslogik und in beiden Fällen läßt sich das System der Begriffsbeziehungen durch einen klassenlogischen Kalkül formalisieren. Die Abstraktionsleistung der Begriffsbildung wird als eine mentale Operation verstanden; erst durch die auf FREGE zurückgehende moderne Abstraktionstheorie wird die Unterscheidung von Intension und Extension nicht mehr auf die "Ideen", sondern auf die Begriffs*wörter* die Prädikatoren bezogen.

Die Grundbegriffe der traditionellen Begriffslogik werden erstmals in der Einleitungsschrift des PORPHYRIUS (232-304) zu den ARISTOTELISchen Kategorien eingeführt: *genus, species, differentia specifica, proprium* und *accidens*. Die Über- und Unterordnungsbeziehungen zwischen Begriffen, das Verhältnis von Art- und Gattungsbegriffen, wurden in der Folge oft in der Form der sog. "porphyrischen Bäume" graphisch dargestellt (Abb. 1)[22].

---

[22] nach "Arbor Porphyriana" [32]; vgl. auch Thiel [43].

Die links und rechts stehenden Ausdrücke sind *intensional* als Angaben komplementärer Merkmale aufzufassen. Der Baum stellt nicht nur die extensionale Subsumtion von Begriffen dar, sondern auch die Weise der Einschränkung von Art- zu Gattungsbegriffen durch das Zusammenwirken von

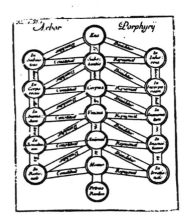 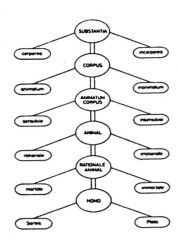

Abb. 1: (a) E.Purchotius, Institutiones philosophicae I, 1730.
(b) "Et hec omnia patent in figura, que dicitur arbor Porphirii" nach Petrus Hispanus, Tractatus II, ed. de Rijk, 20.

Gattung, Differenz und Art. Zwischen der linken und der mittleren Spalte besteht ein intensionales Konstitutionsverhältnis. Merkmale als artbildende Differentia (z.B. "vernünftig" zwischen "Lebewesen" und "Mensch") sind bezeichnende Teile von Begriffen, die zu dessen Intension, also Inhalt, gehören.[23]

---

[23] Eine ausführliche Diskussion porphyrischer Bäume bietet z.B. Umberto Eco in seiner Semiotik und Philosophie der Sprache {Eco:1985}.[15] Dort (S. 102ff.) wird auch die schon mit Abaelard beginnende Kritik vorgestellt, daß der Baum gänzlich aus Differentiae gemacht sei, daß Gattungen und Arten lediglich Namen seien, mit denen man Bündel von Differentiae etikettiert, daß zwischen den Differentiae keine logische Ordnung bestehe und der Baum daher nach alternativen Hierarchien frei angeordnet werden kann.

Daß Varianten dieser merkmalslogischen Tradition in der modernen Klassifikationslehre durchaus aktuelle Anwendungen finden, obwohl ihrer Reichweite immanente Grenzen gesetzt sind, darauf hat CHRISTIAN THIEL in dankenswerter Deutlichkeit hingewiesen[43]. Wie er mit einer logikhistorischen Untersuchung gezeigt hat, wurden diese Schwierigkeiten aber mit der Ausbildung der modernen Logik in der zweiten Hälfte des 19. Jahrhunderts überwunden - wobei die erstaunliche Tatsache bleibt, daß dies offenbar bis heute noch nicht umfassend zur Kenntnis genommen wurde. Wie aber im vierten Teil ausgeführt wird, verfügen zumindest die aktuellen terminologischen Logiken im Unterschied zu statischen Klassifikationssystemen über geeignete Ausdrucksmittel, um diese Grenzen zu überwinden.

Der Schlüssel hierzu liegt in der auf FREGE zurückgehenden modernen Abstraktionstheorie[24], wie sie vor allem von PAUL LORENZEN ausgearbeitet wurde, wonach *Abstraktion* als ein *logisches* und darin *konstruktives* Verfahren zu verstehen ist[25]. Charakteristisch ist das Interesse, über - im weitesten Sinne sprachliche - Gegenstände unter Einschränkungen auf bestimmte Merkmale zu sprechen; so z.B. bei wissenschaftlichen Begriffen über Termini ohne Rücksicht auf ihre Lautgestalt. Im Unterschied zu einer noch immer weit verbreiteten negativen Praxis - Abstraktion als Weglassen, Abziehen (abstrahere) - geht es um Aussagen über Gegenstände im Hinblick auf eine bestimmte Gemeinsamkeit, die durch ein positiv bestimmtes und explizit benanntes Merkmal angegeben wird. Abstraktion ist kein psychischer oder mentaler Prozeß, sondern ein logischer, d.h. eine Operation mit Aussagen. Die Abstraktionsmethode liefert die Möglichkeit, so zu sprechen, *als ob* wir über neue Gegenstände - nämlich "abstrakte Objekte" - redeten, obwohl wir nur in einer neuen Weise über die bisherigen Gegenstände, i.d.R. die konkreten Objekte, sprechen.[26]

---

[24] Thiel [43], S. 185ff.
[25] vgl. Lorenzen [29], S. 190-198
[26] Formal dargestellt ist *Abstraktion* der Übergang von Aussagen A(*a*) über Objekte *a*, *b*, ... mit einer zwischen ihnen erklärten Äquivalenzrelation ~ zu Aussagen A($\tilde{a}$) mittels des *Abstraktionsschemas* A($\tilde{x}$) $\Leftrightarrow$ $\forall$ y (x ~ y $\Rightarrow$ A(y)), womit die Rede über *abstrakte Objekte* $\tilde{a}$, $\tilde{b}$, ... eingeführt wird. Stehen zwei Objekte *a*, *b* in der Beziehung *a* ~ *b*, so sagt man, daß *a* und *b* dasselbe abstrakte Objekt $\tilde{a}$ (oder gleichwertig $\tilde{b}$) darstellen.

Worin nun Frege weit über die traditionelle Merkmalslogik hinausging, ist eine *funktionale* Betrachtungsweise, genauer, daß er als Symbole für Begriffe einstellige *Aussageformen* zuläßt, die mit Junktoren verknüpft und über deren Variablen quantifiziert werden darf. Aus Definitionen, die anstelle einer schlichten Summation von Merkmalen quantorenlogische Formeln enthalten, können aber bestimmte Eigenschaften des Definiendum *logisch abgeleitet* werden..[27]

4. Beschreibungslogik als ein Mittel zur maschinellen Wissensrepräsentation und -verarbeitung

Einleitend wurde bemerkt, daß für die Lösung komplexer Probleme mit den Mitteln der Informatik ein zentrales Problem die Konstruktion bzw. Rekonstruktion von Begriffssystemen, ihre Darstellung in formalen Systemen und die Aufstellung und Anwendung von Regelsystemen des formalen Schließens ist - mit anderen Worten, es geht um angewandte Logik. Wenn wir von *Wissensrepräsentation* sprechen, meinen wir damit eine formale Rekonstruktion des Wissens **und** seine Implementierung, wobei unter *Darstellung* oder *Repräsentation* der Vollzug von Zeichenhandlungen, aber auch deren Ergebnis verstanden wird. Mittel der Repräsentation soll eine formale Sprache mit wohldefinierter Syntax und Semantik sein, die *Wissensrepräsentations-Formalismus* genannt wird. Ein *Wissensrepräsentations-System* ist die Implementation eines Wissensrepräsentations-Formalismus, also einer logischen Kalkülsprache[28], die

1. die Interpretation der Ausdrücke einer Wissensrepräsentations-Sprache durch widerspruchsfreie und - idealiter - vollständige Inferenzalgorithmen und

2. die Verwaltung und Aktualisierung formal repräsentierter Wissensbestände

unterstützt.

---

[27] Thiel [43], S. 184 f.
[28] In der Regel; daneben gibt es auch andere formale Repräsentationsansätze, z.B. analog/depiktionale; vgl. Habel [20].

Nun sollte es naheliegend erscheinen, direkt die Quantorenlogik erster Stufe zur Wissensrepräsentation einzusetzen, denn ihre Vorteile liegen auf der Hand: die *Operationen* können formal definiert werden (Beweistheorie) und sie erhalten semantische Eigenschaften (Wahrheitstheorie). Bedauerlicherweise handelt man sich aber ein großes Problem ein: ihre *Unentscheidbarkeit* (bzw. Semientscheidbarkeit). Und selbst wenn man das Entscheidungsproblem durch Spracheinschränkung lösbar macht, ist es im allgemeinen nicht in einem realistischen Zeitraum lösbar. Daraus folgt, daß Wissensrepräsentation und -verarbeitung, die auf eine Sprache von der Ausdruckskraft der Logik zurückgreifen will, notgedrungen Kompromisse eingehen muß[29]. Dabei gibt es verschiedene Möglichkeiten, die allgemeine Berechnungskomplexität zu reduzieren, und die allesamt schon aufgrund jeweils unterschiedlicher Anforderungen und Anwendungsperspektiven genutzt wurden:

- *Spezialsprachen* durch Einschränkung der Ausdruckskraft, insbesondere bezüglich der Repräsentierbarkeit unvollständigen Wissens, z.B. Relationale Datenbanken, Logikprogramme und *Terminologische Logiken*, die im folgenden im Mittelpunkt unserer Betrachtung stehen;

- *Beschränktes Schließen*, d.h. eine Form der Implikation, die schwächer als die volle logische Konsequenz ist. Dies ist äquivalent zur Einführung zusätzlicher Prämissen über unvollständigen Wissensbasen, z.B. "Welten", "Situationen", Vorurteile ("Überzeugungen"). Diese Vorgehensweise entspricht dem Übergang auf eine Modallogik.

- *Standardannahmen* ("Defaults"), indem unvollständige Wissensbasen quasi ergänzt werden durch Annahmen (aufgrund der Abwesenheit widersprechender Evidenz), was zu verschiedenen Formen des nicht-monotonen Schließens führt.

Eine sehr wichtige und praktisch weit genutzte Variante mit beschränkter Ausdruckskraft, die gerade auch im Kontext der vorliegenden Erörterung von besonderem Interesse ist, ist die sog. *objektzentrierte* oder *klassenbasierte Repräsentation*. Die Bezeichnung rührt daher, daß die erste Strukturierung einer Wissensbasis anhand der primären Objekte bzw. Klassen oder "Konzepte", d.h. anhand der Frage nach dem "Was", vorgenommen wird im

---

[29] s.a. Brachman [10,11]

Unterschied zu einer Organisation anhand der Aktionen oder Operationen einschließlich der Inferenz zwischen Objekten, d.h. anhand der Frage nach dem "Wie". Die *Terminologischen Logiken* oder **Beschreibungslogiken** sind Sprachen erster Stufe, in denen Prädikate höchstens zwei Argumente haben: Mengen und Relationen, die interagieren. Erstere, die monadischen Prädikate, heißen *Konzepte* und die dyadischen Prädikate oder Relationen heißen *Rollen*. Folgerungsprobleme in terminologischen Systemen, die ja aus logischer Sicht nichts anderes als eingeschränkte Varianten der Logik erster Stufe sind, werden naheliegenderweise als logische Deduktionsprobleme aufgefaßt.[30]

Allerdings werden für den Zweck der Wissensrepräsentation und –verarbeitung nützliche Sprachmittel eingebracht, so daß sich syntaktisch ein etwas anderes Erscheinungsbild ergibt. Konzepte und Rollen werden in jeweils einer eigenen taxonomischen Hierarchie angeordnet, innerhalb der eine Vererbungsbeziehung besteht. So vererben sich Rollen, die einem Konzept zukommen, auf alle seine Unterkonzepte. *Individuen* oder *Konzept-Instanzen* werden eingeführt durch Angabe ihres Konzepts und der Ausprägungen (Werte) der Rollen, den sog. Rollenfüllern. Sind die Rollen keine Relationen, sondern nur Funktionen, so spricht man auch von *Attributen*.[31] Auf Rollen können Restriktionen für Individuen festgelegt werden, z.B. Restriktionen bezüglich Typ oder Anzahl. Insgesamt erreicht man so eine Trennung der Terminologie, also des Begriffsnetzes, von der "Beschreibung" von Sachverhalten, die Individuen enthalten. Ein entscheidender Vorteil dieser Art der Darstellung liegt darin, daß eine Wissensbasis nichts anderes ist als ein beschrifteter gerichteter Graph. Seine Knoten sind die Konstanten bzw. Konzepte und seine Kanten die Rollen; man spricht dann auch von *is-a*-Kanten. Bestimmte Inferenzen, vor allem die Vererbung, können somit sehr effizient als Graphensuchalgorithmen implementiert werden; derartige Deduktionen sind nichts anderes als das Verfolgen von Kanten in einem Graphen!

Bis zu dieser Stelle haben wir nur den statischen, den strukturellen Teil der Darstellung von Begriffssystemen charakterisiert. Was sind aber die Operationen, die damit ausgeführt werden können? Zum einen ist es möglich, Operationen in der Form materialer Regeln zu definieren und wenn nötig,

---

[30] vgl. Bibel [8]. Zur Einführung vgl. u.a. Baader et al. [5,6,4], Nebel [33], v.Luck [30] und Schmidt [36].
[31] Diese Einschränkung gilt für fast alle objekt-orientierten Programmiersprachen.

auf Prozeduren in der Programmiersprache zurückzugreifen, in der das terminologische Logiksystem selbst implementiert ist - man denke nur an arithmetische Operationen. Die zentralen Operationen bestehen aber in den *Inferenz*diensten, den Folgerungsmechanismen, die das terminologische Logiksystem bereitstellt. Diese lassen sich in drei große Gruppen einteilen, wobei es wichtig ist, festzuhalten, daß alle diese Inferenzen als logische Ableitungen rekonstruiert werden können:

1. *Vervollständigung*: Logische Folgerungen von Aussagen über Individuen und Konzeptdefinitionen

   - *Vererbung* von Rollen und Restriktionen

   - *Kombination* von Restriktionen

   - *Propagierung* logischer Folgerungen von Aussagen über ein Individuum für andere

   - *Entdeckung von Inkonsistenzen*

   - *Entdeckung inkohärenter Konzepte*, d.h. solcher mit leerer Interpretation

2. *Klassifikation und Subsumtion*

   - *Klassifikation von Konzepten*

   - *Klassifikation von Individuen*

   - *Subsumtion (Einordnung in die Hierarchie)*

3. *Regelanwendung*: Vorwärtsverkettung, d.h. von Startprämissen ausgehend zu Konklusionen, die wiederum als Prämissen anderer Regeln dienen.

Diese informelle Einführung in die Konzeption von Beschreibungslogiken soll nun im folgenden präzisiert werden. Dabei ist zu berücksichtigen, daß innerhalb der letzten Dekade eine Reihe von Varianten mit durchaus unterschiedlicher Ausdruckskraft vorgeschlagen und untersucht wurde.

Wir beginnen mit Konzepten und Rollen und ihrer Interpretation. Sei **A** eine Menge von *atomaren Konzepten* (Variablen: A, B) und **S** eine Menge von *atomaren Rollen* (Variablen: R, S).

Man versteht unter einer Interpretation $I = <\mathcal{D}, [\cdot]^I>$, mit beliebiger Menge $\mathcal{D}$ (Interpretationsbereich, Variabilitätsbereich) und Interpretationsfunktion

$$[\cdot]^I : \left\{ \begin{array}{ccc} \mathbf{A} & \rightarrow & 2^{\mathcal{D}} \\ \mathbf{S} & \rightarrow & (\mathcal{D} \rightarrow 2^{\mathcal{D}}) \end{array} \right.$$

[A]^I heißt *Konzeptextension*, [S]^I heißt *Rollenextension* und [S]^I (d) heißt
Rollenfüllermenge der Rolle S für $d \in \mathcal{D}$.

Für Operationen auf Rollen wird üblicherweise folgendes Inventar vorgesehen: Sei **R** eine Menge von Rollenbeschreibungen. Man unterscheidet

$$R \rightarrow S \qquad\qquad\qquad\qquad \textit{atomare Rolle}$$

$$|\;\; R \sqcap R' \qquad\qquad\qquad \textit{Rollenkonjunktion}$$

$$|\;\; R|_C \qquad\qquad\qquad\qquad \textit{Rollenrestriktion}$$

Ihre Interpretation wird induktiv definiert:

$$[R \sqcap R]^I \;\; = \;\; (\, d \mapsto (\, [R]^I(d) \cap [R]^I(d)\,)\,)$$
$$[\, R|_C\,]^I \;\; = \;\; (\, d \mapsto (\, [R]^I(d) \cap [C]^I\,)\,)$$

Als *Konzeptbeschreibungen* sind die folgenden Ausdrücke vorgesehen (abstrakte Syntax):

$$C, D \;\; \rightarrow \quad A \qquad\qquad \textit{atomares Konzept}$$

$$|\quad \top \qquad\qquad\quad \textit{universelles Konzept}$$

$$|\quad \bot \qquad\qquad\quad\; \textit{leeres Konzept}$$

$$|\quad C \sqcap D \qquad\quad \textit{Konzeptkonjunktion}$$

$$|\quad C \sqcup D \qquad\quad \textit{Konzeptdisjunktion}$$

$$|\quad \neg C \qquad\qquad\;\; \textit{Konzeptnegation}$$

$$|\quad \forall R : C \qquad\quad \textit{Werterestriktion}$$

$$|\quad \exists R : C \qquad\quad \textit{Existenzrestriktion}$$

Durch diese Regeln ist die Minimalausstattung jeder Beschreibungslogik
definiert. Es gibt eine Fülle von Erweiterungsvorschlägen für dieses "Kern-
system", das in der Literatur unter der Bezeichnung ALC bekannt ist, z.B.
um folgendes:

$$C, D \;\; \rightarrow \quad \exists^{\leq n} R \qquad\quad \textit{Minimumrestriktion}$$

$$|\quad \exists^{\geq n} R \qquad\quad \textit{Maximumrestriktion}$$

$$|\quad P{\downarrow}Q \qquad\quad\; \textit{Koreferenzrestriktion}$$

$$P, Q \;\; \rightarrow \quad (R_1 R_2 \dots R_n) \qquad \textit{Rollenkette}$$

Diese Syntax ist eine abgekürzte Notation für quantorenlogische Formeln erster Stufe ohne (allquantifizierte) Variablen. Die korrespondierende Interpretation (Semantik) wird wie folgt definiert - zunächst für ALC:

$$[\top]^I = \mathcal{D}$$

$$[\bot]^I = \varnothing$$

$$[C \sqcap D]^I = [C]^I \cap [D]^I$$

$$[C \sqcup D]^I = [C]^I \cup [D]^I$$

$$[\neg C]^I = \mathcal{D} - [C]^I$$

$$[\forall R : C]^I = \{ d \in \mathcal{D} \mid [R]^I (d) \mid \subseteq [C]^I \}$$

$$[\exists R : C]^I = \{ d \in \mathcal{D} \mid [R]^I (d) \mid \cap [C]^I \neq \varnothing \}$$

und für die angegebenen Erweiterungen:

$$[\exists^{\geq n} R]^I = \{ d \in \mathcal{D} \mid \parallel [R]^I (d) \parallel \geq n \}$$

$$[\exists^{\leq n} R]^I = \{ d \in \mathcal{D} \mid \parallel [R]^I (d) \parallel \leq n \}$$

$$[P \downarrow Q]^I = \{ d \in \mathcal{D} \mid \parallel [P]^I (d) = [Q]^I (d)\}$$

$$[(R_1 \, R_2 \, ... R_n)]^I = [R_n]^I \circ ... \, [R_2]^I \circ [R_1]^I$$

Beim Aufbau von Terminologien beginnt man mit ersten, nicht weiter definierten "primitiven" Konzepten und Rollen. Eine *Terminologie T* ist eine Menge von Gleichungen und Ungleichungen folgender Form, wobei keine Mehrfachdefinitionen vorkommen dürfen:

$$A \doteq C \qquad \textit{definiertes Konzept}$$

$$A \sqsubseteq C \qquad \textit{primitives Konzept}$$

$$S \doteq R \qquad \textit{definierte Rolle}$$

$$S \subseteq R \qquad \textit{primitive Rolle}$$

Man sagt, daß eine Interpretation I eine solche Gleichung *erfüllt* ($\models_I$), wenn gilt:

$$\models_I \qquad A \doteq C \qquad \Leftrightarrow [A]^I = [C]^I$$

$$\models_I \qquad A \sqsubseteq C \qquad \Leftrightarrow [A]^I \subseteq [C]^I$$

$$\models_I \qquad S \doteq R \qquad \Leftrightarrow [S]^I (d) = [R]^I (d) \quad \text{für alle} \quad d \in \mathcal{D}$$

$$\models_I \qquad S \subseteq R \qquad \Leftrightarrow [S]^I (d) \subseteq [R]^I (d) \quad \text{für alle} \quad d \in \mathcal{D}$$

I ist ein *Modell* von *T* genau dann, wenn *I* alle Gleichungen erfüllt.

Die Oberbegriff-/Unterbegriff-Beziehung wird in Beschreibungslogiken durch die Subsumtion wiedergegeben:

C *wird von* D *in* T *subsumiert* ($C \preccurlyeq_T D$) genau dann, wenn $[C]^I \subseteq [D]^I$ *für alle Modelle I von T.* Eine Konzeptbeschreibung *C* heißt *kohärent,* wenn es eine Interpretation *I* gibt derart, daß $[C]^I$ nichtleer ist. Eine Konzeptbeschreibung *C* heißt *äquivalent* zu einer Konzeptbeschreibung *D* (*C* ~ *D*), wenn für jede Interpretation *I* gilt: $[C]^I = [D]^I$. Man kann zeigen, daß eine Konzeptbeschreibung *C* von einer anderen *D* subsumiert wird genau dann, wenn die Konzeptbeschreibung *C* ⊓ ¬*D* inkohärent ist.[32]

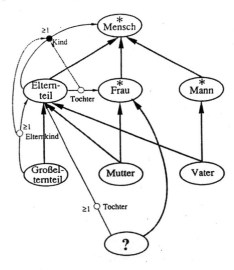

Abbildung 2: Beispiel Subsumtion / Klassifikation /nach B. Nebel)

Der Aufbau einer Terminologie *T* sei durch ein einfaches Beispiel veranschaulicht:

---

[32] vgl. Speel [42]Vgl. Schmidt-Schauß und Smolka [38].

$$\text{Frau} \sqsubseteq \text{Mensch}$$

$$\text{Mann} \sqsubseteq \text{Mensch}$$

$$\text{Elternteil} \doteq \text{Mensch} \sqcap \exists \text{Kind} \sqcap \forall \text{Kind: Mensch}$$

$$\text{Tochter} \doteq \text{Kind}|_{\text{Frau}}$$

$$\text{Elternkind} \doteq \text{Kind}|_{\text{Elternteil}}$$

$$\text{Mutter} \doteq \text{Frau} \sqcap \text{Elternteil}$$

$$\text{Vater} \doteq \text{Mann} \sqcap \text{Elternteil}$$

$$\text{Großelternteil} \doteq \text{Elternteil} \sqcap \exists^{\geq 1} \text{Elternkind}$$

Typische Anfragen an ein Beschreibungslogiksystem sind dann z.B.

- $(\text{Frau} \sqcap \exists \text{Tochter: Elternteil}) \preccurlyeq_T \text{Großelternteil}$?

- Ist $(\text{Elternteil} \sqcap \exists^{\leq 0} \text{Tochter})$ konsistent mit der Terminologie T ?

Oft werden Anwendungen auch graphisch dargestellt, wie das Subsumtions- /Klassifikationsbeispiel in Abb. 2 zeigt.

Terminologische Systeme gehen - im Unterschied etwa zu relationalen Datenbanken - nicht von der Annahme aus, daß eine gegebene Terminologie und "Beschreibung" des Anwendungsbereichs vollständig sind ("open world assumption"). Wird z.B. angegeben, daß eine bestimmte Person nur Söhne hat, so wird nicht gefolgert, daß sie keine Töchter hat.

Die terminologischen Systeme sind also als Teilsysteme der Quantorenlogik aufzufassen. Ihr wichtiger Beitrag besteht in der Identifikation einer Teilklasse der logischen Formeln als einem für die Praxis besonders wichtigen Spezialfall und in der speziellen Behandlung der Subsumtionsrelation und des Konsistenztests. Wofür sind terminologische Systeme besonders geeignet?

- Da Konzepte klare Definitionen haben, kann man es dem System überlassen, sie in einer Subsumtionshierarchie anzuordnen; man muß nicht die genaue Struktur der Hierarchie vorgeben. Dies ist vor allem bei großen Konzeptmengen, deren manuelle Handhabbarkeit schnell an Grenzen stößt, sehr hilfreich.

- Im Unterschied zum üblichen "Information Retrieval" sind der Zugriff auf hochstrukturierte Objektbeschreibungen und Deduktionen mit solchen Beschreibungen ohne weiteres möglich: Jede Anfrage kann als Objektbeschreibung mit einer bestimmten Struktur formuliert werden, und alle passenden Individuen werden durch Klassifikation gefunden. Dies ist einfachen Indizierungsverfahren weit überlegen.

- Da die Konzepthierarchie dynamisch verändert werden kann, wird Schemaevolution, d.h. die dynamische Veränderung von Schemata, gut unterstützt.

- Weil Konzeptbeschreibungen inkrementell entwickelt werden können, ist es möglich, durch eine Wissensbasis eine partielle, unvollständige Sicht auf den Gegenstandsbereich haben, d.h. man kann "partielles Wissen" verarbeiten.

Für terminologische Logiken sind die Fragen der Entscheidbarkeit und Berechnungskomplexität ausführlich untersucht worden. Insbesondere gibt es verschiedene Varianten mit unterschiedlicher Ausdruckskraft bezüglich der Konzept- und Rollenkonstruktoren, die verschiedenen Komplexitätsklassen angehören. So wurde u.a. gezeigt, daß für eine Sprache mit *Konzeptkonjunktion, Werterestriktion* und *Koreferenzrestriktion* die Subsumtion unentscheidbar ist [37]. Allerdings ist es sehr wichtig, darüberhinaus zu untersuchen, ob in der intendierten Anwendung der in Komplexitätsanalysen betrachtete "ungünstigste Fall" auftritt, wobei sich häufig zeigt, daß dieser selten oder gar nicht vorkommt. Moral: Zu jeder Komplexitätsanalyse gehört auch die Untersuchung der auftretenden Fälle.

Besondere Anstrengungen wurden bei terminologischen Logiken auch - im Unterschied zu anderen Wissensrepräsentationsformalismen - zur Implementation vollständiger und korrekter Inferenzalgorithmen unternommen.

Die *Modellierung* von Anwendungsgebieten ist das zentrale praktische Problem, wobei das Modellieren auch heute noch eher eine Kunst denn eine methodisch fundierte Disziplin ist[33]. Doch sind neben vielerlei Heuristiken, Tipps und Tricks auch etliche Bemühungen um eine systematische Vorgehensweise zu verzeichnen. Als einschlägiges jüngeres Beispiel auf dem Gebiet der (relationalen) Datenbanken wäre hier Wedekinds objektorientierte Schemaentwicklung [44] zu nennen, die sich am methodischen

---

[33] Vgl. Speel [42].

Konstruktivismus orientiert. Für Beschreibungslogiken haben BRACHMAN et al. [12] einen stufenweise vorgehenden Modellierungsansatz vorgeschlagen: Nach den Aufzählung der Objekttypen ist ein entscheidender Schritt die Unterscheidung zwischen Konzepten und Rollen, die wesentlich von der Pragmatik des Diskursbereichs abhängt, etwa anhand der Frage, ob Objekte des Anwendungsgebiets unabhängig oder abhängig von anderen sind bzw. bestehen. Im Detail handelt es sich um folgende Schritte:

1. Aufzählung der Objekttypen

2. Unterscheidung von Konzepten und Rollen (Eigenprädikatoren und Apprädikatoren)

3. Entwicklung der Konzepttaxonomie

4. Identifikation von Individuen

5. Bestimmung von (intrinsischen und extrinsischen) Eigenschaften und Teil-Ganzes-Beziehungen (Mereologie)

6. Bestimmung von Anzahl- und Werterestriktionen

7. Bestimmung von Beziehungen zwischen Rollen

8. Unterscheidung von notwendigen und kontingenten Eigenschaften

9. Unterscheidung von primitiven und definierten Konzepten (sind notwendige und hinreichende Bedingungen vollständig?)

10. Bestimmung disjunkt primitiver Konzepte

5. Ausblick

Zum Abschluß seien noch einigen Bemerkungen zum aktuellen Stand der Forschung und Entwicklung gemacht. Angesichts der gebotenen Kürze sollte erreicht werden, zumindest einen Eindruck davon zu vermitteln, daß die skizzierte Tradition nicht nur die Basis gelegt hat und somit eine Voraussetzung für unsere aktuellen Arbeiten ist, sondern daß wir durch eine kritische Reflexion unser Tun besser verstehen und auch noch manches lernen können. Es ist immer wieder erstaunlich, festzustellen, daß Probleme, die in der aktuellen Modellierungspraxis auftreten, alles andere als neu sind - denken wir nur an die erwähnten Schwierigkeiten der traditionellen Merkmalslogik. Grundsätzlich erscheint eine sprachkritische Vorgehens-

weise als unabdingbare Voraussetzung bei der terminologischen Modell-
bildung und Schemaentwicklung. Im einzelnen stellt sich dann weiterhin
eine Reihe von Fragen, die aus den Anforderungen unterschiedlicher Anwendungen und aus der Forderung der Integration terminologischer Systeme in komplexe Softwaresysteme resultieren. Hierzu gehören u.a.:

- Erweiterungen des Sprachumfangs mit - auf dem Hintergrund des
  Anwendungsgebiets - beherrschbarer Komplexität: neue Konzept-
  und Rollenkonstruktoren, die Einbeziehung "konkreter Bereiche"
  wie z.b. Arithmetik, und leistungsfähigere Regeln;

- die Entwicklung von Erklärungsmechanismen für Aufgaben der Planung, Konfiguration und Diagnose;

- die Berücksichtigung nichtmonotoner Schlussweisen, d.h. die Verwendung von Standardannahmen und Prototypen;

- die Integration weiterer Schlussformen wie Abduktion (für Diagnose
  und Erklärung) und Induktion;

- die Repräsentation unscharfen Wissens, die eine notwendig Voraussetzung für die Rekonstruierbarkeit von Alltagswissen ist;

- die Konstruktion (gemeinsamer) generischer Wissensbasen für all-
  gemeines Grundwissen sowie die Modellierung von Raum und Zeit;

- die Bereitstellung von Hilfsmitteln zur Verwaltung und Pflege von
  Wissensbasen, z.B. Versionierung, Revision und Geltungssicherung
  (Begründungsverwaltungs-Systeme);

- Unterstützung der Integration von Beschreibungslogiken in komplexe Softwaresysteme, z.B. Verbindung mit Datenbanken im Hinblick
  auf vielfältigere Zugriffsmöglichkeiten, neue Strukturierungsmög-
  lichkeiten, Integritätstests und Deduktion; sowie

- im Zeitalter der weltumspannenden Netzwerke Mittel zur Verwaltung und Integration verteilter Wissensbasen.

Literatur

[1] AICHER, O.; GREINDL, G.; VOSSENKUHL, W.: *Wilhelm von Ockham. Das Risiko modern zu denken.* Callwey, München 1986.

[2] ARNAULD, A.; LANCELOT, C.: *Grammaire générale et raisonné. Avec les remarque de Ch. Duclos. Introduction de M. Foucault*, Republications Paulet, Paris 1969.

[3] ARNAULT, A.; NICOLE, P.: *La logique ou l'art de penser.* Bd. 22 von *Science de l'homme*, Flammarion, Paris 1970.

[4] BAADER, F.: *Logik-basierte Wissenspräsentation*, KI, Nr. 3, 1996, S. 8-16.

[5] Baader, F. et. al.: *Terminological Knowledge Representation: A Proposal for a Terminological Logic*, in: *International Workshop on Terminological Logics.* IBM IWBS Report 184, IBM, Heidelberg 1991, S.120-128.

[6] BAADER, F. et. al.: *Terminologische Logiken*, KI, Nr. 3, 1992, S. 23-33.

[7] BERKA, K.; KREISER, L.: *Logik-Texte. Kommentierte Auswahl zur Geschichte der modernen Logik*, Akademie-Verlag, Berlin, 2. Ausg., 1973.

[8] BIBEL, W.; HÖLLDOBLER, S.; SCHAUB, T.: *Wissenspräsentation und Inferenz - Eine grundlegende Einführung.* Künstliche Intelligenz, Vieweg, Wiesbaden 1993.

[9] BOCHÉNSKI, J.: *Formale Logik*, Nr. III, 2 in: *Orbis Academicus. Problemgeschichten der Wissenschaft in Dokumenten und Darstellungen*, Alber, Freibunrg 1970.

[10] BRACHMAN, R.: *The Future of Knowledge Representation - Extended Abstract.* in: *Proceedings of the National Conference on Artificial Intelligence*, AAAI, MORGAN KAUFMANN, San Francisco 1990, S. 1082-1092.

[11] BRACHMAN, R.: *"Reducing" CLASSIC to Practice: Knowledge Representation Theory meets Reality*, in: *Proceedings of the International Conference on Knowledge Representation KR' 92*, MORGAN KAUFMANN, Palo Alto 1992, S. 247-258.

[12] BRACHMAN, R. et. al.: *Living with CLASSIC: When and How to Use a KL-ONE-like Language*, in: SOWA, J. (Hrsgb.): *Principles of Semantic Networks*, Kap. 14, MORGAN KAUFMANN, San Mateo 1991, S. 401-456.

[13] BREKLE, H.: *Semiotik und linguistische Semantik in Port-Royal. Indogermanische Forschungen*, Bd. LXIX, Nr. 2, 1964, S. 103-121.

[14] CHOMSKY, N.: *Cartesianische Linguistik. Ein Kapitel in der Geschichte des Rationalismus*, Nr. 5 in Konzepte der Sprach- und Literaturwissenschaft, Niemeyer, Tübingen 1971.

[15] ECO, U.: *Semiotik und Philosophie der Sprache*, Nr. 4 in Supplemente, Fink, München 1985.

[16] ECO U.: *Die Suche nach der vollkommenen Sprache.* Europa bauen, Beck, München 1992.

[17] FOUCAULT, M.: *Introduction (à la Grammaire de Port-Royal)*, in: ARNAULD, A.; LANCELOT, C. (Hrsgb.): *Grammaire générale et raisonné. Avec les remarques de CH. DUCLOS. Introduction de M. FOUCAULT*, Republications Paulet, Paris 1969, S. I-XXVIII.

[18] FOUCAULT, M.: *Die Ordnung der Dinge. Eine Archäologie der Humanwissenschaften*, Nr. 96 in stw, Suhrkamp, Frankfurt/M. 1971.

[19] FRANK, M.: *Was ist Neostrukturalismus?*, Nr. 1203 in es, Suhrkamp, Frankfurt/M. 1983.

[20] HABEL, C.: *Repräsentation von Wissen. Informatik-Spektrum*, Bd. 13, 1990, S. 126-136.

[21] HEINEKAMP, A.: *Sprache und Wirklichkeit nach Leibniz*, in: PARRET, H. (Hrsg.): *History of Linguistic Thought and Contemporary Linguistics*, de Gruyter, Berlin 1976, S. 518-570.

[22] HOLZ, H.: *Leibniz*, Nr. 34 in Urban Bücher, Kohlhammer, Stuttgart 1958.

[23] HUGHES, S.: *Salutary Lessons from the History of Linguistics*, in: BJARKMAN, P.; RASKIN, V. (Hrsgb.): *The Real World Linguist: Linguistic Applications in the 1980s*, Kap. 14, Ablex, Norwood, N.J., 1986, S. 306-322.

[24] KRÄMER, S.: *Symbolische Maschinen. Die Idee der Formalisierung in geschichtlichem Abriß*, Wissenschaftliche Buchgesellschaft, Darmstadt 1988.

[25] KÜNZEL, W.; BEXTE, P.: *Allwissen und Absturz. Der Ursprung des Computers*, Insel, Frankfurt/M. 1993.

[26] KUTSCHERA, F.: *Sprachphilosophie*, Nr. 80 in UTB, Fink, München 1975.

[27] LEIBNIZ, G.: *Fünf Schriften zur Logik und Metaphysik*, Nr. 1898 in Bibliothek Reclam, Stuttgart 1966.

[28] LEIBNIZ, G.: *Schriften zur Logik und zur Philosophischen Grundlegung von Mathematik und Naturwissenschaft. Philosophische Schriften. Französisch und deutsch. Herausgegeben und übersetzt von HERBERT HERRING. Bd. 4*, Nr. 1267 in stw, Suhrkamp, Frankfurt/M. 1996.

[29] LORENZEN, P.: *Konstruktive Wissenschaftstheorie*, Nr. 93 in stw, Suhrkamp, Frankfurt 1974.

[30] LUCK, K.: *Hybride logikbasierte Systeme. KI*, Nr. 2, 1991, S. 27-31.

[31] MATES, B.: *Leibniz on Possible Worlds*, in: *Logic, Methodology, and Philosophy of Science. Proceedings of the 3. International Congress 1967*, North Holland, Amsterdam 1968, S. 507-529.

[32] MITTELSTRASS, J. (Hrsgb.): *Enzyklopädie Philosophie und Wissenschaftstheorie. 4 Bde.*, Metzler, Stuttgart 1980-1996.

[33] NEBEL, B.: *Reasoning and Revision in Hybrid Representation Systems*, Bd. 422, von *Lecture Notes in Artificial Intelligence*, Springer, Berlin 1987.

[34] PUTNAM, H.: *What is Innate and Why: Comments on the Debate*, in: PIATELLI- PALMARINI, M. (Hrsgb.): *Language and Learning. The Debate between Jean Piaget and Noam Chomsky*, Harvard University Press, Cambridge, Mass. 1981, S. 287-309.

[35] RUSSELL, B.: *A Critical Exposition of the Philosophie of Leibniz*, Routledge, London 1992.

[36] SCHMIDT, R.: *Terminological Representation, Natural Language, and Relation Algebra*, in: *Proceedings of the 16th German Workshop on Artificial Intelligence*, GI e. V., Springer (LNCS 671), Berlin September 1992, S. 357-371.

[37] SCHMIDT-SCHAUSS, M.: *Subsumption in KL-ONE is undecidable*, in: BRACHMAN, R., LEVESQUE, H.; REITER, R. (Hrsgb.): *Proceedings First International Conference on Principles of Knowledge Representation and Reasoning*, Toronto 1989, S. 421-431.

[38] SCHMIDT-SCHAUSS, M.; SMOLKA, G.: *Attribuive concept descriptions with complements, Artificial Intelligence*, Bd. 48, Nr. 1, 1991, S. 1-26.

[39] SERRES, M.: *Les Système de Leibniz et ses modèles mathématiques. 2 Bde.*, Épiméthée. Essais philosophiques. Collection dirigée par Jean Hyppolite, Presses Universitaires de France, Paris 1968.

[40] SERRES, M.: *Hermes II. Interferenz*, Merve, Berlin 1992.

[41] SIEMENS, A.G.: *Herrn von Leibniz' Rechnung mit Null und Eins*, Siemens AG, München 1996.

[42] SPEEL, P.-H.: *Selecting Knowledge Representation Systems*, PhD thesis, Univ. Twente, Twente 1995.

[43] THIEL, C.: *Der klassische und der moderne Begriff des Begriffs. Gedanken zur Geschichte der Begriffsbildung in den exakten Wissenschaften*, in: BOCK, H.; LENSKI, L.; RICHTER, M. (Hrsgb.): *Information Systems and Data Analysis. Proceedings of the 17th Annual Conference of the Gesellschaft für Klassifikation e. V.*, University of Kaiserslautern, March 3-5, 1993, Gesellschaft für Klassifikation e. V., Springer (LNCS 671), Berlin September 1993, S. 175-190.

[44] WEDEKIND, H.: *Objektorientierte Schema-Entwicklung*, Nr. 85 in Reihe Informatik, BI Wissenschaftsverlag, Mannheim 1992.

[45] WEDEKIND, H.; GÖRZ, G.; INHETVEEN, R.; KÖTTER, R.: *Modellierung, Simulation, Visualisierung: Zu den aktuellen Aufgaben der Informatik, Informatik-Spektrum*, Nr.5, 1998, S.265-272.

Die Logik in Gottes Schöpfung

Leibniz' Naturphilosophie
zwischen Mechanismus und Transzendentalphilosophie

Heinz-Jürgen Heß

Arbeiten über LEIBNIZ' philosophisches System wurden seit drei Jahrhunderten in großer Zahl verfaßt und füllen heute nennenswerte Teile philosophischer Lesesäle[1]. Dennoch sollen, um die Nachvollziehbarkeit der folgenden Argumentation zu erleichtern, zu Beginn drei Grundlinien in LEIBNIZ' metaphysischem Denken, auf die sich die zentralen Ausführungen zur Naturphilosophie vorrangig beziehen werden, mit kräftigen Pinselstrichen nachgezogen werden.

Der Mensch und die Welt sind Gottes Schöpfung.

Dieser Grundsatz, der für heutige Wissenschafter alles andere als selbstverständlich klingt, ist für einen Philosophen des weitgehend christlich geprägten 17. Jahrhunderts unabdingbar, wenn er sich nicht ins gesellschaftliche Abseits des Atheismus begeben und kirchlichen Pressionen aussetzen wollte. In LEIBNIZ', jungen Jahren war dieser Satz keinesfalls Ausgangspunkt seiner philosophischen Reflexionen. In den späten Schriften wurde es jedoch immer unverkennbarer, daß diese Aussage zentraler Bezugspunkt und unabdingbare Voraussetzung alles LEIBNIZschen Philosophierens ist. Für den Menschen bedeutet dieser Grundsatz, daß sein Handeln und Erkennen im Vergleich zu göttlicher Allmacht und Weisheit prinzipiell beschränkt und unvollkommen ist. Für die Welt bedeutet er, daß sie zwar unvollkommen sein kann, aber doch jederzeit die bestmögliche sein muß. Denn falls eine bessere Welt möglich wäre, würde Gott sie im Rahmen seiner permanenten Schöpfung zwangsläufig schaffen.

Das Sein (Ontologie) *ist zentraler Gegenstand der Philosophie.*

Auch dieser Grundsatz war für Philosophien in der Zeit vor der Aufklärung beinahe selbstverständlich, denn das menschliche Erkenntnisstreben richtete

---

[1] Der folgende Text sollte jedoch nicht dazugestellt werden, denn er versteht sich nicht als wissenschaftlicher Forschungsbericht für ein fachphilosophisches Publikum, sondern als anregende Unterhaltung für eine interdisziplinäre Zuhörerschaft.

sich unmittelbar auf die Gegenstände der Welt, so wie man sie vorfand. Die Absonderung des Seienden von dem ihm entsprechenden Abbild im Bewußtsein des Menschen oder auch in der Vorstellung Gottes war zwar seit PLATONs Ideenlehre geläufiges Gedankengut, sie hatte aber noch nicht zu einer prinzipiellen Trennung von Seinslehre und Erkenntnislehre geführt: der Gegenstand menschlicher Erkenntnis war und blieb das ihm gegenübertretende Seiende. Zwar unterschied LEIBNIZ sehr wohl zwischen den von uns beobachtbaren Phänomenen und den mit Spontaneität ausgestatteten Substanzen, diese Unterscheidung beruhte aber eher auf der Verschiedenheit der angewandten Betrachtungsweisen (physikalisch, metaphysisch) als auf der Verschiedenheit der betrachteten Gegenstände selbst (bewegte Körper, conatus).

Die Logik *ist Bindeglied zwischen Geschaffenem und Schöpfer.*

Grundsätzlich wäre, es nicht unmöglich, daß Gottes Schöpfungsplan und damit die Prinzipien des Seins von Mensch und Welt dem Menschen als einem endlichen Wesen verborgen und unzugänglich bleiben (fundamentaler Skeptizismus). Auch wäre es denkbar, daß die menschliche Erkenntnisfindung durch die Eingriffe des Schöpfers in sein Werk behindert und zurückgeworfen wird (Okkasionalismus). Beide Annahmen sind aber nach LEIBNIZ', Auffassung falsch, denn Gott wie Mensch unterliegen den Gesetzen der Vernunft. Diese Gesetze der Vernunft sind im Bereich der theoretischen Philosophie vor allem der Satz vom Widerspruch und der Satz vom zureichenden Grund, die auch als Gesetze der Logik (im engeren Sinne) bezeichnet werden. Sie garantieren, daß der Schöpfungsplan und damit die Struktur der Welt prinzipiell verstehbar sind. Die Gesetze der Vernunft im Bereich der praktischen Philosophie binden auch Gott an das höchstmögliche Maß an Vollkommenheit bei der Schaffung der Welt. Für LEIBNIZ ist die existierende Welt weder ein vollautomatisches, perfektes Uhrwerk, um das sich der Meister nie mehr zu sorgen braucht (Determinismus), noch ein chaotisches Provisorium, in das der Demiurg, wann immer es ihm paßt, willkürlich eingreift.

Diese drei letztlich nur weltanschaulich oder religiös fundierbaren Grundsätze LEIBNIZscher Philosophie zeigen zum einen die tiefe Verwurzelung im christlich-abendländischen Denken der vorangegangenen Jahrhunderte, wie sie im Schöpfungsgedanken und in der Bindung Gottes an den Primat der Vollkommenheit zum Ausdruck kommt. Sie dokumentieren aber auch die Emanzipation der menschlichen Vernunft und die Dominanz der Rationalität, die den Beginn der Neuzeit und die frühe Aufklärung kennzeichnen. Nur vor dem Hintergrund dieses geistesgeschichtlichen Entwicklungsstandes wird die - für uns heutige - anmaßende Bindung Gottes an die Gesetze der menschlichen Logik und Vernunft nachvollziehbar.

Die Naturphilosophie von G.W. Leibniz

Die LEIBNIZsche Naturphilosophie war aus der Sicht der Zeitgenossen weder völlig neuartig noch traditionell, weder besonders originell noch synkretistisch, weder vorwiegend systematisch noch rhapsodisch. Sie war auch kein einmaliger Wurf, sondern das Ergebnis jahrzehntelanger Entwicklung und Vervollkommnung. Sie galt nicht als das Kernstück seiner Philosophie, beeinflußte aber doch seine Metaphysik maßgeblich. Sie war schließlich auch keine selbständige Teildisziplin: nicht als gesonderter Teil seines philosophischen Systems, und nicht als Fundierungstheorie seiner Physik. Sie war vielmehr typisches Produkt eines vielbelesenen, zerstreuten, aber doch Einheit stiftenden, eines ständig durch tausend Verpflichtungen in Anspruch genommenen und doch immer neue Projekte initiierenden Geistes.

Mit der LEIBNIZschen Philosophie, um nicht zu sagen mit seinem gesamten Denken, verbindet die Naturphilosophie die Tendenz, verschiedene Strömungen mit einander zu versöhnen, indem sie frühere Auffassungen neu interpretiert und dabei die Unentbehrlichkeit der wichtigsten Ergebnisse der Vorgänger unterstreicht. Direkten Einfluß auf die Entwicklung der LEIBNIZschen Metaphysik nahm seine Naturphilosophie im Zusammenhang mit der Ausformung des Substanzbegriffes - der späteren Monade -, indem die LEIBNIZschen Vorstellungen über die Natur der Kräfte die bisherigen zwei fundamentalen Eigenschaften physikalischer Körper, nämlich Ausgedehntheit und Undurchdringlichkeit, um eine dritte Eigenschaft, nämlich Kraft, bereicherten.

Mechanistische Elemente in Leibniz' Naturphilosophie

Vereinfacht dargestellt, fußt LEIBNIZ' Naturphilosophie zum einen auf materialistischen oder mechanistischen Positionen, zum anderen auf idealistischen oder finalistischen Auffassungen. Entsprechend der zeitlichen Ent-

wicklung der LEIBNIZschen Gedanken behandeln wir zuerst die mechanistischen Elemente in LEIBNIZ' Naturphilosophie. Solche Auffassungen finden
sich vor LEIBNIZ vor allem in der DESCARTESschen Philosophie ("die Modernen"), aber nicht weniger bei den Griechen wie DEMOKRIT bzw.
seinem Lehrer LEUKIPP, EPIKUR u.a. ("die Alten"). Aus diesem Gedankengut ent-
lehnte LEIBNIZ - um zwei exemplarische Beispiele in den Mittelpunkt unserer Betrachtung zu stellen - seinen frühen Materie- bzw. Körperbegriff und
die Annahme einer in sich geschlossenen Naturgesetzlichkeit.

Νόμῳ χροιή, νόμῳ γλυκύ, νόμῳ πικρόν· ἐτεῇ δ' ἄτομα καί κενόν (nach kon-
ventioneller Weise sprechen wir von Farbe, Süßem oder Bitterem, wirklich
sind aber nur Atome und Leere), sagt DEMOKRIT[2]. Das All besteht nach ihm
aus unendlich vielen kleinsten Einheiten, den *ἄτομα* (sie werden auch
σχήματα oder *ἰδέαι* genannt), die so klein sind, daß unsere Sinne sie nicht
wahrnehmen können. Sie sind weder entstanden noch vergänglich, sie sind
ohne sinnliche Attribute, lediglich durch geometrische Eigenschaften unterschieden und sind doch *μεστά* (vollwertige Körper). Sie bewegen sich in der
Leere, wo sie an- und abprallen und Wirbel bilden. LEIBNIZ' Substanzen
(Monaden) sind ebenfalls kleinste individuelle Einheiten, die als nicht-
physikalische Gebilde nicht wahrnehmbar sind. Von ihnen gibt es ebenfalls
unendlich viele, auch sie sind zeitlos. Sie sind jedoch keine physikalischen
Körper und unterliegen daher nicht den klassischen Bewegungsgesetzen. -
Für die körperliche Natur hat LEIBNIZ viele Eigenschaften aus dem Demo-
kritschen Denkgebäude übernommen. Hier sei vor allem an die Annahme
einer Nahwirkung beim NEWTONschen Gravitationsgesetz erinnert, die
LEIBNIZ durch Stoß- und Wirbelbewegungen subtiler Stoffe erklärt wissen
wollte. Daß LEIBNIZ den leeren Raum ablehnte, weil er Gottes Vollkommenheit widerspräche, sei hier nur beiläufig erwähnt.

Οὐδὲν χρῆμα μάτην γίνεται, ἀλλά πάντα ἐκ λόγου τε καὶ ὑπ' ἀνάγκης
(kein Ding entsteht umsonst, sondern alles aus einem Grunde und unter dem
Zwang der Notwendigkeit), so beschreibt[3] DEMOKRITs Lehrer LEUKIPP die
Ordnung des Kosmos als ein lückenloses - und auch seelenloses - Geflecht
von Kausalitätsrelationen. Diese abderitische Naturlehre hatte durch die
Vermittlung von LUKREZ, GASSENDI und BACON bedeutenden Einfluß auf
das LEIBNIZsche Denken, denn auch LEIBNIZ ließ trotz aller Priorität der moralischen Gesetze an der geschlossenen Welterklärung auf der Basis rein lo-

---

[2] Vgl. Kranz, W.: Vorsokratische Denker. Berlin 1959, S. 188, 68 B 125
[3] Vgl. Kranz, W.: Vorsokratische Denker. Berlin 1959, S. 186, 67 B 2

gischer Gesetze keine Zweifel aufkommen. Das erwähnte LEUKIPPsche Dictum finden wir bei LEIBNIZ als Prinzip des zureichenden Grundes wieder.

Seinen großen geistigen Vorgänger und Antagonisten DESCARTES attackierte LEIBNIZ so sehr, daß dessen Anhänger P. S. Regis eine Erwiderung[4] mit dem Satz begann: "Il y a long-tems qu'il semble que Monsieur Leibnits veut establir sa reputation sur les ruines de celle de Monsieur DESCARTES ..." (Seit langem scheint Herr LEIBNIZ seine Reputation auf den Ruinen der Reputation DESCARTES' errichten zu wollen). Trotz dieser Konfrontation übernahm LEIBNIZ aber aus dem Denken DESCARTES' viel mehr, als ihm vermutlich selbst bewußt war. Da ist zunächst die Schlüsselstellung, die Denken und Verstand im Zusammenspiel der menschlichen Erkenntnisvermögen einnehmen ("cogito ergo sum") und die allein den Menschen vor den allgegenwärtigen Wahrnehmungstäuschungen bewahren kann. Auch die Mathematik als die Wissenschaft von der Verknüpfung quantitativer Größen besitzt bei beiden Philosophen eine Basisfunktion im Wissenschaftskanon. DESCARTES sieht das Einfache als die Bedingung für das Zusammengesetzte (z.B. den Punkt als Bedingung für die Linie) und spricht den mathematischen Gegenständen ein eigenes, ideelles Sein zu. LEIBNIZ geht zwar meist den umgekehrten Weg, nämlich vom Zusammengesetzten zum Einfachen, teilt aber mit DESCARTES die Überzeugung, daß man durch die Kombination von Einfachem das Komplexe aufbauen und erkennen kann. Nach DESCARTES reicht die Mathematik allein zur Erkenntnisgewinnung nicht aus. Die über die geometrischen Unterscheidungen hinausgehende, weitere materielle Differenzierung des Seienden hält er aber grundsätzlich unter alleiniger Hinzunahme der Bewegung für durchführbar, indem er alle Eigenschaften auf geometrisch mechanisch erklärbare Wechselwirkungen zwischen Körpern zurückführt. LEIBNIZ bezieht einerseits die bei DESCARTES stärker reduzierte phänomenologische Erfahrung im vollen Umfange mit ein, akzeptiert aber andererseits keine Naturerklärungen, die nicht auf erfahrungsunabhängigen (metaphysischen) Vernunftprinzipien basieren: Prinzipien, die im wesentlichen aus den oben genannten Gesetzen der Logik gewonnen werden. Während DESCARTES einen mathematischen Idealismus als Fundament der Welterklärung ansieht, glaubt LEIBNIZ, die Welterklärung auf einen logischen Idealismus gründen zu können.

---

[4] Vgl. Regis, P.S.: Reflexions sur une letre de Monsieur Leibnits écrite à Monsieur l' Abé Nicaise, in : Journal des sçavans , 17.6.1697

Finalistische Elemente in Leibniz' Naturphilosophie

War bisher nur von körperlichen Dingen und ihren Bewegungen im Raum
die Rede, so führt die Frage nach dem Nicht-Körperlichen, Nicht-Räumli-
chen zu den finalistischen Elementen in LEIBNIZ' Naturphilosophie, welche
LEIBNIZ ebenfalls schon bei den griechischen Philosophen vorfand, deren
endgültige Form er aber erst in der Auseinandersetzung mit dem Jansenisten
A. ARNAULD, dem Jesuiten B. Des BOSSES u. a. herausbildete. Ausgehend
von dem aktiven bzw. passiven Prinzip der Materie (ARISTOTELES) und unter Vermittlung des vom ihm entdeckten Wesens der physikalischen Kraft,
führte LEIBNIZ in seinem Monade genannten Substanzbegriff schließlich
Körperliches und Nicht-Körperliches und in seiner Hypothese von der
prästabilierten Harmonie das Reich der Natur und das Reich der Moral
(Reich der Gnade) zusammen: "... l'Harmonie preétablie estant un bon tru-
chement de part et d'autre. Ce qui fait voir que ce qu'il a y de bon dans les
hypotheses d'EPICURE et de PLATON, des plus grands Materialistes et des
plus grands Idealistes, se reunit icy ..." (Die prästabilierte Harmonie ist ein
guter Vermittler zwischen beiden Seiten, wobei sich zeigt, daß das, was in
den Hypothesen von EPIKUR und von PLATON, Hypothesen der größten
Materialisten und der größten Idealisten, Gutes enthalten ist, sich hierin ver-
eint)[5].

Für PLATONs Philosophieren war die Erfahrung der alles relativierenden So-
phistik von entscheidender Bedeutung. Daraus resultiert das ethische Moment der meisten seiner Schriften und die Suche nach dem Gleichbleibenden
im Strom des Veränderlichen, die Suche nach der wahren Erkenntnis. Das
wahrhaft Bleibende aber ist das "wirkliche Sein selbst, welchem wir das wesentliche Sein zuschreiben" (αὐτὴ ἡ οὐσία ἧς λόγον δίδομεν τοῦ εἶναι) [6],
heute meist als Welt der Ideen bezeichnet. Nur die Erkenntnis dieses Seins,
also des Idealen, kann Wissenschaft begründen.

PLATONs Ideen haben mit den Atomen DEMOKRITs gemeinsam, daß sie weder entstehen noch vergehen. Es besteht aber der entscheidende Unterschied, daß sie das seiner Natur nach Schöne sind, daß sie ein absolut un-
körperliches Sein haben, und daß sie ausschließlich mit dem Geist faßbar

---

[5] Leibniz, G. W.: Reponse aux reflexions contenues dans la seconde Edition du Dictionnaire Critique de Mr. Bayle, article Rorarius, sur le systeme de l'Harmonie preétablie,
(Die philosophischen Schriften von G. W. Leibniz, hrsg. C.I. Gerhardt, Bd. IV, S. 560)
[6] Vgl. Phaidon, 78 d

sind. Die Ideen sind die Urbilder (παραδείγματα), die sich in der Seele des Betrachtenden finden, die sinnlich faßbaren Dinge hingegen sind deren Abbilder (όμοιώματα). Die Ideen sind zwar jeglicher Veränderung entzogen; dennoch sind sie nicht ohne die Dinge, in denen sie gegenwärtig sind, denkbar. Platonische Ideen gibt es nicht nur von ethisch Wertvollem wie dem Guten oder dem Schönen, sondern von allen konkreten und abstrakten Gegenständen, wie z. B. dem Tisch oder der Gesundheit.

Parallelen zu LEIBNIZ' Monaden drängen sich hier geradezu auf: die Monaden sind unkörperlich, nur über die Vernunft zugänglich, sie sind unveränderlich, die erfahrbaren Dinge repräsentierend. Allerdings gibt es auch entscheidende Unterschiede: LEIBNIZ' Monaden sind Kraftzentren, die in ihren Strebungen eher den aristotelischen Formen (ἐντελέχεια) entsprechen; sie repräsentieren die gesamte Welt und nicht nur die Realisationen einer Idee wie bei PLATON.

Die Vermittlung von Urbild und Abbild wird bei PLATON mit Teilhabe (μετέχειν) umschrieben. Die im *Timaios* geschilderte Schöpfungsgeschichte der Welt als Abbild der Ideenwelt verweist PLATON aber ausdrücklich in das Reich der Mythen. Damit bleibt die gegenseitige Durchdringung beider Reiche und ihre Koexistenz bei PLATON unerklärt. Wie gelingt LEIBNIZ die Vermittlung von Monaden und physikalischen Körpern, von substanzieller Repräsentation und mechanischer Gesetzmäßigkeit, von Finalität und Kausalität?

Leibniz' Versuch einer Versöhnung beider Betrachtungsweisen

"C'est qu'il faut donc dire que Dieu a creé d'abord l'ame, ou toute autre unité réelle, en sorte que tout lui naisse de son propre fonds, par une parfaite spontaneité à l'égard d'elle-mesme, et pourtant avec une parfaite conformité aux choses de dehors. ... Et c'est ce qui fait que chacune de ces substances, representant exactement tout l'univers à sa maniere et suivant un certain point de vuë, et les perceptions ou expressions des choses externes arrivant à l'ame à point nommé, en vertu de ses propres loix, comme dans le monde à part, et comme s'il n'existoit rien que Dieu et elle, ... il y aura un parfait acord entre toutes ces substances, qui fait le mesme efet qu'on remarqueroit si elles communiquoient ensemble par une transmission ..." [7] (Es muß aber gesagt werden, daß Gott zuvörderst die Seele, oder jede andere reale Einheit solcher Art geschaffen hat, daß ihr alles entsteht aus ihrem eigenen Grund, durch eine perfekte Spontaneität in bezug auf sie selbst, und doch in perfekter Übereinstimmung mit den Dingen außer ihr. ... Und so kommt es, daß, indem jede dieser Substanzen, die das gesamte Universum auf ihre Weise und von einem bestimmten Blickwinkel aus exakt repräsentiert, und indem die Perzeptionen oder Auswirkungen der externen Dinge die Seele im rechten Moment erreichen, aufgrund ihrer eigenen Gesetze wie in einer gesonderten Welt und als wenn nur Gott und die Seele selbst existierten, ... es eine perfekte Übereinstimmung zwischen allen diesen Substanzen geben wird, die den gleichen Effekt hat, den man feststellen würde, wenn die Substanzen miteinander mittels einer Transmission kommunizieren würden ...). Auch hier haben wir also eine Form der Teilhabe und doch sind die Welt der Substanzen (Seelen) und die Welt der körperlichen Phänomene so unabhängig von einander, als ob es die jeweils andere nicht gäbe. Jede Welt hat ihre eigenen Gesetze und ist ohne direkten Einfluß auf die andere Welt, wenn es auch so scheinen mag, als ob es eine, wie auch immer geartete, Transmission gäbe. Daß die Substanzen untereinander und mit den körperlichen Phänomenen in Harmonie sind, kann letztlich nur durch die Weisheit Gottes in seiner Schöpfung ("prästabilierte Harmonie") begründet werden, auch wenn LEIBNIZ in den dem Zitat folgenden Ausführungen zunächst die Möglichkeit dieser "hypothese" und daran anschließend deren höchste Vernünftigkeit ("la plus raisonnable") im Rahmen der "perfection des ouvrages de Dieu" aufzeigt.

Hier haben wir nun eine höhere Art von Vernünftigkeit vor uns, als wir sie in der reinen Erkenntnistheorie vorfanden, wo die Annahme gleicher Gesetze der Logik für das Seiende einerseits und für das erkennende Subjekt andererseits die Verstehbarkeit der phänomenalen Welt garantierte; denn im Bereich der theoretischen Philosophie hätte auch ein logischer Isomorphimus (gleiche logische Strukturen) als Hypothese ausgereicht, um das angestrebte Erkenntnisgebäude abzusichern. Die Annahme metaphysischer Substanzen mit einem eigenständigen Seinsbereich (Ontologie) stellte LEIBNIZ aber vor

---

[7] Leibniz, G. W.: Sistême Nouveau de la Nature et de la communication des substances, aussi-bien que de l'union qu'il y a entre l'ame et le corps, in : Journal des sçavans, 4.7.1695 (Die philosophischen Schriften von G. W. Leibniz, hrsg. C. I. Gerhardt, Bd IV, S. 484).

das Problem, die Interaktion und die Verträglichkeit beider Seinsbereiche verständlich zu machen. Und diesmal genügte keinesfalls ein bloßer Parallelismus beider Gesetzmäßigkeiten wie etwa beim ideellen Sein mathematischer Gegenstände; denn ein solcher Parallelismus würde das in der praktischen Philosophie und in der Religion geforderte Sollen des Menschen einerseits und die Möglichkeit einer Vervollkommnung der Welt andererseits in Frage stellen. Vielmehr müssen die Kooperation von Seele und Körper und die Entwicklung der Welt zu größerer Vollkommenheit realisierbar sein, wenn nicht die Willensfreiheit des Menschen und die Hoffnung auf eine bessere Zukunft aufgegeben werden sollen. LEIBNIZ aber vermochte die von ihm herausgearbeitete Spaltung des Seins in zwei fundamental geschiedene ontologische Bereiche nurmehr im Rückgriff auf die Weisheit und Güte des Schöpfergottes aufzuheben, und seine Behauptung der Vernunftgemäßheit dieser Lösung konnte ausschließlich vor dem Hintergrund des Prinzips der Einheit von göttlicher und menschlicher Vernunft überzeugend wirken.

Vergleich mit Kants erkenntniskritischer Position

Bei diesem Dilemma aller Ontologie, nämlich der Versöhnung von Realismus und Idealismus, von phänomenalen und noumenalen Dingen, von Determinismus und Freiheit, setzte (der kritische) KANT an. Seine Lösung der scheinbaren Aporie war der Verzicht auf den Anspruch, das "Sein an sich" erkennen zu können. Damit vermied er die gängigen Alternativen seiner Vorgänger, die darin bestanden hatten, entweder die Materie oder den Geist absolut zu setzen. Statt dessen konnte KANT ohne Rücksichtnahme auf die menschliche Erkenntnis beiden Bereichen ihre ihnen angemessene Bedeutung einräumen. Der Preis für diesen Ausweg war allerdings nicht unerheblich: Die zentralen Begriffe der klassischen Metaphysik, nämlich Gott, Freiheit und Unsterblichkeit, wurden endgültig dem Bereich der grundsätzlich unerkennbaren "Dinge an sich" (intelligibilia) zugeordnet, so daß eine Ontologie, die ihren Namen mit vollem Recht trägt, innerhalb der "kritischen" Philosophie nicht mehr betrieben werden konnte: "Ich mußte also das Wissen aufheben, um zum Glauben Platz zu bekommen." [8]

Wie begründete KANT nun die Erkenntnis im Bereich der Phänomene, der Erscheinungen (wie er sie nennt); was ist erkennbar, was bleibt grundsätz-

---

[8] Kant, I.: Kritik der reinen Vernunft, 2. Aufl. 1787, Vorrede XXX

lich unerkannt, was ist überhaupt Grundlage aller menschlichen Erkenntnis? Nach KANT müssen bei der Erkenntnisgewinnung notwendigerweise zwei Grundvermögen des Menschen zusammenarbeiten: die Sinnlichkeit (Anschauungsvermögen) und der Verstand (Denkvermögen). Alles durch die Sinnlichkeit Wahrgenommene ist ein Mannigfaltiges, das mittels der Anschauungsformen Raum und Zeit geordnet ist (Erfahrung). Die Verstandestätigkeit vollzieht sich vor allem in Urteilen über sinnlich Wahrgenommenes Urteile die sich auf zwölf Grundformen zurückführen lassen. Wirken beide Vermögen, Sinnlichkeit und Verstand, vorschriftsmäßig, d. h. Einheit der Erfahrung stiftend, zusammen,[9] so besitzt die gewonnene Erkenntnis "objektive Realität" oder allgemeine Gültigkeit für alle menschlichen Wesen. "... die Bedingungen der Möglichkeit der Erfahrung überhaupt sind zugleich Bedingungen der Möglichkeit der Gegenstände der Erfahrung"[10] lautet die zentrale Aussage seiner Erkenntnistheorie, und sie zeigt deutlich, daß KANT die Möglichkeit der Erfahrung nicht wie LEIBNIZ aus der logischen Struktur alles Seienden herleitete, sondern aus dem einheitstiftenden Zusammenwirken der menschlichen Erkenntnisvermögen Sinnlichkeit und Verstand. Die wahre Natur der "Dinge an sich" bleibt unerkannt, die menschliche Erkenntnis erstreckt sich nur auf die "Erscheinungen". Damit war für KANT die Frage nach den kleinsten Einheiten der körperlichen Welt im Rahmen seiner kritischen Philosophie ebenso obsolet wie die Frage nach der in Gottes Schöpfung obwaltenden Logik. Da beides mittels unserer Sinnlichkeit nicht erfahrbar ist, fehlte eines der für die Erkenntnisgewinnung notwendigen Vermögen: "Ohne Sinnlichkeit würde uns kein Gegenstand gegeben, und ohne Verstand keiner gedacht werden. Gedanken ohne Inhalt sind leer, Anschauungen ohne Begriffe sind blind"[11]. Den zentralen Fehler der LEIBNIZschen und der DESCARTESschen Philosophie sah KANT in der zu großen Autarkie des Verstandes bei der Erkenntnisgewinnung und der zu geringen Berücksichtigung der sinnlichen Anschauung. Nur so konnte von beiden der Anspruch erhoben werden, Nicht-Sinnliches erkennen zu können. Den Empiristen andererseits hielt KANT vor, daß die Bedingungen der Möglichkeit von Erkenntnis nicht ausschließlich aus den sinnlichen Wahrnehmungen herzuleiten sind.

---

[9] Genaugenommen bedarf es zusätzlich noch der "Synthesis der Einbildungskraft" und der "notwendigen Einheit derselben in einer transzendentalen Apperzeption"; vgl. Kritik der reinen Vernunft, B 197 / A 158
[10] Kritik der reinen Vernunft, B 197 / A 158
[11] Kritik der reinen Vernunft, B 75 / A 51

Die kritische Philosophie KANTs ist ihrem Wesen nach hypothetisch und bedingt: Wenn überhaupt allgemeingültige Erkenntnis durch den Menschen möglich ist, dann unterliegt sie wohldefinierten Bedingungen; wenn überhaupt ein allgemeinverbindendes Sittengesetz gilt, so muß es eindeutig bestimmbare Kriterien erfüllen. Die Tatsache aber, daß allgemeingültige Erkenntnis durch den Menschen möglich ist, war im Zeitalter der Aufklärung unbestritten, folglich tritt der hypothetische Charakter in der ersten KANT-schen *Kritik* nicht so deutlich zu Tage. Daß ein allgemeinverbindendes Sittengesetz gilt, war jedoch ein Jahrhundert nach LEIBNIZ nicht mehr unumstritten, und da die Erkenntnis des Sollens von dem Vermögen der Anschauung nicht zu erwarten war, mußte KANT - ein gläubiger Christ – den transzendentalen Charakter seiner zweiten *Kritik* durch die Hervorhebung des hypothetischen Ansatzes unterstreichen.

Die Möglichkeit des Zusammenbestehens eines deterministischen "Reiches der Natur" und des finalistischen "Reiches der Zwecke" muß auch für KANT Postulat bleiben: "Allein die Art, wie wir uns diese Möglichkeit vorstellen sollen, ob nach allgemeinen Naturgesetzen, ohne einen der Natur vorstehenden weisen Urheber, oder nur unter dessen Voraussetzung, das kann die Vernunft objektiv nicht entscheiden. Hier tritt nun eine subjektive Bedingung der Vernunft ein: die einzige ihr theoretisch mögliche, zugleich der Moralität ... allein zuträgliche Art, sich die genaue Zusammenstimmung des Reichs der Natur mit dem Reiche der Sitten, als Bedingung der Möglichkeit des höchsten Guts, zu denken." [12]

Technokratie oder Theokratie - Wissenschaftsgläubigkeit oder postmoderner Irrationalismus?

An dieser Stelle wollen wir das Bemühen um eine Einbettung der LEIBNIZ-sehen Naturphilosophie in die abendländische Philosophiegeschichte beenden. Daß es sehr selektiv - dabei aber hoffentlich exemplarisch - geschah, war wohl unvermeidlich. Auch schien es erforderlich, LEIBNIZ' Metaphysik und einige über das Naturphilosophische hinausgehende Gedanken anderer Philosophen miteinzubeziehen. Eine mit Ernst betriebene Philosophie be-

---

[12] Kant, I.: Kritik der praktischen Vernunft, 1788, S. 262

steht als Weltweisheit nun einmal nicht aus einzelnen, beziehungslosen Ge-
dankengefügen.

Trotz dieser Unzulänglichkeiten sollte zumindest andeutungsweise erkennbar geworden sein, wie die LEIBNIZsche Versöhnung von Materialisten und
Idealisten, von Anhängern der "modernen" und der "alten" Philosophie, von
Vertretern des rationalen Kausalismus und des weltanschaulichen Finalismus
nachvollzogen und wie sie beurteilt werden kann: "... dann nichts so schlecht
darinn man nicht was guthes finde, und habe ich sonderlich den gebrauch,
alle Dinge zum besten zu deüten ... " [13] sagt LEIBNIZ - nicht nur in bezug auf
vermeintlich häretische Schriften.

Gibt es für ein solches Versöhnungswerk heute noch Bedarf? Gibt es auch
heute bedeutende Persönlichkeiten und gesellschaftliche Gruppen, deren
Überzeugungen ähnlich weit auseinander liegen wie Kausalismus und Finalismus? Stehen wir uns noch heute unversöhnlich gegenüber und herrscht
Mangel an Toleranz und Dialogbereitschaft? Vermutlich dürfen alle diese
Fragen nicht ruhigen Gewissens als erledigt abgetan werden. Denn wir er-
lebten gerade in den letzten Jahrzehnten ein breites Aufbegehren gegen Wis-
senschafts- und Technikgläubigkeit, gegen die verwaltete Gesellschaft, gegen wirtschaftliche Zuwachsraten um jeden Preis und gegen primär konsu-
morientierte Freizeitgestaltung. Auch ist die allgemeine Suche nach Selbst-
verwirklichung, nach gehaltvoller beruflicher Betätigung sowie nach Lebens-
orientierung und Lebenssinn überall spürbar.

Man kann mit Recht fragen, ob solche gesellschaftlichen Entwicklungen und
Tendenzen durch philosophiegeschichtliche Betrachtungen zu beeinflussen
sind. Aber wie kann man den aufgeworfenen Fragen anders begegnen als mit
nachdenklichem, die Vergangenheit und die Zukunft einbeziehendem Weit-
blick, mit Toleranz und Offenheit für scheinbar unvereinbare Auffassungen,
mit Optimismus und Mut, das menschliche Miteinander immer wieder neu
zu hinterfragen und zu gestalten?

---

[13] Leibniz an J.D. Crafft, 6.11.1687 (Leibniz, G.W.; Sämtliche Schriften und Briefe, hrsg.
von der Berlin-Brandenburgischen Akademie der Wissenschaften, Bd III.4, S. 360

Leibniz als Initiator einer "aesthetica universalis"

Knut Radbruch

LEIBNIZ hat keine systematische Ästhetik entfaltet - ja man wird sogar den Begriff »Ästhetik« im umfangreichen Werk von LEIBNIZ vergeblich suchen. Denn wenn die Literaturwissenschaftler richtig recherchiert haben, so taucht Ästhetik als Name einer neu zu etablierenden Wissenschaft erstmals 1735 in ALEXANDER GOTTLIEB BAUMGARTENS Magisterdissertation auf.[1] Aber LEIBNIZ hat wesentlich dazu beigetragen, daß Ästhetik als eigenständige Disziplin im 18. Jahrhundert ihre Ausformung erfuhr. Diese Einsicht, daß die Ästhetik des 18. Jahrhunderts LEIBNIZ entscheidende Impulse verdankt, ist keineswegs neu. Insbesondere der Einfluß von LEIBNIZ auf Baumgarten ist seit 1850 in zahlreichen Aufsätzen, Dissertationen und Büchern immer wieder analysiert worden. Und ich möchte hier auch keineswegs die Ästhetik als Ganzes in ihrer Entwicklung im 18. Jahrhundert in den Blick nehmen. Mein Beitrag ist durch eine recht spezielle erkenntnisleitende Optik geprägt. Ich möchte die Geschichte einer Beziehung nachzeichnen, die bei LEIBNIZ beginnt oder doch zumindest angelegt ist und sich gegen Ende des 18. Jahrhunderts stabilisiert; es handelt sich um die Beziehung zwischen Ästhetik und Mathematik.

Als Einstieg ist es hilfreich, sich der von LEIBNIZ explizit so bezeichneten »allgemeinen Charakteristik« oder auch »characteristica universalis« zu erinnern. Diese "Charakteristik aber wird alle Fragen insgesamt auf Zahlen reduzieren und so eine Art von Statik darstellen, vermöge deren die Vernunftgründe gewogen werden können."[2] LEIBNIZ hat also das klare Ziel einer Arithmetisierung, einer Mathematisierung all derjenigen Probleme vor Augen, die sich im Wirkungsbereich der Vernunft befinden. Und er hat auch recht konkrete Vorstellungen, wie dieses Ziel erreicht werden kann. "Um die Charakteristik, die ich erstrebe, zustande zu bringen - wenigstens was die Grammatik dieser wunderbaren allgemeinen Sprache und ein Wörterbuch betrifft, das für die meisten und häufigsten Fälle ausreicht, - um mit anderen Worten für alle Ideen die charakteristischen Zahlen festzustellen, ist nichts

---

[1] Solms: Disciplina aesthetica, S. 21
[2] Leibniz: Hauptschriften I, S. 37

anderes erforderlich, als die Begründung eines mathematisch-philosophischen Lehrgangs gemäß einer Methode, die ich angeben kann ... Ich denke, daß einige Auserlesene das Ganze in fünf Jahren werden leisten können."[3] In einem *Elemente der Vernunft* genannten Beitrag aus dem Jahr 1686 äußert LEIBNIZ sich ganz ähnlich. Er schreibt dort nämlich "daß Begriffe, richtig zerlegt und geordnet, durch Zahlen dargestellt werden könnten, und daß ebenso Wahrheiten, so behandelt, wie ich es für durchführbar hielt, soweit sie von der Vernunft abhängen, durch Rechnen überprüfbar würden."[4] Hier rückt LEIBNIZ seine characteristica universalis ganz bewußt in die Tradition des Ordo-Trios Maß-Zahl-Gewicht ein. Erstmals explizit formuliert wird diese Ordo-Idee von PLATON. So heißt es im *Philebos:* "Zum Beispiel, wenn jemand aus allen Künsten die Rechenkunst und Meßkunst und die Waagekunst ausscheidet, so ist es, geradeheraus zu sagen, nur etwas Geringfügiges, was von einer jeden dann noch übrig bleibt."[5] Im ersten Jahrhundert vor der Zeitenwende schreibt ein alexandrinischer Jude in den *Weisheitsbüchern Salomons:* "Omnia in mensura et numero et pondere disposuisti"[6]. Diese Tradition wird von AUGUSTIN und NIKOLAUS VON KUES zunächst fortgeschrieben bis zu GALILEI, dessen *Saggiatore* uns wissen läßt: "Die Philosophie ist in dem großen Buche geschrieben, das offen vor unsren Augen liegt. Ich meine das Universum. Wir vermögen es jedoch erst zu lesen, wenn wir die Sprache gelernt haben und mit den Zeichen vertraut sind, in denen es geschrieben ist. Es ist in der Sprache der Mathematik geschrieben, und seine Zeichen sind Dreiecke, Kreise und andere geometrische Figuren."[7]

Diese Metapher vom Buch der Natur, welches laut GALILEI in mathematischer Schrift geschrieben ist, hat BARTHOLD HINRICH BROCKES in seinem Gedicht *Die Welt* lyrisch umgesetzt:

> Ein Frommer aber glaubt mit Recht: Es sey die Welt
> Ein Buch, das Göttliche Geheimniss' in sich hält:
> Ein Buch, das GOttes Hand, aus ew'ger Huld getrieben,
> Zu Seines Namens Ehr', und unsrer Lust, geschrieben.
> Ein Buch, das man mit Recht das Buch der Weisheit nennt,
> Aus dessen Inhalt man den wahren GOtt erkennt.

---

[3] Ebd., S.35
[4] Leibniz: Philosophische Schriften und Briefe 1683-1687, S. 100
[5] Platon: Philebos 55e
[6] Salomons Weisheitsbücher XI.21
[7] Mittelstraß: Galilei als Methodologe, S. 16

> Man kann, o Wunder! hier die Schrift von GOttes Wesen
> Nicht mit den Augen nur, mit allen Sinnen, lesen.[8]

LEIBNIZ greift das Ordo-Trio Maß-Zahl-Gewicht explizit auf, weist aber der Zahl absolute Priorität zu, diese sei nämlich "eine metaphysische Grundgestalt und die Arithmetik eine Art Statik des Universums."[9] Dabei meint LEIBNIZ, wie wir gehört haben, eine Statik des Universums der Vernunft. Und wir haben auch gehört, welch klare Vorstellungen er von der mathematischen Binnenstruktur dieses Universums hatte.

Mit derselben arithmetischen Ordo-Idee nähert sich LEIBNIZ nun aber auch den Künsten, wobei sogleich die rhetorisch behutsame Art und Weise auffällt, in der er von Musik und anderen Künsten spricht - insbesondere im Unterschied zu den klaren Konturen, mit denen er an anderer Stelle das Universum der Vernunft beschreibt. "Die Musik entzückt uns, obgleich ihre Schönheit nur in der Entsprechung von Zahlen besteht und in der unbewußten Zählung, die die Seele an den Schlägen und Schwingungen der tönenden Körper vornimmt, die in gewissen Intervallen mit einander zusammenstimmen. Die Freude, die das Auge an den Proportionen empfindet, ist von derselben Art, und auch die der übrigen Sinne wird auf etwas Ähnliches hinauslaufen, obgleich wir sie nicht so deutlich zu erklären vermögen."[10]

Hier ist also Schönheit, jener für die gesamte Ästhetik so zentrale Begriff, als arithmetische Relation charakterisiert; dieser Impuls wird, wie wir noch sehen werden, insbesondere von GOTTSCHED aufgenommen und ausgestaltet. Und auch der Begriff der Vollkommenheit, welcher bei GEORG FRIEDRICH MEIER, einem Antipoden von GOTTSCHED, als Konstituent einer Ästhetik fungiert, wird bereits von LEIBNIZ auf den ästhetischen Weg geschickt: "Man merkt nicht allezeit, worin die Vollkommenheit der angenehmen Dinge beruhe ... unterdessen wird es doch von unserem Gemüthe, obschon nicht von unserem Verstande, empfunden."[11] Und LEIBNIZ nennt auch den Grund, warum unser Gemüt ein vollkommenes Kunstwerk als angenehm empfindet, weil nämlich diese Vollkommenheit in einer Ordnung begründet liegt, welche durch die klassische Ordo-Idee gestiftet wird: "Die Schläge auf der Trommel, der Takt und die Cadenz in Tänzen und sonst

---

[8] Brockes: Auszug der vornehmsten Gedichte, S.340/341
[9] Leibnitz: Hauptschriften I, S.30
[10] Leibniz: Hauptschriften II, S.433
[11] Ebd., S.492

dergleichen Bewegungen nach Maaß und Regel, haben ihre Angenehmlichkeit von der Ordnung, denn alle Ordnung kommt dem Gemüthe zu statten."[12]
Für LEIBNIZ gründen somit Philosophie als Lehre vom Universum der Vernunft und Ästhetik als Theorie der sinnlichen Wahrnehmung im selben paradigmatischen Grundbegriff, nämlich dem der Ordnung. Für die Philosophie war diese Auffassung so neu nicht, hier liegt die Originalität von LEIBNIZ mehr in der These von der mathematischen Struktur dieser Ordnung. Aber daß sich eine Lehre der sinnlichen Wahrnehmung allein aus dem Prinzip der Ordnung entfalten lassen müsse, für diese These von LEIBNIZ gibt es keine Vorgänger. Natürlich gab es schon vorher Kritik und Beurteilung von literarischen Texten, musikalischen Kompositionen und Werken der bildenden Kunst. Aber ein einheitliches methodisches Vorgehen lag alledem nicht zugrunde. Die von LEIBNIZ propagierte Grundlegung aller sinnlichen Wahrnehmung durch ein gemeinsames Prinzip, nämlich der Ordnung, stellt nun jedoch die Aufgabe der Entfaltung einer allgemeinen Ästhetik als System, als eigenständige Disziplin. Und darüberhinaus hat LEIBNIZ, wie wir gehört haben, dieser neuen Ästhetik die Mathematik als Kuckucksei ins Nest gelegt. Deshalb überrascht es nicht, daß die Entwicklung der Ästhetik in der Folgezeit durch ein Spannungsverhältnis zwischen Anbindung an mathematische Doktrinen und Eigenständigkeit per kunstimmanenter Kriterien geprägt ist.

In diesem Zusammenhang muß auf CHRISTIAN WOLFF eingegangen werden, der die von LEIBNIZ gestellte Aufgabe der Ausarbeitung einer neuen Ästhetik zwar nicht in Angriff nimmt, aber doch präzisiert. WOLFF war ein eloquenter Verfechter der demonstrativen Methode nach dem Vorbild EUKLIDS und ihm ging es insbesondere um eine weitestmögliche Ausdehnung des Zuständigkeitsbereichs dieser Methode. "Insonderheit beweise ich mit gantz klaren Exempeln, daß auch ausser der Mathematick die Beweise am allerbesten auf eben solche Art, wie man in der Geometrie verfähret, eingerichtet werden können."[13] Für ihn ist ein solches Vorgehen natürlich und angemessen, denn er ist überzeugt, "daß die Art zu gedencken selbst in mathematische Demonstrationen mit der gemeinen Art zu dencken im menschlichen Leben völlig überein kommet."[14] Und er bringt auch die Aufgabe einer Ästhetik ins Spiel: "Ja, wenn man die Regeln der Redner-Kunst, der Poesie,

---

[12] Ebd.
[13] Wolff: Übrige Schriften, S.624
[14] Wolff: Deutsche Ethik, S. 184/185

der Kunst zu erfinden, demonstrativisch untersuchen solte, so würde man auch nöthig haben, unterweilen diese Gründe zu brauchen."[15]

Eine ebenso umfassende wie systematische Poetik in Anlehnung an die von LEIBNIZ fixierten Vorgaben entfaltet JOHANN CHRISTOPH GOTTSCHED. GOTTSCHED war ein glühender Verehrer von LEIBNIZ, dies kann man zum Beispiel sehr deutlich seinen Gedichten entnehmen.

So heißt es in dem Gedicht mit dem etwas länglichen Titel *Das Andenken des vor 100 Jahren in Leipzig gebohrenen Freyherrn Gottfried Wilhelms von Leibnitz* aus dem Jahr 1746 unter anderem:

> Wer kennt die Wunderrechnung nicht
> Die A r c h i m e d ersann, den Weltraum zu ergründen?
> Was größers war kaum auszufinden,
> In dem, was Menschenwitz verspricht.

> Nur L e i b n i t z hat noch mehr versucht;
> Er fand die Rechenkunst in dem unendlich Kleinen:
> Hier konnt er doppelt groß erscheinen,
> Und ganzer Völker Neid war seines Witzes Frucht.
> Die Eifersucht der stolzen Britten
> Hat die Erfindung ihm aufs heftigste bestritten.[16]

> Gebrauchte sonst P y t h a g o r a s
> Die Kunst, zehn Ziffern nur im Rechnen anzuwenden;
> Und doch das schwerste zu vollenden;
> So that zwar W e i g e l mehr als das.
> Vier Ziffern langten völlig hin,
> Die unermeßne Reih der Größen zu erreichen:

> Doch dieser Kunstgriff selbst muß weichen,
> Was größers noch erfand des L e i b n i t z scharfer Sinn.
> Das ungeheure Heer der Zahlen
> Läßt durch zwo Ziffern sich, durch Null und Eins schon malen.[17]

1730 erschien GOTTSCHEDS *Versuch einer critischen Dichtkunst vor die Deutschen.* Zentrale Begriffe sind bei ihm Schönheit und Geschmack, wobei er in beiden Fällen, wenn auch auf unterschiedliche Art, Mathematik in die Argumentation einbezieht und somit die von LEIBNIZ erhobene Forderung

---

[15] Wolff: Anmerkungen zur Deutschen Metaphysik, S. 529
[16] Gottsched: Ausgewählte Werke I, S. 197/198
[17] Ebd., S.198

erfüllt, sich am Ordnungsprinzip zu orientieren. Bei der Schönheit muß natürlich die Frage erörtert werden, ob es dafür intersubjektive Kriterien gibt; LEIBNIZ hatte derartige Kriterien in arithmetischen Relationen vermutet. Und bei GOTTSCHED heißt es nun: "Die Schönheit eines künstlichen Werkes beruht nicht auf einem leeren Dünkel, sondern hat ihren festen und notwendigen Grund in der Natur der Dinge. Gott hat alles nach Zahl, Maß und Gewicht geschaffen. Die natürlichen Dinge sind schön; und wenn also die Kunst auch was Schönes hervorbringen will, muß sie dem Muster der Natur nachahmen. Das genaue Verhältnis, die Ordnung und richtige Abmessung aller Teile, daraus ein Ding besteht, ist die Quelle aller Schönheit."[18] Zum besseren Verständnis dieser Passage sei in Erinnerung gerufen, daß die Aufgabe der Poesie und allgemeiner der Kunst zur Zeit GOTTSCHEDS in der Naturnachahmung gesehen wurde. Da nun der Schöpfer die Natur entlang der Ordnungsprinzipien Maß, Zahl und Gewicht geschaffen hat, müssen diese Prinzipien, so sagt GOTTSCHED, auch bei der Nachahmung im Kunstwerk zugrunde gelegt werden. Damit haben Natur und Kunst die gleiche Binnenstruktur, und das in beiden Fällen adäquate Medium einer Beschreibung dieser Binnenstruktur ist die Mathematik, wenn auch mit spezifischen Besonderheiten. Was die mathematische Beschreibung der Natur betrifft, kann GOTTSCHED einfach auf die seinerzeit schon verfügbare Naturwissenschaft verweisen. Danach geht er zur Poesie über und meint: "In der Beredsamkeit und Poesie geht es nicht anders. Kann hier gleich das Verhältnis nicht mit Zahlen und Linien ausgedrücket, mit Zirkel und Lineal abgemessen, und so handgreiflich gemacht werden als in den andern Dingen, wo man mit Hilfe der Geometrie alles sehr ins Licht setzen kann: So folgt doch deswegen nicht, daß hier alles willkürlich sei. Unsere Gedanken sind so vieler Harmonie, Ordnung, Abmessung und Verhältnis fähig als Figuren ... Nur es gehören scharfsinnigere Köpfe dazu, die Schönheiten solcher Dinge auszugrübeln ..."[19] Man muß bei aller Übereinstimmung doch auch die Differenzen zwischen GOTTSCHED und LEIBNIZ sehen, die insbesondere in einer Reduktion quantitativer zugunsten qualitativer Aspekte bei GOTTSCHED liegen. Aber die von LEIBNIZ vorgeschlagene Ordo-Idee hat GOTTSCHED ohne Einschränkung seiner Ästhetik als Folie unterlegt.

GOTTSCHED gibt leider keinen Wink, ob für ihn Schönheit ein Begriff ist, der auch in der Mathematik am richtigen Platz wäre. Hinweise etwa auf diese

---

[18] Gottsched: Schriften zur Literatur, S.70
[19] Ebd., S.71

ästhetische Komponente in der Mathematik findet man bei ihm nicht. Um so klarer bezieht er Stellung im Hinblick auf den zweiten fundamentalen Begriff seiner Poetik: "Aber niemals habe ich noch vom Geschmacke in der Arithmetik und Geometrie oder in andern Wissenschaften reden hören, wo man aus deutlich erkannten Grund-Wahrheiten die strengesten Demonstrationen zu machen vermögend ist."[20] Folglich sind auch mathematische Begriffsbildungen völlig ungeeignet, den Begriff Geschmack zu erklären. Dafür bemüht GOTTSCHED eine philosophische Argumentation und definiert Geschmack aus den Regeln der Vernunft. Ergänzend sei hinzugefügt, daß in unserer Zeit sowohl Schönheit als auch Geschmack durchaus als tragfähige und aussagekräftige Begriffe bei der Beurteilung und Wertung von Mathematik fungieren.

GOTTSCHEDS Schriften zeichnen sich durch einen besonnenen Umgang mit mathematischen Denkformen und Methoden aus. Er orientiert sich an Mathematik und verwendet sie mehrfach zur Illustration. Aber er grenzt seine Theorie auch klar gegen mathematische Eingriffe ab, wenn ihm dies erforderlich erscheint. Insofern werden ihm MORITZ CANTOR und JAKOB MINOR überhaupt nicht gerecht, wenn sie 1882 in der *Allgemeinen Deutschen Biographie* schreiben: "Gottsched selbst nimmt von der Wolff'schen Philosophie seinen Ausgang, deren mathematische Methode er auf das Gebiet der schönen Wissenschaften überträgt. Seine Poetik war Algebra, für welche die Dichter nur die bestimmten Zahlen einzusetzen hatten, um etwas Großes zu produzieren. Die Dichtungen seiner Anhänger waren Rechenexempel, deren Methode sie in Gottscheds Schule gelernt hatten."[21] Dies ist - moderat formuliert eine Karikatur auf GOTTSCHEDS Poetik.

GOTTSCHEDS 1730 in erster Auflage erschienener *Versuch einer Critischen Dichtkunst vor die Deutschen* hat damals viel Beachtung gefunden und sowohl die Poetik als auch den Fortgang der Ästhetik stark beeinflußt. Allerdings melden sich auch schon bald Kritiker zu Wort. So veröffentlicht GEORG FRIEDRICH MEIER 1747 unter dem Titel *Beurtheilung der Gottschedischen Dichtkunst* eine Rezension, die man heute als Verriß bezeichnen würde. Es heißt darin: "Da ich nun die Gottschedische Dichtkunst für ein Buch halte, welches voller Mängel und Fehler ist, so halte ich dieselbe für ein Buch, welches den Geschmack der Deutschen in der Dichtkunst ver-

---

[20] Ebd., S.61
[21] ADB Bd. 15, S.444

dirbt."[22] Aber MEIER kritisiert nicht nur, er legt auch eine Alternative vor. Ab 1748 erscheinen in rascher Folge drei Bände seiner *Anfangsgründe aller schönen Wissenschaften*. Sein Ansatz ist zunächst einmal umfassender als der von GOTTSCHED, denn er entfaltet nach dem Vorbild seines Lehrers BAUMGARTEN statt einer speziellen Rhetorik und Poetik eine allgemeine Ästhetik der Kunst. Insbesondere liegt ihm an einer klaren Trennung von sinnlich-anschaulicher Erkenntnis in der Kunst und rationaler Vernunfterkenntnis in den wissenschaftlichen Disziplinen. Da er beiden Erkenntnisformen gleichen Rang zuerkennen möchte, spricht er von schönen Wissenschaften und höheren Wissenschaften. Jeder Vertreter der schönen Wissenschaften ist bei ihm ein schöner Geist.

MEIERS Hauptanliegen besteht darin, sowohl den höheren Wissenschaften als auch den schönen Wissenschaften jeweils eigenständige Methoden, Wahrheitskriterien und Zielsetzungen zuzuweisen. So ist für ihn die in den höheren Wissenschaften unverzichtbare Methode des deduktiven Schließens in den schönen Wissenschaften völlig fehl am Platz: "Wer sieht also nicht, wie unentbehrlich die Ausbesserung der sinlichen Erkentnis ist? Wird man in unsern Tagen, wie es fast zu befürchten ist, fortfahren, bloß mathematisch zu demonstriren; so haben wir ohne Frage die scholastischen Zeiten wiederum zu erwarten."[23] Eine verstärkte Förderung der sinnlichen Erkenntnis, um den schönen Wissenschaften mehr Geltung zu verschaffen, ist nicht nur in bezug auf das Kunstwerk selbst erforderlich, sie entspricht darüberhinaus der Mentalität des Betrachters: "Die allerwenigsten Menschen sind so geistig, daß sie eine bloße strenge mathematische Demonstration einsehen könten. Die allermeisten Menschen können ohne sinliche Bilder nichts begreifen, wenigstens finden sie an der nackenden Wahrheit kein Vergnügen."[24] Die höheren Wissenschaften bemühen sich um Wahrheit mit Hilfe demonstrativer Schlußweisen nach mathematischem Vorbild. Im Unterschied dazu zielen die schönen Künste auf eine mit den Sinnen wahrgenommene Vollkommenheit, die ihrerseits Schönheit induziert. Als Korrelat zur mathematischen Demonstration führt MEIER die hermeneutische Demonstration ein und stellt hermeneutische und apodiktische Gewißheit einander gegenüber: "Die allergröste hermeneutische Gewißheit ist niemals, ohne alle Furcht des Gegentheils, folglich ist sie niemals eine apodictische Gewißheit. Folglich kan, kei-

---

[22] Meier: Beurtheilung der Gottschedischen Dichtkunst, S.4
[23] Meier: Anfangsgründe I, S.26
[24] Ebd., S.22

ne hermeneutische Demonstration, eine mathematische und apodictische Demonstration seyn."[25] Vollkommenheit und Schönheit unterliegen durchaus einem Regelwerk, doch die ästhetischen Regeln sind von anderer Natur als die an Mathematik orientierten Folgerungen. MEIER macht keinen Hehl daraus, daß für ihn die Mannigfaltigkeit der ästhetischen Regeln eine Überlegenheit der Kunst gegenüber der Wissenschaft zur Folge hat, wo wenige und einfache Regeln völlig ausreichen: "In der Vernunftlehre kan man, die mathematische Methode, durch Regeln so genau bestimmen, daß wenig oder gar nichts in derselben willkührlich bleibt, das rührt aber daher, weil diese Methode einfach ist, und weil man dabey nur eine Absicht hat, nemlich die mathematische Deutlichkeit und Gewißheit der Wahrheiten zu erlangen."[26]

Deshalb ist er auch der Meinung, "daß ein blosser practischer Aestheticus unendliche mal volkommener sey, als ein blosser practischer Logicus. Ein blosser Logicus ist eine so schulfüchsische und düstere Creatur, daß man ihn ohne Lachen nicht betrachten kan; da im Gegentheil ein blosser Aestheticus menschlich ist und sich jederzeit mehrern Personen gefällig machen kan. Ein schöner Vortrag findet einen viel stärckern und ausgebreiteten Beyfall, als eine bloß mathematische Demonstration."[27]

Bei allen Unterschieden in Methoden, Zielen und Wahrheitsansprüchen stehen die höheren und schönen Wissenschaften für MEIER in einer sich wechselseitig anregenden und fördernden Beziehung zueinander. Seiner Meinung nach haben wir mit den schönen Wissenschaften ein Medium zur Verfügung, in welchem die Inhalte der höheren Wissenschaften angenehm und faßlich vermittelt werden können. Als Gegenleistung stellen die höheren Wissenschaften Themen bereit, die in den schönen Wissenschaften aufgegriffen und ausgestaltet werden. Ein schöner Geist, so nennt er den Repräsentanten der schönen Wissenschaften, muß sich deshalb bei ihm in den höheren Wissenschaften gut auskennen. Unverzichtbar sind alle historischen, anthropologischen, moralischen, theologischen Disziplinen und eben auch "die physischen und mathematischen Wissenschaften. Man kan nicht genug sagen, wie prächtig, majestätisch und bewundernswürdig das Weltgebäude in unsern Augen wird, wenn man diese Wissenschaften versteht."[28] MEIER ist also mitnichten ein Gegner der Mathematik, er will lediglich die Grenzen des Zu-

---

[25] Meier: Auslegungskunst, S.127/128
[26] Meier: Anfangsgründe III, S.288
[27] Meier: Anfangsgründe I, S.9
[28] Meier: Anfangsgründe I, S.550

ständigkeitsbereichs mathematischer Regeln und Methoden deutlich aufzeigen. Wie sehr ihm eine solchermaßen in ihre natürliche Heimat zurückverwiesene Mathematik am Herzen liegt, zeigt die folgende Passage, welche unmittelbar an das zuletzt zitierte Plädoyer für Mathematik anschließt. "Wie viel erhabene Beschreibungen, welche prächtige Bilder, was für edler Stof zum schönen Denken kan nicht aus diesen Wissenschaften, hergenommen werden!" Hier kommt die Mathematik als Motiv, als Gegenstand, als Rahmenthema oder Leitthema für die Literatur in den Blick. Für MEIER liegt in der Mathematik ein umfangreiches Areal von Themen für die Poesie herausfordernd bereit. Und er schickt eine Anklage gleich hinterher: "Es ist eine Schande, daß wir noch keine neue HOMERS haben, da doch die Naturlehrer und Mathematiker, so vielen und erstaunenswürdigen Vorrath, zu neuen erstaunlichen, kurz zu HOMERISCHEN Gedanken, in den physischen und mathematischen Wissenschaften entdeckt haben."

Was MEIER hier als Schande anprangert, ist ein höchst bemerkenswerter Sachverhalt. Angesichts des enormen Aufschwungs der Mathematik und des ständigen Zuwachses sowohl des Ansehens als auch der Anwendungsvielfalt von Mathematik seit der Renaissance ist es doch mehr als verwunderlich, daß zunächst keine der literarischen Gattungen die Mathematik in ihren Stoffkanon aufnahm, von sporadischen Ansätzen einmal abgesehen. Dies ist um so erstaunlicher, als insbesondere die Astronomie, aber auch andere Naturwissenschaften, die doch sämtlich Mathematik als Steigbügel benutzten, Berücksichtigung insbesondere in der Lyrik gefunden hatten. Auch die spezielle Gattung der Lehrdichtung machte einen Bogen um die Mathematik. Über Gründe und Zusammenhänge kann man nur spekulieren. In jedem Fall wird man berücksichtigen müssen, daß sich Literatur an Leser wendet. Und die potentiellen Leser jener Zeit waren über die neuen Entwicklungen innerhalb der Mathematik größtenteils nicht im Bild; die überwiegende Mehrheit der Bürger besaß nicht einmal propädeutische Grundkenntnisse dieser Wissenschaft. Wenn ROBERT MUSIL im Jahr 1906 seinen Törleß an der imaginären Einheit verzweifeln läßt, so kann er die entsprechenden mathematischen Vorkenntnisse zwar nicht bei jedem Leser, jedoch bei einer respektablen Leserschar voraussetzen. Analoge Bedingungen fanden die Dichter bis zum Ende des 18. Jahrhunderts nicht vor.

MEIERS *Anfangsgründe aller schönen Wissenschaften* haben wesentlich dazu beigetragen, daß Mitte des 18. Jahrhunderts die Ästhetik in den Kanon der etablierten Wissenschaften aufgenommen wurde. Im 1732 erschienenen

Band von *Zedlers Universallexikon aller Wissenschaften und Künste* findet sich noch kein Eintrag über Ästhetik. Doch schon im ersten Supplementband heißt es 1751, die "Aesthetick ist eine Wissenschaft von der sinlichen Erkenntnis ..., die nichts anders als eine Logik der Sinnen ist."[29] Und es wird auch ausdrücklich darauf hingewiesen, daß GEORG FRIEDRICH MEIER "die Weltweisheit mit diesem Theile bereichert" habe. Diese neue Ästhetik muß dann in der zweiten Hälfte des 18. Jahrhunderts viele Freunde bzw. Anhänger gewonnen haben, denn schon 1804 vermerkte JEAN PAUL in seiner *Vorschule der Ästhetik:* "Von nichts wimmelt unsere Zeit so sehr als von Ästhetikern."[30]

Wir haben erkannt daß die zentrale Intention der Ästhetik MEIERS darin besteht, sowohl den höheren Wissenschaften als auch den schönen Wissenschaften jeweils eigenständige Methoden, Wahrheitskriterien und Zielsetzungen zuzuweisen. Die Mathematik fungiert bei ihm dabei als Klärungsinstanz für die Unterschiede von Wissenschaft und Kunst. Dies war der Stand um 1760. In den nachfolgenden Jahrzehnten wurden wieder intensive Anstrengungen unternommen, Wissenschaft und Kunst aus gemeinsamen Prinzipien zu begründen, beide Kulturleistungen aus ein und derselben Quelle zu deuten, so wie dies LEIBNIZ ja angeregt hatte. Und wie schon bei LEIBNIZ, so übernimmt auch in diesem Prozeß die Mathematik Führungsaufgaben. JOHANN NIKOLAUS TETENS wäre hier zu nennen und natürlich auch KANT. Ich möchte aber die vier letzten Jahrzehnte des 18. Jahrhunderts überspringen und mich zum Abschluß meiner Ausführungen jenem Denker zuwenden, bei dem die Einheit von Kunst und Wissenschaft eine weder zuvor noch danach wieder erreichte Vollendung erfährt - und dies entlang der Mathematik. Die Rede ist von FRIEDRICH SCHLEGEL.

Alle Interpreten FRIEDRICH SCHLEGELS sind sich darin einig, daß dessen bedeutendsten und originellsten Leistungen in seinen kritischen Analysen und theoretischen Konzeptionen zu sehen sind. In meinem Beitrag wird nur eine einzige seiner Konzeptionen vorgestellt - und dies leider auch nur skizzenhaft, nämlich der theoretische Entwurf einer Einheit von Wissenschaft und Kunst.

Auf dem Weg zu seinem Versuch einer neuartigen Einheit von Wissenschaft und Kunst bestimmt SCHLEGEL in einer Vorlesung über die Geschichte der

---

[29] Zedler: Supplemente. Band 1, Sp. 667
[30] Jean Paul: Sämtliche Werke. Band 5, S.22

europäischen Literatur die Philosophie "als allgemeinste Wissenschaft: als Wissenschaft der Wissenschaften" und die Poesie "als allgemeinste Kunst: als Kunst der Künste."[31] Diese Auszeichnung von Philosophie als Wissenschaft der Wissenschaften und Poesie als Kunst der Künste wird von ihm ausführlich und im Detail begründet. Nun fehlt nur noch die Einheit von Philosophie und Poesie, und mit einer programmatischen Aussage hierüber beschließt SCHLEGEL seine Vorlesung über Transzendentalphilosophie: "Eine Wissenschaft, die ... alle Künste und Wissenschaften in eine verbindet, die also die Kunst wäre, das Göttliche zu produzieren, könnte mit keinem anderen Namen bezeichnet werden als MAGIE."[32] Man beachte das Wortspiel: "Eine Wissenschaft, die ... also die Kunst wäre". Diese Disziplin wäre also Wissenschaft und Kunst zugleich und würde sämtliche Wissenschaften und Künste umfassen bzw. als Einheit sichtbar werden lassen. SCHLEGEL gibt an dieser Stelle nur den Namen für diese ranghöchste Disziplin preis: MAGIE. Wir müssen also Schlegels mehr als 7000 Fragmente daraufhin durchsehen, was mit dieser Magie gemeint sein könnte. Einen ersten Hinweis liefert die Aussage: "Die Principien der Musik und der Magie sind in der Mathematik zu suchen."[33] Wenn in dieser Weise Magie auf Mathematik zurückgeführt wird, muß nach den Prinzipien der Mathematik gefragt werden. Und darüber belehrt uns Schlegel folgendermaßen: "Die Principien der Mathematik sind magisch."[34] Es bestimmen sich also Mathematik und Magie wechselseitig; beide sind sowohl Bedingung als auch Konsequenz des Partners. Aber Schlegel geht noch einen Schritt weiter; in einem anderen Fragment notiert er: "Mathematik = Magie ... Mathematik wäre dann wohl ein ORGANON der Magie."[35] Und die Magie, dies sei in Erinnerung gerufen, trat erstmals beim Versuch einer Synopse von Philosophie und Poesie und damit zugleich bei der Suche nach einer Einheit aller Wissenschaften und Künste auf den Plan. Schlegel hatte zunächst erklärt, diese mit universeller Integrationskraft versehene Disziplin "könnte mit keinem anderen Namen bezeichnet werden als MAGIE." Inzwischen haben wir gelernt, was sich hinter dem Namen Magie verbirgt: es ist die Mathematik. Und damit erhält auch eine andere Aussage von SCHLEGEL, welche isoliert gelesen unver-

---

[31] KA XI, S.7 [Zitiert wird mit der Sigle »KA« und Angabe der Band- und Seitenzahl nach der Kritischen Friedrich-Schlegel-Ausgabe]
[32] KA XII, S. 105
[33] KA XVIII S.369
[34] KA XVIII S. 154
[35] KA IXX, S. 10

ständlich bleibt, ihre organische Plazierung: "Die Mathematik ist die Wissenschaft schlechthin; nicht die mit der man anfängt, sondern die mit der man endigt."[36] Als höchste Wissenschaft und Kunst zugleich subsumiert sie somit alle Wissenschaften und Künste unter sich, insbesondere Philosophie und Poesie und damit das Universum der Vernunft gleichermaßen wie das Universum der sinnlichen Erkenntnis - kurz: Philosophie und Ästhetik. Hier erfährt also jenes Programm, welches LEIBNIZ hundert Jahre zuvor auf den Weg gebracht hatte, eine konsistente Realisierung; allerdings entspricht diese Realisierung nur teilweise den ursprünglichen Intentionen des Programms. Erfüllt hat sich die Idee von LEIBNIZ, der Mathematik ordnende und strukturierende Kraft sowohl in der Vernunft als auch in der Sinneserkenntnis zuzuweisen. In der Auffassung von Mathematik und auch im Hinblick auf die Art des Zugriffs von Mathematik auf Philosophie und Ästhetik geht SCHLEGEL jedoch andere, eigene Wege.

Bei LEIBNIZ dominierten sowohl in der *characteristica universalis* als auch in seiner Vision einer *aesthetica universalis* die arithmetischen Relationen, während SCHLEGELS Mathematikverständnis durch eine Verlagerung von der quantitativen hin zur qualitativen Komponente der Mathematik geprägt ist. So fragt er einmal sehr vorwurfsvoll: "Wann ist der Irrthum entstanden, daß Mathematik eine Wissenschaft bloß von der Größe sei?"[37] LEIBNIZ ist diesem Irrtum ganz sicher nicht erlegen, er hat sich wiederholt mit der Beziehung von Quantität und Qualität in der Mathematik befaßt; aber sein arithmetischer Ansatz in Philosophie und Ästhetik war entweder zu eng oder zu optimistisch. Die entscheidende Akzentverschiebung bei SCHLEGEL liegt darin, daß er Mathematik nicht als Methode einer Beschreibung oder Beherrschung sondern als Paradigma eines umfassenden Systems in Gebrauch nimmt. Im Rückblick sieht es so aus, als ob SCHLEGELS Theorie die einzig mögliche Realisierung des von LEIBNIZ formulierten Programms sei. Wir haben beiden zu danken: LEIBNIZ für die geniale Aufgabenstellung und SCHLEGEL für die originelle Lösung.

---

[36] KA XVIII, S. 137
[37] KA XVIII, S. 150

Literatur

BROCKES, BARTHOLD HEINRICH: Auszug der vornehmsten Gedichte aus dem in fünf Theilen herausgegebenen Irdischen Vergnügen in Gott. Herold: Hamburg 1738. Nachdruck Lang: Bern 1970

GOTTSCHED, JOHANN CHRISTOPH: Ausgewählte Werke. Hrsg. von Joachim Birke. Erster Band: Gedichte und Gedichtübertragungen. De Gruyter & Co: Berlin: 1968

GOTTSCHED, JOHANN CHRISTOPH: Schriften zur Literatur. Hrsg. von Horst Steinmetz (U-B Nr.9361). Reclam jun.: Stuttgart 1972

JEAN PAUL: Sämtliche Werke. Bd.5. Hrsg. von Norbert Miller. Hanser: München 1980

LEIBNIZ, GOTTFRIED WILHELM: Hauptschriften zur Grundlegung der Philosophie. Hrsg. von E. Cassirer. Band I (PhB 107). Meiner: Hamburg 1966

LEIBNIZ, GOTTFRIED WILHELM: Hauptschriften zur Grundlegung der Philosophie. Hrsg. von E. Cassirer. Band II (PhB 108). Meiner: Hamburg 1966

LEIBNIZ, GOTTFRIED WILHELM: Philosophische Schriften und Briefe 1683-1687. Hrsg. von Ursula Goldenbaum. Akademie: Berlin 1992

MEIER, GEORG FRIEDRICH: Beurtheilung der Gottschedischen Dichtkunst. Hemmerde: Halle 1747. Nachdruck Olms: Hildesheim 1975

MEIER, GEORG FRIEDRICH: Anfangsgründe aller schönen Wissenschaften I-III. Hemmerde: Halle 1754-1759. Nachdruck Olms: Hildesheim 1976

MEIER, GEORG FRIEDRICH: Versuch einer allgemeinen Auslegungskunst. Hemmerde: Halle 1757. Nachdruck mit einer Einleitung von Lutz Geldsetzer. Stern-Verlag Janssen & Co: Düsseldorf 1965

MITTELSTRAß, JÜRGEN: Galilei als Methodologe, Berichte zur Wissenschaftsgeschichte, Bd. 18 (1995), S. 15-25

PLATON: Sämtliche Werke. Band 5 (Rowohlts Klassiker der Literatur und der Wissenschaft Bd. 47). Rowohlt: Reinbek 1964

SCHLEGEL, FRIEDRICH: Kritische Ausgabe. 35 Bände. Hrsg. von Ernst Behler. Schöningh-Thomas: München-Paderborn-Wien-Zürich 1958ff.

SOLMS, FRIEDHELM: Disciplina aesthetica. Zur Frühgeschichte der ästhetischen Theorie bei Baumgarten und Herder. Klett-Cotta: Stuttgart 1990

WOLFF, CHRISTIAN: Der Vernünftigen Gedancken von Gott, der Welt und der Seele des Menschen, auch allen Dingen überhaupt, Anderer Theil (= Anmerkungen zur Deutschen Metaphysik). Franckfurt/M. 1724. Nachdruck Olms: Hildesheim 1983

WOLFF, CHRISTIAN: Vernünftige Gedancken von der Menschen Thun und Lassen, zu Beförderung ihrer Glückseeligkeit (= Deutsche Ethik). Halle 1747. Nachdruck Olms: Hildesheim 1976

WOLFF, CHRISTIAN: Übrige theils noch gefundene Kleine Schriften und Einzelne Betrachtungen zur Verbesserung der Wissenschaften. Halle 1755

ZEDLER: Nöthige Supplemente zu dem Großen Vollständigen Universal Lexicon Aller Wissenschaften und Künste, Erster Band. Leipzig 1751

Die "Monadologie" von Leibniz als Lektüre im Ethikunterricht

Hans Recknagel

Im Ethikunterricht haben es Schüler und Lehrer fast nur mit Textaus-schnitten, mit Auszügen aus philosophischen Texten zu tun. Der logische Zusammenhang, die gedankliche Entwicklung und die systematische Ord-nung eines ganzen Werkes fehlen dadurch, sie müssen vom Lehrer nachge-liefert oder vorweg genannt werden. Andererseits heißt es im *Ethik-Lehr-plan von 1992* für die 11. Klassen:

"3. Philosophisch-ethische Deutung des Menschen: ... sie sollen Grundmu-ster der philosophisch-ethischen Deutung des Menschen ... kennenlernen ... , sollen ... sich ... mit den ... Aussagen wie dem methodischen Vorgehen der Philosophen auseinandersetzen und im kritischen Nachvollzug dieser Gedanken ihr eigenes Denkvermögen schulen ..." (Amtsblatt, S. 603)

Wie könnte man sich besser mit "dem methodischen Vorgehen der Philo-sophen" auseinandersetzen als durch die Lektüre einer Ganzschrift?

In der 11. Klasse bietet sich also eine mögliche Lösung des Dilemmas an: die Lektüre einer philosophischen Ganzschrift und sie ließe sich in den ge-nannten dritten Abschnitt des Lehrplans einbauen.

Welche Gründe sprechen für die "Monadologie" von GOTTFRIED WILHELM LEIBNIZ? Zunächst ein sehr vordergründiges Auswahlkriterium: Der Na-menspatron meiner Schule ist LEIBNIZ, allein diese Tatsache hat das Inter-esse der Schüler gesteigert. Die Monadologie ist in drei Ausgaben im Buchhandel erhältlich, wobei die Übersetzung von HERMANN GLOCKNER im Reclam-Verlag sehr preiswert ist. Außerdem gibt es eine zweisprachige Ausgabe bei Reclam und eine in der Philosophischen Bibliothek im Felix Meiner Verlag (dt. von Buchenau).

Die Monadologie ist vom Umfang her recht überschaubar (90 kurze Artikel oder 22 Reclamseiten) und entmutigt nicht von vornherein den Leser bzw. den Schüler. Im Text selbst gibt es schon sehr viele Querverweise auf die "Theodizee", und der Anmerkungsapparat ist mit 33 Seiten umfangreicher als der Text selbst.

Sehr hilfreich ist es vor allem für den Lehrer, daß es noch kürzere Entwürfe von LEIBNIZ gibt (12 Seiten, 18 Artikel), die zur Klärung mancher Sachverhalte herangezogen werden können, z.B. die "Vernunftprinzipien der Natur und der Gnade" (Principes de la nature et de la grace fondés en raison) für PRINZ EUGEN.

Der wichtigste Grund für die Wahl der Monadologie war aber, daß sie ein nahezu vollständiges Lehrgebäude, ein einheitliches philosophisches System darstellt, das von der Ontologie (17.) über die Erkenntnistheorie (37.) und die Ethik bis zur Metaphysik (67., Gott, prästabilierte Harmonie, infinites Prinzip, Hierarchie) alle Bereiche der Philosophie umfaßt.

Und dieses Lehrgebäude und philosphische System wird auf rational deduktivem Wege entwickelt! Allerdings nicht im Sinne von DESCARTES und SPINOZA, "more geometrico", sondern "methodo infinitorum", nach dem infiniten Prinzip!

Wie soll die Lektüre ablaufen? Als Hausaufgabe im stillen Kämmerlein ist sie kaum möglich. Es wäre schön, wenn die Schüler die Schrift vorab zu Hause durchlesen, dies kann allerdings auch sehr irritierend sein und eher abschrecken. Gemeinsam zu lesen und zu erläutern, Seite für Seite im Unterricht, ist sehr zeitaufwendig! Ich habe in verschiedenen Versuchen folgende Erfahrungen gemacht:

Den Anfang, die Ontologie bis Art. 17, sollte man gemeinsam lesen und besprechen. So wird die Lesegenauigkeit eingestellt und geschärft und die Technik des Fragens, Verknüpfens und Folgerns entwickelt.

Die übrigen Artikel wurden auf Kleingruppen (höchstens drei Schüler) verteilt, von diesen im Unterricht zusammengefaßt und erarbeitet der gesamten Gruppe vorgetragen und dann diskutiert. Anknüpfungen an die vorausgehende Gruppe, kritische Fragen seitens der Referenten und der zuhörenden Schüler, Definitionsversuche und themenartige Zusammenfassungen (etwa auf Folien) sind dabei unerläßlich. Sie müssen u.U. durch Fragen des Lehrers provoziert werden. Dies ist ja des Lehrers tägliches Brot.

Auf diese Weise kann man die Lektüre wesentlich schneller bewältigen, und der sehr rasch auftretende Ermüdungseffekt kann so vermieden werden.

Meine Aufgabe war es oft die Abstraktionen des Textes durch Beispiele und Vergleiche zu konkretisieren und zu veranschaulichen. Beispiele und Vergleiche bergen natürlich die Gefahr unzulässiger Verallgemeinerungen, ja der Verfälschung in sich, aber diese Gratwanderung muß jeder Lehrer in jedem Fach immer wieder machen.

Und wie bei der Analyse von Textausschnitten kann man die Erfahrung machen, daß auch uralte philosophische Systeme eine sehr große Aktualität und Brisanz haben, auch für Schüler.

Doch nun kurz zu den Inhalten der Monadologie selbst:

„1. Die Monade, von der wir hier sprechen, ist nichts anderes als eine einfache Substanz ..." ("*... n'est autre chose, qu'une substance simple ...*")

So einfach beginnt es - und dahinter steckt die Substanz-Lehre der Antike, der Scholastik und des Rationalismus: DESCARTES nahm drei Substanzen an, eine unendliche (nämlich *Gott*) und zwei endliche, nämlich eine ausgedehnte (*Materie* oder *Körper*) und eine denkende (*Geist*). Und mit dieser Dreiheit war niemand recht glücklich. SPINOZA machte z.B. die unendliche Substanz zur einzigen und behauptete, daß Gott und Natur identisch seien: *Deus sive natura!*

Für LEIBNIZens Weltmodell ist die Monade die einzige Substanz, der Urbaustein und das Elementarteilchen schlechthin! Das griechische Wort "monas" bedeutet ja Einheit.

Diese Monade ist eine einfache Substanz, d.h. sie ist nicht aus Teilen zusammengesetzt. Sie hat folglich keine Ausdehnung und keine Fenster, d.h. sie ist auch nicht von außen beeinflußbar.

Ein weiteres Wesensmerkmal der Monaden ist nach LEIBNIZ, daß sie tätig, daß sie aktiv sind. Hier übersteigt LEIBNIZ den mechanistischen Denkansatz der Rationalisten bei weitem. Die Monade sind Energien, Energiepunkte; sie sind etwas Dynamisches, sie sind etwas Lebendiges, Beseeltes. Man könnte fast mit HENRI BERGSON sagen, sie haben einen "élan vital", lebendige Energien. Und Energie und Substanz sind komplementär, die zwei Seiten einer Medaille. Auch in dieser Hinsicht ist LEIBNIZ sehr modern! Energie und Kraft kann man nicht geometrisch und statisch beschreiben, sondern als Impuls, als Bewegung, als Verdichtung und Spannung und als Kraftfelder.

Diese Energie, dieses Tätig-Sein - ein GOETHEsches Zentralwort - der Monaden besteht in sogenannten "Perzeptionen" bzw. "Apperzeptionen", d.h. die Monaden entwickeln Vorstellungen, Wünsche, Begehrungen und ein Wollen. Nach dem Grad der Klarheit der Perzeptionen gibt es eine Hierarchie der Monaden: Die oberste Monade, die Urmonade, ist Gott, dann kommen die Geister, die Seelen, die Lebewesen usw.. GILES DELEUZE hat dafür in seiner LEIBNIZ-Monographie von 1995 folgende mathematische Formel verwendet: die Gott-Monade ist gleich $\infty/1$, d.h. unendlich, und die menschliche Monade ist gleich $1/\infty$, d.h. ein Unendlichstel. Das Unendliche ist das eigentliche neue Thema in der Mathematik und in der Metaphysik. Das Unendliche darf nicht als ein noch so kleines Ausgedehntes, ein Extensives verstanden werden, sondern als ein Kontinuum, als variable Größe, als Bewegung und als Ortsveränderung. Die Pythagoräer meinten, das Unendliche sei den Sterblichen als Denkschranke von den Göttern gesetzt.

LEIBNIZ schreibt um 1680 über das Infinitesimalprinzip:

"Zugleich aber lassen sich hier auch all die Fragen, für die das Vermögen der Anschauung nicht mehr zureicht, weiter verfolgen, so daß der hier geschilderte Kalkül die Ergänzung der sinnlichen Anschauung ist und gleichsam ihre Vollendung darstellt."

Es gibt unendlich viele Monaden. Diese unendlich vielen Einheiten können sich zu Vielheiten organisieren bzw. zusammensetzen.

Mit dem dritten und großartigsten Merkmal der Monaden gibt LEIBNIZ seinem Gedankengebäude erst den "unverlöschlichen Glanz". Jede Monade ist nicht nur eine Einheit, etwas Unteilbares, sondern auch etwas Einzigartiges und Individuelles, sowohl im Verhältnis zu anderen Monaden, als auch in seinen Perzeptionen oder Vorstellungen. Und jede Monade ist ein "lebendiger Spiegel des Universums", sie spiegelt mehr oder weniger klar in ihren Vorstellungen das Universum von ihrer Perspektive aus:

"Jedes Stück Materie kann wie ein Garten voller Pflanzen und wie ein Teich voller Fische aufgefaßt werden. Aber jeder Zweig der Pflanze, jedes Glied eines Tieres, jeder Tropfen seiner Säfte ist wiederum ein solcher Garten oder ein solcher Teich. Und obwohl die Erde und die Luft zwischen den Pflanzen des Gartens oder das Wasser zwischen den Fischen des Teiches selbst weder Pflanze noch Fisch sind, so enthalten sie doch immer wieder solche, in den meisten Fällen jedoch von einer für uns unmerklichen Feinheit."

Das ist die unendliche Melodie des infinitesimalen Denkprinzips, und hier ist er unserem Weltverständnis am nächsten! Erinnert dieser Vergleich von LEIBNIZ nicht an die Fraktale von BENOIT MANDELBROT, wo sich die Com-

putergraphik einer Spirale ins Unendliche fort immer wieder neu ver-
zweigt? Mit einem Wort, erinnert dies nicht an die Chaostheorie?

Noch anschaulicher und poetischer beschreibt FAUST in seiner Studierstube
diesen Weltinnenraum:

> *"Wie alles sich zum Ganzen webt,*
> *Eins in dem andern wirkt und lebt!*
> *Wie Himmelskräfte auf und nieder steigen*
> *Und sich die goldnen Eimer reichen!*
> *Mit segenduftenden Schwingen*
> *Vom Himmel durch die Erde dringen,*
> *Harmonisch all das All durchklingen!*
>
> *Welch Schauspiel! aber ach! ein Schauspiel nur!*
> *Wo faß ich dich, unendliche Natur?"*

Wie können nun diese unendlich vielen und unendlich kleinen individuellen Wesen, die ja keine Fenster haben, in irgendeiner Weise zusammenwirken? Hier entwickelt LEIBNIZ nach dem Elend und dem Schrecken des
30jährigen Krieges, vielleicht sogar gegen diese Not seinen schönsten,
großartigsten und tapfersten Gedanken, den von der *"prästabilierten Harmonie":*

*Diese Prinzipien haben es mir ermöglicht, die Vereinigung oder besser die
Übereinstimmung der Seele mit dem organischen Körper auf natürliche
Weise zu erklären. Die Seele folgt ihren eigenen Gesetzen und ebenso der
Körper den seinen; sie treffen zusammen kraft der zwischen allen Substan-
zen prästabilierten Harmonie, da sie ja alle Repräsentationen eines und
desselben Universums sind."*

Und auch hier ist LEIBNIZ überaus aktuell, wenn man an die physikalische
Theorie der Supersymmetrie von Fermionen und Bosonen in einem Super-
raum denkt.

In den §§ 87 und 88 der "Monadologie" formuliert es LEIBNIZ wie folgt:

*"So müssen wir hier noch eine andere Harmonie anmerken, die zwischen
dem physischen Reiche der Natur und dem moralischen Reiche der Gnade
besteht, d.h. zwischen Gott als dem Baumeister der Weltmaschine, und Gott
als Monarchen des göttlichen Staates der Geister. Diese Harmonie bewirkt,*

daß die Dinge auf den Wegen der Natur selbst zur Gnade führen, zur Strafe der einen und zur Belohnung der anderen. "

Die Idee von der prästabilierten Harmonie entspringt dem rationalen Optimismus, daß in den Monaden, daß in dieser Welt der Wille zur Harmonie, der Wille zum Guten von vornherein angelegt ist, und das ist das Grundprinzip jeder vernünftigen Ethik. Der zureichende Grund des Universums ist für LEIBNIZ Gott. Er hat aus seiner Vollkommenheit in jede Monade diese Harmonie als eine Art Grundgesetz, als Postulat und als utopischen Traum gelegt.

Und hier klingt schließlich der Gedanke der Theodizee, der Rechtfertigung Gottes an, daß nämlich diese Welt die beste mögliche Welt ist:

Es wäre für LEIBNIZ geradezu zynisch, der Vollkommenheit und Güte Gottes eine weniger geglückte Welt zuzutrauen. Das unbestreitbar vorhandene Übel leitet sich aus der Freiheit des Menschen ab, aus seiner Freiheit zum Guten oder Bösen.

Der Schlussparagraph der Monadologie ist eine solche Theodizee:

"So wird es schließlich unter dieser vollkommenen Regierung keine gute Tat ohne Belohnung, keine schlechte ohne Bestrafung geben, und alles muß den Guten zum Wohle dienen, d.h. denen, die in diesem großen Staate keine Unzufriedenen sind, die, nachdem sie ihre Pflicht getan haben, der Vorsehung vertrauen, den Urheber alles Guten nach Gebühr lieben und nachahmen, sich in der Betrachtung seiner Vollkommenheit erfreuen, der Natur der wahren reinen Liebe folgend, die uns an der Glückseligkeit dessen, was wir lieben, Freude haben läßt.

Das ist der Grund dafür, daß weise und tugendhafte Menschen an alledem arbeiten, was mit dem mutmaßlichen oder vorhergehenden Willen Gottes übereinzustimmen scheint. Sie anerkennen nämlich, daß wir bei genügendem Verständnis der Ordnung des Universums entdecken würden, daß es alle Wünsche der Weisesten übertrifft, und daß es unmöglich ist, die Welt besser zu machen als sie ist, und zwar nicht nur in bezug auf das allgemeine Ganze, sondern auch und besonders auf uns selbst. "

In dieser Hymne auf Gott und seine Schöpfung, mit diesem Gedanken ist LEIBNIZ wahrscheinlich unserer Zeit am fernsten. Vielleicht ist dies aber auch ein rational begründeter Hinweis, daß auch ein naturwissenschaftliches und soziologisch-gesellschaftliches Weltbild notwendig einer metaphysischen Begründung bedarf.

Zurück zur Lektüre! Im Anschluß daran habe ich eine Kurzarbeit schreiben lassen mit folgender Frage neben anderen:

"Hat die Beschäftigung mit einem philosophischen System einen praktischen Nutzen? Nennen Sie ein Pro- und ein Gegenargument!"

Als Gegenargument wurde oft der hohe Grad der Abstraktheit und die großen Verständnisprobleme der Monadologie genannt. Wobei anzumerken wäre, daß andererseits die Monadologie gerade wegen ihrer logischen Konsequenz, wegen der rationalen Entwicklung der Gedankengänge auch wieder überzeugt.

Vor allem aber haben sich die Schüler im Unterricht und in dieser Arbeit an der metaphysischen Zielsetzung und Orientierung von LEIBNIZ und an seinem Gottesbegriff gerieben und damit kritisch auseinandergesetzt. Wahrscheinlich ist der Ethikschüler in dieser Hinsicht besonders hellhörig und kritisch. Es wird dabei übersehen, daß dieser rationale Gottesbegriff und die infiniten und dynamischen Denkprozesse von LEIBNIZ am ehesten unserer Zeit und unserer Denkweise entsprechen.

Literatur

LEIBNIZ, GOTTFRIED WILHELM: Vernunftprinzipien der Natur und der Gnade / Monadologie. Philosoph. Bibliothek Bd. 253. Hamburg 1982

LEIBNIZ, GOTTFRIED WILHELM: Monadologie. Reclams Universal Bibliothek 7853. Stuttgart 1994

LEIBNIZ, G.W.: Monadologie, Französisch-Deutsch. Reclam UB 7853. Stuttgart 1998

HUBER, KURT: Leibniz, der Philosoph der universalen Harmonie. Serie Piper 934. München 1989. 2. Aufl.

MÜLLER, KURT / KRÖNERT, GISELA: Leben und Werk von G.W. Leibniz. Frankfurt 1969

FINSTER, REINHARD / v.d. HEUVEL, GERD: G.W.Leibniz. Rororo monographien 481, Reinbek 1990

JOLLEY, NICHOLAS, Hrsg.: Leibniz. Cambridge 1995

DELEUZE, GILLES: Die Falte / Leibniz und das Barock. Frankfurt 1995

RECKNAGEL, HANS: G.W. Leibniz und die Nürnbergische Universität Altdorf. in Ztft " Altnürnberger Landschaft" 1996

Leibniz und China - Li , Qi und Shu

Texte und Kontexte zu Leibniz' Rezeption und Assimilation der chinesischen Geisteswelt[1]

Walther L. Fischer

> "...tauschen wir die Gaben aus,
> und entzünden wir Licht am Lichte!"

Einleitung

1. Blättert man in Monographien über LEIBNIZ' Leben und Werk, so fällt auf, daß das Thema "Leibniz und China" vielfach nur kurz, zuweilen in nur wenigen Zeilen oder gar nicht angehandelt oder angesprochen ist. Vielfach findet sich nur der im Grunde recht plakative und oberflächlich thematisierte Hinweis auf LEIBNIZ' Dyadik und die Hexagramme im alten chinesischen Orakelbuch, dem "Buch der Wandlungen", dem Yi Jing (I Ching).

2. *Leibniz und China* - der Titel unseres Referats - thematisiert freilich mehr als nur eine Marginalie im Bilde von LEIBNIZ, dem Universalgelehrten - China ist mehr als nur ein Topos neben anderen im Lebens- und Denkbild von LEIBNIZ - unser Thema "Leibniz und China" ist eine exemplarische Chiffre, zeigt in der Exotik des Ansatzes viele Züge im Wesen, der Einzigartigkeit, der geistigen Größe und Weite von LEIBNIZ.

3. Die Denkwelt von LEIBNIZ ist kein Nebeneinander von Mosaiksteinen, von Denkaspekten, keine Kaleidoskopwelt, sondern ein *geistiger Kosmos* - das Wort Kosmos verstanden, wie es die Griechen verstanden: ein Begriff, in dem mathematische Termini (Vorstellungen) mit ästhetischen Termini (Vorstellungen) und kosmologischen Termini (Vorstellungen) zusammengebunden sind, Kosmos im Sinne von Ordnung, von Ornament und von Weltall[2]. LEIBNIZ' Denkwelt als ein geistiger Kosmos, in dem alle Elemente aufeinander bezogen sind, sich zu einem großen geistigen Ganzen zusammenfinden und zusammenfügen, in dem jedes Element für jedes andere von Bedeutung ist, zusammengehalten von *Universalien*. Die Universalien sind der Kitt seines Systems.

---

[1] Vortrag auf dem Ersten Internationalen Leibniz-Forum Altdorf-Nürnberg.
[2] Vgl. FISCHER 1987; 111-112.

Stimmig ist das Ganze auch, weil es nicht nur logisch strukturiert ist, sondern ontologisch bestimmt ist von *Polaritäten*, die als solche wohl voneinander verschieden sind, teilweise einander ausschließen und doch einander ergänzen - *zueinander komplementär* sind.

4. *Theoria cum praxi*[3] heißt es bei LEIBNIZ im Hinblick auch auf die Möglichkeit der gegenseitigen Befruchtung von China und Europa. Ausdruck polaren Denkens ist auch seine Doktrin der "komplementären Begabung"[4], die er in West und Ost realisiert sieht. Denkbar und sinnvoll für das menschliche Leben ist aber auch diese Spannung nur, wenn und weil Gemeinsamkeiten existieren, weil die Chinesen, wenn schon nicht die geoffenbarte christliche Religion besitzen, so doch eine "natürliche Theologie". West und Ost, in der Erscheinungsweise und in ihren Prägungen und Ausprägungen einander fremd, ja entgegengesetzt, vom Ursprung her aber eins.

5. LEIBNIZ' Begegnung mit China und sein Engagement für einen Austausch mit China zeigt, daß nicht nur sein Denken, sondern auch sein Tun auf *Weltumspannendes* angelegt war, ja es war auch ausgerichtet darauf, Weltumspannendes tätig zu verwirklichen. Sein Interesse an China war mehr als nur intellektuelle Neugierde. Seine Aufmerksamkeit galt nicht nur den Geheimnissen jener fernen Kulturwelt, jener "Kultur, älter als die Sintflut"; er band sie ein in das Projekt, einen "bis dahin nicht gekannten wissenschaftlichen Austausch einzurichten" (WIDMAIER 1991; N3), getragen von seiner Überzeugung, "daß die Wissenschaft den Kreis der Erden umwandern solle".

Das *kosmopolitische Ziel*, dem der Glaube an die Möglichkeit seiner Realisierung in der Existenz von Universalien zugrunde lag, war u.a. die Aufrichtung einer *wissenschaftlichen Weltkultur*, ja unter Einschluß der technischen Aspekte auch einer *Weltzivilisation*.

Deshalb ging LEIBNIZ' Interesse an China nicht in Missionsplänen auf. Das zeigt sich auch dort, wo er die (0,1)-Arithmetik in zahlenmystischer Weise interpretiert und überinterpretiert.

6. LEIBNIZ' Interesse an China ist also zu sehen im großen Rahmen der *Entwürfe zu einer Universalgeschichte*, zu einer *Scientia generalis* mit einer *Characteristica universalis*,... - es ist zu sehen im Rahmen der Frage

---

[3] FINSTER-HEUVEL 1993; 117ff.
[4] Vgl. LEIBNIZ, Novissima § 3. Deutsch in HSIA 1985; 9-11. Vgl. auch WIDMAIER 1990; 289, 1991; N3.

nach dem Zusammenhang von Sprache und Logik - ja der Logik Gottes, einer Logik, die in jeder möglichen Welt gelten könnte, sollte,... - und im irdisch-menschlichen Widerspiel einer Logik, die europäisches und chinesisches Denken verbände. Als ein Vehikel galt ihm allgemein die *Universalität der Mathematik*, speziell aber die *Dyadik*, die binäre Arithmetik, gegründet auf den beiden Elementen Null (0) und Eins (1).

7. Wir versuchen im folgenden in einem Übersichtsreferat auf *Leibniz und seine Beziehungen zu China* hinzuweisen und einen Zugang zum Thema zu liefern, und zwar am Ende unter den Leitfiguren, den Grundkonzepten der chinesischen Philosophie, unter *Li, Qi* und *Shu*.

8. Beim Thema *"Leibniz und China"* verstricken wir uns unausweichlich in mehrfacher Weise in den *hermeneutischen Zirkel*. Wir verstricken uns in den hermeneutischen Zirkel beim Thema LEIBNIZ, und wir verstricken uns in den hermeneutischen Zirkel beim Thema China.[5]

1. Leibniz' Beschäftigung mit China - Hintergrund und Quellen

1.1. Die Sinophilie am Ende des 16. und im 17.Jahrhundert

Wenden wir uns den Anfängen von LEIBNIZ' Sinophilie, den *Gründen und Quellen* seiner Hinwendung zu den geistigen und zu den Erfahrungsschätzen Chinas zu. Den Ursprung und Nährboden für LEIBNIZ' Interesse an China bildete die allgemeine Chinabegeisterung des Jahrhunderts. Sie begann mit den Berichten der China-Missionare, mit den Jesuiten.

Die Entdeckung Chinas durch portugiesische Seefahrer im Jahre 1514 hatte ein neues Kapitel der Ost-West-Begegnung eröffnet. Der Handel zwischen Europa und China begann zu florieren - über die alte Seidenstraße und über die Seidenstraße des Meeres. Ab 1583 durften sich christliche Missionare in China ansiedeln. Matteo RICCI erreichte 1582 Macao und betrat 1583 chinesischen Boden. Damit begann nun auch das neue Kapitel in der Chinamission.

---

[5] Wir werden diesen Aspekt unseres Themas, wie einige andere Aspekte, in der erweiterten Fassung des Referats behandeln.

1.2. Die Quellen

Die *Kenntnisse über China* hatten zu dieser Zeit durch zahlreiche Reisebe-
richte und Beschreibungen von Handelsreisenden und durch die Missionare
einen solchen Umfang und solche Verbreitung angenommen, daß sie in Europa eine allgemeine Sinophilie auslösten, die nicht nur die Gebildeten,
sondern auch die Adeligen und die regierenden Häupter erfaßte. Wir alle
kennen die chinesischen Kabinette in den großen Schlössern und Residen-
zen, die Übernahme chinesischer Themen in die Ikonographie der Wandbe-
spannungen und Gobelins, die Chinoiserien in mannigfachem Material und
in mannigfacher Form. All dies zeugt heute noch von der Chinabegeisterung des Barockzeitalters.[6]

1596 und 1598 waren in Holland, das damals bereits enge Handelsbeziehungen zum Osten hatte, die ersten Berichte über China - oder *Tschina*, wie
man es nannte - erschienen. Zunächst wurden mit Texten versehene Stiche
veröffentlicht, bald aber beherrschte das gedruckte Wort die Szene. Große
Bedeutung gewannen zunächst illustrierte Beschreibungen, etwa die der
holländischen Gesandtschaften. Um 1660 waren dem europäischen Publikum mehrere bedeutsame Werke über China verfügbar, jedes in mehrere
europäische Sprachen übersetzt.[7] Wir erwähnen Gonzales MENDOZAS *History of the Kingdom of China* (1585), Gottlieb SPITZELS *De re literaria
Sinensium* (1660), Matteo RICCIS *Tagebuch* (in der lateinischen Ausgabe
von Nicholas TRIGAULT 1615), Athanasius KIRCHERS *China monumentis
qua sacris profanis, nec non variis naturae & artis spectaculis, aliarumque
rerum memorabilium argumentis illustrata* (1667), Martin MARTINOS *De
bello tartarico in Sinis historia* und Alvaro des SEMEDOS *Histoire universelle de la Chine* (1667).

1.3. LEIBNIZ' Interesse an China

All diese Berichte und Publikationen weckten die Neugierde auf China
auch bei LEIBNIZ. LEIBNIZ' Interesse an China erwuchs ziemlich früh.[8] Einer Quelle zufolge - die ich im Augenblick nicht verifizieren kann - soll
er schon nach seinem Altdorfer Intermezzo in Nürnberg mit chinesischem
Gedankengut in Berührung gekommen sein.

---

[6] Vgl. HISIA 1985, REICHWEIN 1923.
[7] CHING-OXTOBY 1992; 13.
[8] Vgl. auch FRANKE 1946; 98-99

Abb 1: Kaiser KANG XI, das Vorbild der europäischen Monarchen. Stich aus Athanasius KIRCHER

Wie auch immer: Er kannte SPITZELs *De re literaria Sinensium*, das enzyklopädische Werk *China monumentis ... illustrata* - "China erläutert durch seine heiligen und profanen Monumente, seine natürlichen Elemente, Künste und andere Argumente" - des deutschen Jesuiten Athanasius KIRCHER (1610 -80)[9], dem er persönlich begegnet ist. Und er las das in seiner Zeit sehr bekannte Buch des Missionars Philippe COUPLET *Confucius Sinarum philosophus, sive Scientia Sinensis Latine Exposita* schon in seinem Erscheinungsjahr 1687[10]. Dieses Buch enthielt paraphrasierte Übersetzungen von Teilen der klassischen konfuzianischen Texte der *Gespräche (Lun Yu)*, *Der großen Lehre (Da Xue)* und der *Lehre von der Mitte (Zhong Yong)*.

LEIBNIZ korrespondierte mit den Autoren solcher Bücher über China. Durch die Lektüre dieser Bücher und durch seinen weiten Bekanntenkreis wurde LEIBNIZ auch mit der Chinamission der Jesuiten, allen voran mit dem Werk ihres Gründers Matteo RICCI (1552 - 1610) bekannt.

---

[9] CHING-OXTOBY 1992; 40, 117 und LEIBNIZ *Abhandlung über die chinesische Philosophie* § 38.
[10] Einzelheiten über dieses Werk in CHING-OXTOBY 1992, 40 Anm.9;

1.4. Die Ziele und Methoden der Chinamission

Halten wir einen Augenblick inne. Zum besseren Verständnis von LEIBNIZ'
späterer Verstrickung in den Ritenstreit müssen wir kurz die Ziele und
Methoden der Chinamission im 17.Jahrhundert skizzieren.

Begonnen hatte die China-Mission im 4.Jahrhundert.[11] Im 17.Jahrhundert
erreichte sie mit den "drei Giganten" Matteo RICCI (Li Madou / 1552 -
1610), Adam SCHALL VON BELL (Dang Ruowang / 1592 -1666) und Ferdinand VERBIEST (Nan Huairen / 1623 - 1688) ihren Höhepunkt[12], erfuhr aber
auch - und dies noch zu LEIBNIZ' Lebenszeit - im Grunde ihr Ende.[13]

Abb.2: Matteo RICCI und XU Guangqi

---

[11] Im 7. Jahrhundert brachten nestorianische Missionare christliche Schriften über Persi-
en und die Seidenstraße nach China. Im 13. Jahrhundert, in der *Yuan*-Dynastie, wurde
der Katholizismus nach China getragen. Mit dem Niedergang der Dynastie verlor auch
die christliche Religion wieder an Einfluß und Bedeutung.

[12] Vgl. v.a. VÄTH 1991.

[13] Vgl. hier 2.1. und 5.1..

Abb.3: Ferdinand VERBIEST und Joh.Adam SCHALL VON BELL

Die Strategie der China-Mission der Jesuiten jener Tage bestand darin, Zugang zum Kaiserhof und seinen Würdenträgern zu gewinnen und von dort aus den christlichen Glauben im Volke zu verbreiten. Den Weg aber zum Kaiserhof und zum Kaiser selbst erhoffte man sich dadurch zu eröffnen, daß man China die Welt der westlichen Wissenschaft erschloß, daß man wissenschaftliche Dienste anbot.

Matteo RICCI war 1583 nach China gekommen. Im Gepäck hatte er mathematische und astronomische Schriften. Zusammen mit dem Chinesen XU Guangqi (1562-1633)[14] hat er 1607 unter anderem die ersten 6 Bücher des EUKLID nach der Ausgabe (1593) seines nahe Bamberg geborenen Lehrers Christoph CLAVIUS (1537 - 1612)[15] erstmals ins Chinesische übersetzt[16] und hat damit der chinesischen Mathematik auch erstmals die Strenge und Schönheit deduktiven Denkens erschlossen.

---

[14] Xu ist zum christlichen Glauben übergetreten, nahm den Vornamen Paul an und wird in späteren Schriften oft als Dr. PAUL zitiert. Sein Grabhügel liegt (seit 1957 restauriert und heute gepflegt) im Südwesten von Shanghai im Nandan-Park, ganz in der Nähe der alten christlichen Mission. – Literatur bei LI-DU 1987; 192, 196,203,219,256 vor allem bei Siu 1993.

[15] Christoph CLAVIUS, Jesuit am Kolleg in Rom, Lehrer von Matteo RICCI, Freund von GALILEI und KEPLER.

[16] Eingehender Würdigung dieser Übersetzung bei LI-DU 1987; 191 – 195. Der Text von CLAVIUS, Mainz 1611, ist verfügbar in der Ausgabe von KNOBLOCH 1997.

Einer der christlichen Missionare schrieb 1607 an seine Ordensoberen in
Rom:

> "Es ist notwendig, daß wir mit beiden Händen arbeiten. Mit der
> Rechten die Dinge von Gott, mit der Linken, die Dinge, die nicht zu
> vermeiden sind. Deswegen schlage ich vor, daß ihr uns Pater schickt,
> die die Mathematik verstehen und besonders die Astronomie. Für uns
> ist klar, daß die Mathematik das Feld eröffnen wird, auf das wir zie-
> len. Wir brauchen Bücher und Instrumente. Einige herausragende
> Wissenschaftler brauchen wir, damit wir keine Fehler machen, die uns
> diskreditieren könnten." (KOLONKO 1992).

Wozu die Mathematik, die Astronomie als Vehikel der Mission, als Schlüssel, der das Tor und den Weg zu den Gebildeten eröffnen sollte? -

Nach traditioneller chinesischer Vorstellung war das Leben, der Lebenslauf, das offizielle und das alltägliche Leben von kosmischen Ereignissen
und Einflüssen abhängig. Man mußte Kenntnisse haben, um sich im kosmischen Kraftfeld auf der Erde "einordnen" zu können. Die Aufgabe des chinesischen Kaisers war es seit je gewesen, den Einklang von Himmel und
Erde herzustellen und zu erhalten. Eine Möglichkeit, den Einklang mit den
Himmelsmächten zu bewirken, war die Durchführung gewisser Zeremoni-
en an bestimmten kalendarischen Daten, nach dem "Planetenkalender" für
den Kaiserhof und nach dem im Reich verbreiteten "Volkskalender". Eine
der wichtigsten Aufgaben des Kaisers bestand darin, alljährlich den "kai-
serlichen Kalender" bekanntzugeben.

Unheil, Katastrophen, Hungersnöte, Erdbeben drohten, wenn sich Kaiser
und Volk nicht nach dem Kalender richteten. Voraussetzung war dabei
freilich, daß der Kalender "in Ordnung" war. Einer der Prüfsteine für die
"Richtigkeit" des Kalenders war die Vorhersage von Sonnen- und Mond-
finsternissen. Als daher der zweite der drei Großen der Chinamission, der
Kölner Johann Adam SCHALL VON BELL unmittelbar nach seiner Ankunft
in Beijing (Peking) (1623) drei Mondfinsternisse zutreffend vor-
ausberechnete, gewann er nicht nur rasch höchstes Ansehen beim Kaiserhof, wurde er gar in der Folge mit der auch für den Kaiser so bedeutsamen
Arbeit der *Revision des Kalenders* betraut.[17]

Damit war ein erster Schritt getan. Daß die weitere Arbeit dennoch auf
große Widerstände stieß - bedingt durch den Neid der chinesischen Astro-

---

[17] Für Einzelheiten vgl. VÄTH 1991.

nomen, bedingt aber auch durch theologische Meinungsverschiedenheiten unter den Missionaren selbst, ist eine eigene aufregende Geschichte. Wir kommen im Zusammenhang mit LEIBNIZ und dem Ritenstreit darauf zurück.

2. Intensivierung: Briefwechsel mit Grimaldi

2.1. Die Begegnung mit Grimaldi in Rom 1689

LEIBNIZ' Engagement in der Beschäftigung mit China intensivierte sich schlagartig, nachdem er 1689 in Rom dem Missionar CLAUDIO FILIPPO GRIMALDI (1639 - 1712), dem neu ernannten Nachfolger VERBIESTs als Vorsteher des Hofastronomieamts in Beijing, persönlich begegnete. Das Gespräch mit GRIMALDI muß als ein Schlüsselereignis im geistigen Leben von LEIBNIZ gewertet werden. Von GRIMALDI konnte er nun direkte Informationen über jenes so faszinierende Land China - oder "Tschina" wie auch er es damals nannte - gewinnen. Noch im gleichen Jahre, als GRIMALDI wieder nach China abgereist war, folgte ihm ein erster Brief (vom 19.Juli 1689) um die halbe Welt. Mit ihm setzt ein vieljähriger Briefwechsel mit GRIMALDI und mit zahlreichen anderen Missionaren in China[18] ein, darunter auch der mit dem Jesuiten JOACHIM BOUVET.[19]

Der Briefwechsel sollte dann leider 1705 durch das verhängnisvolle Dekret des Papstes und seine Entscheidung gegen die Akkommodation zum Erliegen kommen.[20]

2.2. Der Briefwechsel mit Chinamissionaren

2.2.1. Um die Begeisterung und die geistige Atmosphäre des LEIBNIZschen Briefwechsels mit den Missionaren wieder erstehen zu lassen, zitieren wir wörtlich aus dem ersten Brief an GRIMALDI:

---

[18] Vgl. WIDMAIER 1990.
[19] Vgl. auch 6.3.1..
[20] Vgl. 5.1. Anm.27.

Brief an Grimaldi, 19.7.1689:

"Was nämlich kann einem wißbegierigen Menschen Wünschenswerteres widerfahren, als einen Mann zu sehen und zu hören, der die versteckten Schätze des fernsten Osten und die verborgenen Geheimnisse so vieler Jahrhunderte uns eröffnen kann. Bisher hatten wir nur Handelsbeziehungen, und zwar mit den Indern in Gewürzen und verschiedenen Spezereien, aber noch nicht in wissenschaftlichen Erkenntnissen. Diese wird Europa Ihnen verdanken. Sie lehren die chinesischen Völker in unseren mathematischen Wissenschaften. Durch Sie schulden umgekehrt auch uns die Chinesen verschiedene Geheimnisse der Natur, die ihnen durch lange Beobachtung bekannt geworden sind. Denn die Physik stützt sich mehr auf praktische Beobachtungen, die Mathematik dagegen auf theoretische Überlegungen des Verstandes. In diesen letzteren zeichnet sich unser Europa aus, aber in den praktischen Erfahrungen sind die Chinesen die Überlegenen, weil in ihrem Reich, das seit so vielen Jahrtausenden blüht, die Traditionen der Alten bewahrt wurden, die in Europa durch die Wanderungen der Völker zum großen Teil verlorengingen. Um mich nicht selber einmal anklagen zu müssen, eine gute Gelegenheit vernachlässigt zu haben und Ihr außerordentliches Entgegenkommen allzu zaghaft genutzt zu haben, habe ich einige kleine Fragen auf einem beigefügten Blatt notiert; wenn für diese etwas Zeit übrigbleibt - ganz wie es angenehm erscheinen wird -, wünschte ich, daß sie von Ihnen beantwortet würden." (HSIA 1985; 28. - WIDMAIER 1990; 3-4)

2.2.2. Auf dem diesem ersten Brief an Pater GRIMALDI "beigefügten Blatt" stellt LEIBNIZ an GRIMALDI 30 Fragen.[21] In seiner ersten Frage will er wissen:

"1. Ob es wahr ist, daß die Chinesen in der Erzeugung künstlicher Feuer den Europäern überlegen sind und ob sie ein grünes Feuer erzeugen können, das unseren Feuerspezialisten ('Hephästen') bisher versagt blieb."

Er fragt weiter

"2. Ob die Ginseng-Wurzel wirklich große Heilkräfte besitzt, wie allgemein behauptet wird."

---

[21] HISIA 1985; 31-34. WIDMAIER 1990; 4-7

Und die dritte Frage lautet;

> *"3. Ob nicht einige hervorragende Pflanzen in europäische oder wenigstens christliche Gebiete vielleicht verpflanzt werden können, und welche dies vor anderen wegen ihres Nutzens verdienen."*

Auch die weiteren Fragen der Liste lassen deutlich erkennen, daß es LEIBNIZ im wesentlichen um die praktischen Kenntnisse und Erfahrungen aus dem Reich der Mitte geht, die er zu wissen begehrt und die er für Europa nutzbar machen möchte. Er fragt

> (8) *"auf welche Weise sie zweimal im Jahre Seidengarn sammeln"*-

(7) mit welchen Mitteln Papier hergestellt wird, genauer

> *"ob und wie die Chinesen aufgeweichtes Papier und Gewebe mit anderen Fäden verweben, und welche Besonderheiten sie bei der Papierherstellung haben"*,

> (9) *"von welcher Beschaffenheit die Erde ist, aus der Porzellan gemacht wird, ob sie von sich aus durchscheinend ist und ob nicht bei der Herstellung des echten Porzellans Kalk und Metalle zugegeben werden"* -

> (13) *"worin sich chinesisches von europäischem Glas unterscheidet"*.

In Frage (23) will er die Funktionsweise der horizontalen Windmühlen kennenlernen. Weiter finden auch

> (27) die *"künstlichen wirtschaftlichen Hilfsmittel der Chinesen im Akker- und Gartenbau"* sein Interesse,

er fragt nach und will

> (29) *"ihre Kriegsmaschinen und andere nützliche Praktiken im Militär- und im Seewesen"* kennen lernen.

(30) Die Erzgewinnung aus Mineralien interessiert ihn, und manches andere mehr.

Er bittet aber auch um

> (22) *"die Übersetzung ins Lateinische von einigen nützlichen Auszügen aus chinesischen historischen und vor allem naturwissenschaftlichen Werken"*,

> (25) *"was von einer Clavis (einem Schlüssel) der chinesischen Schriftzeichen zu erhoffen ist"*.

Von hier gibt es einen Bogen zurück zu LEIBNIZ' Idee einer Scientia generalis mit einer Characteristica universalis. In einem Brief vom 21.März 1692 an GRIMALDI sagt er:

> *"Dabei halte ich es für sehr wünschenswert, daß uns das Vaterunser in allen Sprachen, in denen man es bekommen kann, beschafft wird. Dieses wäre gewissermaßen ein gemeinsames Maß, nach dem alle Sprachen miteinander verglichen werden könnten."* (HSIA 1985; 38. - WIDMAIER 1990; 17)

Und der Bogen spannt sich über die Suche nach einer Scientia generalis bzw. einer Characteristica universalis auch hin zur Analogie zwischen der binären Zahlendarstellung und den Hexagrammen, von denen - wie es die Legende wollte - die chinesische Schrift ausgegangen war. Wir wissen es heute anders, besser und differenzierter. Auch dies wäre ein Thema für ein eigenes Referat.

2.2.3. Zitieren wir - als Mathematiker aus gutem Grund - schließlich noch die Frage Nr. 15 :

> (15) *"Ob es keine Spuren von beweisender Geometrie in den alten Schriften der Chinesen gibt, und keine Spuren der Metaphysik. Und ob jenen bereits der Lehrsatz bekannt war, der dem Pythagoras Hekatomben wert zu sein schien."*[22]

Das Thema wird wieder aufgegriffen im schon erwähnten Brief vom 21.März 1692 an GRIMALDI. Es heißt dort:

> *"Als überaus denkwürdig und einer Untersuchung wert scheint mir jedoch, daß TERRENTIUS[23] sagt, er habe 15 geometrische Probleme gesehen, die älter als 3000 Jahre seien, unter ihnen sei die vorletzte (Propositio) des ersten (Buches der Elemente Euklids), für welche Pythagoras eine Hekatombe geopfert hat. Wenn er doch auch die übrigen Aufgaben wiedergegeben und hinzugesetzt hätte, ob sich in den alten Büchern der Chinesen auch Beweise finden!"* (HSIA 1985; 40.- WIDMAIER 1990; 18)

---

[22] EUKLID, I; 47

[23] Johann Terenz (TERRENTIUS) SCHRECK (1576 – 1630) war ein bekannter Astronom, von KEPLER hochgeschätzt, mit GALILEI befreundet. Er schloß sich später den Jesuiten an. Er wurde 1618 zusammen mit SCHALL VON BELL nach China entsandt, um bei der anstehenden Reform des chinesischen Kalenders mitzuwirken. (VÄTH 1991; 28, 85).

Tatsächlich kannten die Chinesen das rechtwinklige Dreieck und die Beziehungen pythagoräischer Zahlentripel, sowie das Wurzelziehen schon in ihren ältesten uns bekannten Werken zur Astronomie und Mathematik, nämlich im *Zhoubi Suangjing* ("Dem Arithmetischen Klassiker vom Gnomon und der zirkulären Himmelsbewegung")[24] bzw. dem *Jiuzhang Suanshu* ("Neun Kapiteln arithmetischer Technik"), dessen 9. Kapitel unter dem Titel *Gougu* (d.h. sinngemäß: waagrechte und senkrechte Kathete) Aufgaben über das rechtwinklige Dreieck gewidmet ist.[25] Es hebt an mit 16 Aufgaben zum Thema der Anwendungen des pythagoräischen Lehrsatzes. Darunter sind Aufgaben, die sich durch die Jahrhunderte in der Unterhaltungsmathematik vererbt haben und die z.T. wörtlich noch heute in unseren Schulbüchern zu finden sind. Mag also sein, daß TERRENTIUS der erste Aufgabenteil des *Gougu*-Kapitels bekannt war.

2.3. Zum Briefwechsel

Schon die ersten Briefe an GRIMALDI zeigen die wesentlichen Komponenten seiner Interessen und Absichten und Pläne, seines Denkens und Trachtens im Hinblick auf das große Thema: China und das Abendland.

Schon die ersten Briefe formulieren

(1) die fundamentale Annahme der unterschiedlichen Begabungen, Haltungen und Errungenschaften, ja die einer Polarität und Komplementarität von Theorie und Praxis in West und Ost,

(2) die zentralen Fragestellungen, die er ausgehend von dieser Voraussetzung seinen Briefpartnern vorlegt,

erkennbar wird auch

(3) seine Hoffnung zu gegenseitiger Befruchtung durch den Austausch von Erkenntnissen und Erfahrungen, die letztlich dem Wohle der ganzen Menschheit dienen würden,

(4) seine Hoffnung, mit wissenschaftlichen Ergebnissen schließlich das Ohr des hochgebildeten, des hochverehrten chinesischen Kaisers KANG XI zu erreichen, -

---

[24] - einem Werk, dessen Inhalt wohl auf die *Zhou*-Dynastie (11.Jhd. – 221 v.Chr.) und die *Qin*-Dynastie (221 – 206 v.Chr.) zurückgeht.
[25] Vgl. VOGEL 1968; 90-103, 122, 135-138.

(5) und das auf dem Wege über die Mathematik und die Philosophie.

Erkennbar ist in den Briefen auch

(6) die vermittelnde Haltung in der Akkomodationsfrage und im Ritenstreit

(7) sein auf die Universalien oder Invarianzen im westlichen und östlichen Denken gerichtetes Erkenntnisstreben und Bemühen, -

das schließlich in der Herauspräparierung

(8) der "natürlichen Theologie der Chinesen" und damit im schließlichen Missionserfolg gipfeln sollte.

3. Hauptschriften zum Thema China

3.1. Die Hauptschriften

All das, so sagen wir, findet sich im Briefwechsel - und wie eine Fortset-zung in Ton, Geisteshaltung, Ziel und Argumentation lesen sich auch LEIBNIZ' Hauptschriften über China:

- die *"Novissima Sinica Historiam Nostri Temporis Illustratura"* von 1697,

- die Schrift *"De cultu Confucii civili"* von 1700

- und die letzte Schrift, die bezeichnenderweise als Brief entworfene *"Ab-handlung über die chinesische Philosophie"* - oder, wie sie auch genannt wird - *"Die Abhandlung über die natürliche Theologie der Chinesen"*.

Alle drei Abhandlungen können "als Verteidigungs- und Begründungs-schriften zur Theorie und Praxis der Jesuitenmissionare im Ritenstreit gele-sen werden" (WIDMAIER 1990; 296) wiewohl sich - wie wir schon sagten - ihre Bedeutung für das Denken und das Werk von LEIBNIZ darin keines-wegs erschöpft.

3.2. Weitere Schriften zum Thema China

Neben dem *Briefwechsel* mit den Missionaren spielen freilich die Manu-skripte und Aufsätze über die *Dyadik,* die auf dem binären Zahlensystem beruhende Arithmetik, in unserem Themenkreis eine besondere Rolle. LEIBNIZ versäumt in keinem von ihnen auf die Analogien zu den

Hexagrammen des FU XI - oder "FO HI", wie er ihn nennt - hinzuweisen.
Unausgewertet sind zum Thema "LEIBNIZ und China" aber auch heute noch
diejenigen Stellen in den *Briefen an europäische Briefpartner*, in denen er
sich zu China äußert. Hier bleibt der Forschung noch manches zu tun übrig.

4. Die Novissima Sinica (1697)

Die 1697 erschienene *Novissima Sinica Historiam Nostri Temporis Illustratura* ("Die neuesten Nachrichten aus China") war eine Sammlung von
Auszügen aus den Briefen von Chinamissionaren. Sie faßt LEIBNIZ' Chin-
abild, seine Pläne zum Kulturaustausch zusammen, setzt gewisse Gedanken
und Befürchtungen zum weiteren Ausbau und zum Erfolg der Chinamission fort. Bedeutsam ist für uns vor allem auch sein bekenntnishaftes Vorwort, in dem er all diese Aspekte präzisiert.[26]

GRIMALDI hatte seine Begeisterung für den chinesischen Kaiser KANG XI
offenbar auf LEIBNIZ übertragen. Im Jahre 1699 fügte er daher in der zweiten Auflage dieser Berichtsammlung eine biographische Skizze des von
ihm - ja von allen Regierenden Europas - so hochverehrten chinesischen
Kaisers KANG XI (K'ang Hsi, Regierungszeit von 1662 - 1722) aus der
Hand des Jesuiten Joachim BOUVET (1656 - 1730) von 1697 an.

5. Ausgleich der Gegensätze / Der Ritenstreit - De cultu Confucii civili (1700)

5.1. Die Akkomodationsmethode und der Ritenstreit

Längst war LEIBNIZ in den *Ritenstreit* verwickelt worden.

Worum geht es bei dieser für das schließliche Ende der Chinamission so
entscheidenden Angelegenheit?

Begonnen hatte es schon vor LEIBNIZ Geburt mit der Missionstätigkeit von
Matteo RICCI.

---

[26] Deutsch vgl. NESSELRATH-REINBOTE 1979. – HISIA 1985; 9-27.

NOVISSIMA
SINICA
HISTORIAM NOSTRI TEM-
PORIS ILLUSTRATURA
In quibus
DE CHRISTIANISMO
Publica nunc primum autorita-
te propagato misſa in Europam rela-
tio exhibetur, deqve favore Scientiarum Europæarum &
moribus gentis & ipſius præſertum Monarchæ, tum & de
bello Sinenſium cum Moſcis ac pace conſtituta,
multa hactenus ignota explicentur.
Edente G. G. L.
Indicem dabit pagina verſa.
Secunda Editio.
Accesſione partis poſterioris aucta,

ANNO M DC XCIX.

Abb. 4: Titelblatt der Novissima Sinica *von 1699 mit dem Bild des Kaisers* KANG XI

Der Jesuit Matteo RICCI (1552 - 1610) war neben dem Kölner Johann Adam SCHALL VON BELL (1592 - 1666) und dem Holländer Ferdinand VERBIEST (1623 - 1688) der erste der drei Giganten in der Chinamission der ersten Hälfte des 17.Jahrhunderts. RICCI war jener tolerante Verkündiger des christlichen Glaubens, der Zeit seines Wirkens in China so sehr für eine *Akkommodation* der Botschaft Christi an die chinesische Kultur und die chinesischen sozialen und geistigen Verhältnisse plädierte. Der spätere Ritenstreit nimmt insofern von RICCI seinen Ausgang als er es war, der mit seiner *"Akkomodationsmethode"* dafür eintrat, es chinesischen Konvertiten zu erlauben, ihre Riten, und d.h. den Kult der (konfuzianischen) Ahnenverehrung auszuüben. Der *Ritenstreit*, der sich im Für und Wider zwischen einzelnen Missionaren und zunehmend zwischen Jesuiten, Franziskanern und Dominikanern entwickelte, fand auch durch die Berichte der Missionare in Europa seinen Niederschlag. Befürworter und Gegner der Akkommodation unter den Missionaren suchten Rat und Unterstützung, ja Entscheidungshilfe nicht nur von den Kirchenoberen in Rom, sondern auch von den Theologen und Philosophen im fernen Europa.

LEIBNIZ wurde durch seinen Briefwechsel, aber auch durch die Artung seiner geistigen, auf Ausgleich der Gegensätze bemühten Persönlichkeit in den Ritenstreit hineingezogen. Daß er sich letztlich den Nachfolgern RICCIS gegenüber für die tolerante und moderate Haltung RICCIS entschied und argumentierte, auch das ist eine Konsequenz seiner auf das Ökumenische ausgerichteten Haltung in Glaubensfragen. Als die Chinamission zu scheitern drohte - und schließlich auch scheiterte - schlug er - der schon vorher in *Europa* für eine Versöhnung zwischen römisch-katholischer und evangelischer Glaubensrichtung gekämpft hatte - die Etablierung einer protestantischen Chinamission vor, weil er von ihr mehr Verständnis und Toleranz für das chinesische Wesen bei der christlichen Missionsarbeit erhoffte.[27] Immer wieder warnte er vor allzu starrer Auslegung der christlichen Dogmen. Das Vorwort der *Novissima Sinica* schließt mit den Worten:

"Möge Gott es geschehen lassen, daß unsere Freude begründet und dauerhaft ist und nicht durch unklugen Glaubensfanatismus oder durch interne Streitigkeiten der Männer, die die Pflichten der Apostel auf sich nehmen, noch durch üble Beispiele unserer Landsleute zunichte gemacht wird."
(LEIBNIZ 1697, Novissima § 23. - HSIA 1985; S. 27)

---

[27] Die Kontroverse währte über eineinhalb Jahrhunderte und beinhaltete auch Dispute zwischen den Missionaren und den Angehörigen verschiedener Orden. Nach dem Toleranzedikt von Kaiser KANG XI 1962, in dem er die Lehre des Christentums den anderen Religionen gleichstellte, wohl auch noch unter der Nachwirkung des Lehrers seines Vaters und seines Mentors SCHALL VON BELL, verschlechterte sich die Situation durch die Haltung der Päpste gegen die moderate Missionspolitik in China. 1704 erließ der Papst das Dekret *Cum Deus optimus,* das sich gegen die Missionspraxis der Jesuiten richtete; dieses Dekret wurde dann 1707 in China veröffentlicht. Auch Kaiser KANG XI war nun nicht länger verständigungsbereit und verbannte alle Missionare aus China, die die Haltung RICCIS nicht teilten. Das bedeutet das Ende der Chinamission – bedeutet für LEIBNIZ das Ende seines Briefwechsels mit den Missionaren vor ort. Der Austausch von Briefen war freilich faktisch schon 1705 zum Erliegen gekommen. Das Dekret von 1704 wurde in Europa durch Papst CLEMENS XI erst 1715 veröffentlicht. Endgültig verbot dann das Dekret *Ex quo singulari* von Papst BENEDIKT XIV von 1742 den Konvertiten die Teilnahme an den Riten, d.h. an der Verehrung der Geister der Vorfahren und der Verstorbenen und speziell des KONFUZIUS. (WIDMAIER 1990; 272-273. – CHING-OXTOBY 1992; 41, 44. – HISIA 1985; 380)

5.2. De cultu Confucii civili (1700)

Im Jahre 1700, auf dem Höhepunkt des Ritenstreits, hat LEIBNIZ in einer kleinen Schrift *De cultu Confucii civili* [28] unmittelbar zu den Grundfragen der Kontroverse Stellung bezogen. Er relativiert die Bedeutung des Streitpunktes nach dem chinesischen Namen für Gott unter dem Hinweis der Vorläufigkeit von Interpretationen. Ausgehend von einem Definitionsversuch dessen, was religiös und religiöser Ritus sei, trägt er vor, daß nach seiner Meinung der Konfuzianismus keine Religion sei, daß sich sein Kult eher in öffentlich-weltlichen Zeremonien erschöpfe, schlägt er vor, das Problem des Ahnenkults durch akzeptable Akkommodationsmuster auszuräumen und warnt erneut und generell vor zu starren und auch fehlerhaften Interpretationen. Solange man die authentische Lehre nicht kenne, insbesondere nicht die der "alten" Chinesen, müsse man die Angelegenheit im Hinblick auf einen möglichen Missionserfolg (bei der Oberschicht und beim Kaiser) moderat und aus dem Geist der Toleranz sehen und behandeln.

6. Die Abhandlung über die chinesische Philosophie - Li, Qi und Shu

6.1. Zur Abhandlung

6.1.1. Wenden wir uns schließlich der *"Abhandlung über die Philosophie der Chinesen"* zu, die unter Bezug auf LEIBNIZ' eigenen Sprachgebrauch immer wieder auch als *"Die Abhandlung über die natürliche Theologie der Chinesen"* [29] zitiert wird und die als Brief an Nicholas de RÉMOND[30] konzipiert ist.[31]

---

[28] In englischer Übersetzung verfügbar in CHING-OXTOBY 1992; 77-80.

[29] Deutsch von Renate LOOSEN und Franz VONESSEN in Antaios Bd.VIII/2 (1966); 144-203. Englisch in CHING-OXTOBY 1992; 87-141.

[30] Nicholas de RÉMOND war Kanzler des Herzogs von Orléans, des französischen Regenten nach dem Tod LUDWIGS XIV (1715). RÉMOND hatte im Oktober 1714 LEIBNIZ in einem Brief MALEBRANCHEs *Entrien d'un philosophie crétien e d'uin philosophe chinois* erwähnt und ihm dann 1715 Abhandlungen der Missionare LONGOBARDI und ST.MARIE gesandt. REMOND ist auch die Entstehung der *Monadologie* zu verdanken.

[31] Die Abhandlung trägt keinen Titel. LEIBNIZ bezieht sich auf sie in Biefen an RÉMOND (16.1.1716 und 23.3.1716) und spricht von einem *"Discours sur la Theologie natu-*

Die *Abhandlung* ist eine der letzten Arbeiten von LEIBNIZ vor seinem Tod. Sie ist in französischer Sprache geschrieben und liegt uns nur als Handschrift vor.[32] Sie umfaßt 16 Doppelseiten[33], die von LEIBNIZ eigener Hand rechts unten durchnumeriert sind. Sie endet mitten im Satz ohne einen Punkt.

"Das in LEIBNIZ' Denken wurzelnde Interesse an China fand in der Schrift über die chinesische Philosophie seine gültigste Darstellung", so urteilt Renate LOOSEN, die zusammen mit Franz VONESSEN die Abhandlung ins Deutsche übersetzt hat, über die Bedeutung dieses LEIBNIZ-Textes (LOOSEN 1966; 137).

In der Abhandlung setzt LEIBNIZ die Argumentation des Konfuzius-Textes von 1700 fort und vertieft sie. In drei Abschnitten diskutiert er zunächst

(I) "Die Gottesvorstellung der Chinesen",

(II) *"Was die Chinesen über das Urprinzip, die Materie und die Geister lehren"* –

und

(III) "Die Chinesische Seelenlehre" -

im Hinblick auf die Frage, ob die Chinesen an Gott glaubten, und auf die Konstituierung einer "natürlichen Theologie der Chinesen". LEIBNIZ geht dabei aus von Schriften des Jesuiten P. Nicolaus (Niccolo) LONGOBARDI (1565 - 1655)[34],[35] und des Franziskaners P.Antoine des Sainte MARIE (Antonio Caballero de Santa Maria)(1602 - 1669)[36],[37] zu den Grundelemen-

---

relle des Chinoise" und in einem Brief an DES BOSSES (13.1.1716) in Latein als *„Dissertation de Theologia Sinensis naturali"* (vgl. CHING-OXTOBY 1992, 87). KORTHOLT hat der Abhandlung in der Edition des französischen Manuskripts den Titel *„Abhandlung über die chinesische Philosophie"* gegeben, weil sich in den Textzusätzen die Wendungen *„Philos. Des Chinoise"* und *„Ph'ie chinoise"* finden. (LOOSEN-VONESSEN 1966; 144) – Briefwechsel zwischen LEIBNIZ und RÉMOND in GEBHARDTs Edition von LEIBNIZ' *Philosophische Schriften*, Bd.3.

[32] Faksimile des handschriftlichen Manuskripts in CHING-OXTOBY 1992; 249-280.

[33] Größe 8 ½ x 12 ¾ inches. (CHING-OXTOBY 1992; 44).

[34] Nichola (Nikolaus) LONGOBARDI wurde nach dem Tode von Matteo RICCI dessen Nachfolger als Leiter der gesamten Chinamission in Beijing. In den Fragen der Akkomodationsmethode stimmte er mit RICCI nicht überein.

[35] Nichola LONGOBARDI, *Traité sur quelques points de la religion des chinois*. Abgedruckt bei KORTHOLT 1735, 165-266. Vgl. auch CHING-OXTOBY 1992; 23, 45, 87.

[36] Begründer der neueren Franziskanermission in China. ST.MARIE ging 1628 nach Ostasien als Missionar. Er hat SCHALL VON BELL häufig besucht. VÄTH 1991; 214ff.

Abb.5: Die erste Seite des Manuskripts von LEIBNIZ' Abhandlung über die chinesische Philosophie

---

[37] ST. MARIES Abhandlung *Traité sur quelques points importants de la mission de la Chine*, eigentlich ein langer Brief adressiert an LOUIS DE GAMA, S.J., ist abgedruckt bei KORTHOLT 1735, 267-412. Vgl. auch CHING-OXTOBY 1992; 23, 45, 88.

✿ ✿ ✿   4I3

LETTRE XVIII.
DE MONS. DE LEIBNIZ
SVR LA
PHILOSOPHIE CHINOISE
A
MONS. DE REMOND,
Conseiller du Duc Regent, et Introducteur des
Ambassadeurs.

SECTION PREMIERE
DV SENTIMENT DES CHINOIS
DE DIEV.

1. *Les sentiments des anciens Chinois, sont beaucoup preferables a ceux des nouveaux.* 2. *Les pensées des Chinois des substances spirituelles.* 3. *Qu'il nous faut donner un bon sens aux dogmes des anciens Chinois.* 4. *Du premier principe des Chinois, qu'ils appellent Li.* 5. *Des attributs de ce premier principe.* 6. *De l'unité de ce principe.* 7. *Dans quel sens les Chinois appellent Dieu le grand Vuide ou Espace, la capacité immense.* 8. *Des autres Noms, que les Chinois imposent au premier principe.* 9. *Le Pere Longobardi iuge, que ce Li n'est autre chose, que la matiere premiere.* 10. *Mr. de Leibniz refute cette opinion.* 11. *Des proprietes divines, que les Chinois selon la recension du P. de S. Marie attribuent à leur premier principe.* 12. *Pourquoi le Li des Chinois ne soit pas la matiere premiere? la premiere raison.* 13. *Vne autre raison.* 14. *Les sentimens des Chinois de l'Esprit.* 15. *De la premiere raison qu'apporte le P. Longobardi pourquoi le Li des Chinois ne soit que la matiere premiere.* 16. *La seconde raison.* 17. *La troisieme raison du même.* 18. *Toutes les expressions des Chinois de leur Li, reçoivent un bon sens.* 19. *La quatrieme objection du P. Longobardi.* 20. *La sme objection.* 21. *Dans quel sens les Chinois disent, que les cho-*
ses.

Abb.6: Titelseite von LEIBNIZ' *Abhandlung über die chinesische Philosophie aus* KORTHOLT *1735*

ten der chinesischen Kosmologie: von *li* (dem kosmischen Organisationsprinzip) und *qi* (der psychischen und physischen Urenergie) - und stellt in der kritischen Auseinandersetzung mit den beiden Autoren *zugleich seine unterschiedliche Welt-* und Gottessicht und seine abweichende Haltung im Ritenstreit dar.

LONGOBARDI und St.MARIE stützten sich ihrerseits auf ein Kompendium des 15.Jahrhunderts (das *Xingli Daquan Shu* ("Die gesammelten Werke der *Xingli*-Schule") von 1415)[38], das freilich frühere Materialien enthielt, nämlich die der neo-konfuzianischen Philosophen des 11. und 12. Jahrhunderts, insbesondere der aus dem Umkreis des großen chinesischen Philosophen ZHU XI (1130-1200).

Abb.7.: Inschrift auf der Grabstele von Nicolaus LONGOBARDI auf dem Jesuitenfriedhof in Beijing[39]

---

[38] Die Schriften des Neo-Konfizianismus wurden vom *Ming*-Kaiser YONG LO in dem Kompendium *Xingli Daquan Shu* zusammengefaßt. Vgl. NEEDHAM II (1956); 459.

[39] Chinesische Textzeile: *Grab des Herrn Longobardi, Priesterer Gesellschft Jesu.* Der Name LONGOBARDI ist mit dem Schriftzeichen *long* (Drache) transkribiert.

6.1.2. In der *Abhandlung* bemühte LEIBNIZ sich nunmehr um ein vertieftes Verständnis der chinesischen Kultur und des chinesischen Wesens. Und, indem er auf die Wurzeln der chinesischen Philosophie zurückging, auf *die Grundkonzepte li, qi* und *shu*, hat er die Frage nach der "natürlichen Theologie der Chinesen" von Grund auf zu beantworten versucht - und unter Rückbeziehung auf die Entdeckung der Analogie zwischen der binären Zahlendarstellung und den Hexagrammen des *Yi Jing* die prästabilierte Harmonie der Welt auch numerologisch aus dieser Sicht untermauert.

Daß LEIBNIZ dabei zugleich im Wesen der Prinzipien *li, qi* eine Bestätigung, ja auch hier eine Analogie zur Seinsweise und den Wirkkräften seiner Monaden fand, sei hier nur nebenbei als *These* erwähnt.[40]

6.2. Li, Qi und Shu

An dieser Stelle sei ein kleiner *Exkurs über Li und Qi und Shu* eingeschaltet.

6.2.1. "Um die Geschichte der chinesischen Wissenschaft und Zivilisation und die Tiefe vieler Aspekte der chinesischen Zivilisation selbst zu verstehen, ist es unerläßlich, die Grundkonzepte der Natur zu untersuchen, wie sie die frühen Chinesen verstanden," so urteilt Joseph NEEDHAM, der große Sinologe, und nicht anders HO PengYoke, der Mathematikhistoriker aus Hong Kong, in seinem neueren der Geschichte der chinesischen Mathematik, Astronomie und Alchemie gewidmeten Werk, das den Titel trägt: "LI, Qi and Shu - An Introduction to Science and Civilisation in China".

Li und *qi* sind die Grundprinzipien des chinesischen Naturverständnisses. Alles was es gibt, von der Astronomie zur Astrologie, von der Alchemie zur Magie, von der Ethik zur Politik, von der Philosophie zur Vorhersage der Zukunft sahen die Chinesen auf die Konzepte (- nicht eigentlich Begriffe -) *li, qi* und *shu* gegründet.

"Eine Würdigung dieser Grundkonzepte ist für das Verständnis der chinesischen Weltsicht unerläßlich" (HO 1985; XI) - ganz so dachte auch LEIBNIZ und hat - wie wir heute sehen können - diese drei Konzepte mit sicherem Griff besser verstanden als manche seiner chinesischen Briefpartner, als mancher Sinologe in späterer Zeit.

---

[40] Der Einfluß von LEIBNIZ´ Chinastudien auf die Entstehung der Thematik der Monadologie soll in einer eigenen Arbeit dargestellt werden. Vgl. auch Anm. 32.

6.2.2. Li ist von den Sinologen in verschiedener Weise charakterisiert, umschrieben, übersetzt worden, als 'Form', 'Gesetz', 'Urgrund', Prinzip', 'Vernunft', auch als 'göttliches Gesetz'.[41] Keine dieser Umschreibungen trifft die wahre Bedeutung des Schriftzeichens und so schlägt Joseph NEEDHAM vor[42], den Terminus unübersetzt zu lassen, und, wo nicht anders möglich, ihn als *"Organisationsprinzip"* oder "Grundmuster" oder "innere Ordnung der Natur" wiederzugeben.

Ähnlich schwierig zu erfassen ist *qi*. Auch hier geben die Lexika verschiedenste Bedeutungen an: 'Luft', 'Gas', und 'Dampf', 'Äther', 'Hauch' und 'Atem'.[43] Der Terminus erinnert an die Materie-Energie-Vorstellung, an das Wort *pneuma* der alten Griechen, an das *prana* der alten Hindus, erinnert auch an die Vorstellung der *'psyche'* bei ARISTOTELES. Und auch hier meint NEEDHAM[44], es sei besser das Schriftzeichen unübersetzt zu lassen.

6.2.3. Der größte neo-konfuzianische Philosoph ZHU XI (1130 - 1200) der Song-Zeit hat unter Bezug auf gewisse Vorgänger die früheren Vorstellungen über *li* und *qi* systematisiert.[45] Nach ihm kann *qi* in zwei verschiedenen Stadien existieren, in Ruhe und in Bewegung, es kann sich kontrahieren und expandieren und auf diese Weise die zwei Zustände *yin* und *yang*, das weibliche und das männliche Weltprinzip erzeugen. Diese beiden Komponenten des *qi* verwirklichen sich in der Natur, einander wellenförmig überformend, so wie es das *Taijitu*, das Fischblasen-*"Diagramm der Großen Einheit"* (Abb.10) wiedergibt. Das *Taijitu* muß rotierend in Bewegung verstanden werden. Wenn das *yin* abnimmt, nimmt das *yang* an Stärke zu und umgekehrt und niemals gibt es *yin* ohne *yang, yang* ohne *yin*; beide sind stets anwesend, nicht einander logisch widersprechend, sondern als ontologische Polaritäten einander entgegengesetzt und doch einander ergänzend und miteinander wirkend.

Zitieren wir ZHU XI. Im *Zhuzi quanshu*, den "Gesammelten Werken des Meisters ZHU (XI)" (HO 1985; 3-7; NEEDHAM II 1956; 282ff) lesen wir:

---

[41] Man vergleiche etwa Lexikoneintragungen in MATHEWS 1960 Li: Nr.3864 oder RÜDENBERG-STANGE 1963 Li: Nr.3133.

[42] NEEDHAM II 1956; 472ff, 475, 557ff, 565ff.

[43] Lexikoneintragungen in MATHEWS 1960: Ch´i: Nr.554 oder RÜDENBERG-STANGE 1963: K´i: Nr.1767.

[44] Needham II 1956; 472ff, 475 und Ho 1985, 3-7.

[45] Im *Zhuzi quanshu*. Vgl. Ho 1985; 3-7

"Durch das ganze Universum hin gibt es kein qi ohne li, kein li ohne qi."

Und weiter:

"Überall im Himmel und auf Erden gibt es li und gibt es qi. Li ist das dao (der Weg), der alle Formen von oben her organisiert, und die Wurzeln, aus denen alle Dinge entspringen. Qi ist das Instrument, das alle Formen von unten her bildet, und die Werkzeuge und das Rohmaterial, aus denen alle Dinge gemacht sind. Daher müssen die Menschen und alle anderen Dinge im Augenblick ihres in-die-Existenzkommens dieses li empfangen (in sich aufnehmen), um damit ihre besondere Natur zu erhalten. Sie müssen auch qi empfangen, um ihre Form zu gewinnen."

Was ZHU XI mit *li* im Sinne hatte scheint uns heutigen ähnlich sein zu dem, was die Physiker *"kosmisches Organisationsprinzip"*, die "grand unification" (journalistisch: die "Weltformel") nennen. Und das *qi* könnten wir vielleicht am besten mit der "Materie-Energie-Erfüllung" des Universums, mit dem Begriff bzw. der heutigen Vorstellung von *"energetischen Feldern"* verdeutlichen.

6.2.4. Noch eine dritte Wesenheit gibt es im chinesischen Denken, von der man annimmt, daß sie das Geschehen der Natur steuert oder erklärt, es ist die Wesenheit der *'Zahlen', shu*.

Von ihnen sagte ZHU XI :

"So wie die Existenz des qi aus der Existenz des li folgt, so folgt die Existenz der Zahlen (shu) aus der Existenz des qi."

Auch für das Zeichen *shu* gibt es keine adäquate Übersetzung. 'Zahl', 'Anzahl', auch 'Schicksal', nennt das Lexikon als Bedeutungen.[46] Wir gehen nicht fehl, wenn wir die alte chinesische Bedeutung von *shu* in die Nähe der pythagoräischen Zahlensymbolik und Zahlenmagie setzen.[47] "Alles ist Zahl", war eine der mit der pythagoreischen Schule verbundenen Sichtweisen. Und klingt es nicht wie ZHU XI, wenn AUGUSTINUS sagt: "Alles hat Formen, weil es Zahlen in sich hat; nimm ihnen diese und sie sind nichts mehr."

---

[46] Lexikoneintragungen in MATHEWS 1960: Shu: Nr.5865 oder RÜDENBERG-STANGE 1963: Shu: Nr.5267
[47] Vgl. auch NEEDHAM II 1956; 273, 281, 385, 455, 484, 573, 574.

Im alten China sind seit alters, wie bei uns in Europa, Zahlensymbolik, Zahlenmagie und Zahlenmystik in vielfacher Weise miteinander verwoben.[48],[49]

6.2.5. Wir können im Rahmen dieses Referats LEIBNIZ' Argumentationen in der *Abhandlung* im einzelnen nicht nachvollziehen. Brechen wir also auch die Diskussion der Prinzipien der chinesischen Philosophie ab.

Bedeutsam ist für uns, daß LEIBNIZ in der *Abhandlung* - ohne es im einzelnen zu wissen - über die ihm zur Verfügung stehende Literatur, insbesondere durch die Werke des LONGOBARDI und St.MARIE, genau die Sicht der neo-konfuzianischen Kosmologie aufnimmt, diskutiert, und daß er dabei mit sicherem Griff, die chinesischen Grundkonzepte besser erfaßt und interpretiert als seine Gewährsleute in China.

6.3. "Die Charaktere des Fo Hi und das binäre Zahlensystem"

6.3.1. Das unvollendet gebliebene Manuskript von LEIBNIZ greift in seinem letzten Abschnitt unter der Chiffre *"Die Charaktere des Fo Hi und das binäre Zahlensystem"* erneut

(IV) *die Diskussion der Grundlagen der binären Arithmetik und ihre Beziehung zu den Hexagrammen im "Buch der Wandlungen"* (YI JING)

auf, die ihm ein Brief des Jesuiten P. Joachim BOUVET[50] (1701)[51] erschlossen hatte. BOUVET hatte darin LEIBNIZ ein Blatt mit einer bestimmten An-

---

[48] Wir nennen für China nur einen Beleg: die ältesten magischen Zahlenquadrate der Welt stammen aus China, das *Hetu* und das *Luoshu*, und das erstere wird, wie die Hexagramme des YI JING, dem legendären Kaiser FU XI zugeschrieben. Vgl. z.B. HO 1985; 8-9.

[49] Zum Themenbereich Zahlensymbolik. Zahlenmagie, Zahlenmystik vgl. FISCHER 1995.

[50] Joachim BOUVET war ein Hauptvertreter des „*Figurismus*". Er glaubte an einen gemeinsamen Ursprung der chinesischen und der westlichen Kultur unter der Annahme, daß verschiedene Patriarchen (Figuren) die Wahrheit in West und Ost vermittelten. BOUVET wollte also nicht nur, wie RICCI, die Akkomodation der christlichen Lehre an die chinesische Geisteswelt, sondern suchte nach einem Nachweis dafür, daß beide Kulturen von ihrem Ursprung her eins seien. Von hier gibt es – wie der Briefwechsel zwischen BOUVET und LEIBNIZ erkennen läßt – Verbindungen zu LEIBNIZ' universalistischen Vorstellungen, zur Verbindung seiner Characteristica universalis zu den Hexagrammen des Fu XI. Vgl. Widmaier 1990; 277, 278, 283, 284, 303 und Ching-Oxtoby 1992; 85, 112.

ordnung, der dem FU XI (Fu Hsi), dem mythischen Gründer der chinesischen Kultur, zugeschriebenen Diagramme aus durchgehenden und unterbrochenen Strecken zugesandt und als Darstellungen der Zahlen mit den Ziffern 1 und 0 interpretiert. (Abb.8)

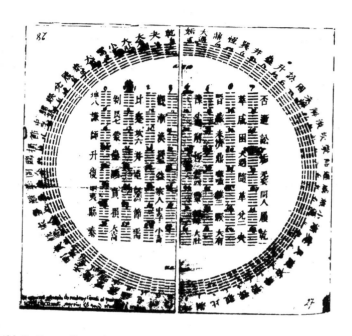

Abb.8: Darstellung der 64 Hexagramme aus dem Yi Jing *in der FU-XI-Anordnung aus dem Brief von P.BOUVET an LEIBNIZ vom 4.Nov.1701*
(WIDMAIER 1990, 170)

---

[51] Brief von BOUVET an LEIBNIZ aus Beijing vom 4.November 1701. (WIDMAIER 1990; 147-170). BOUVET entwickelt in seinem Brief erstmals auch seine figuristische Interpretation der chinesischen Klassiker. BOUVET antwortet in seinem Brief auf einen Brief von LEIBNIZ vom 15 Februar 1701, in dem LEIBNIZ u.a. sein binäres Zahlensystem erläuterte (WIDMAIER 1990; 134-145) LEIBNIZ hatte übrigens schon Ende Januar 1697 in einem Brief an GRIMALDI sein binäres Zahlensystem angesprochen (WIDMAIER 1990; 33). – Leibniz beantwortet Bouvets Brief von 1701 am 18. Mai 1703 (WIDMAIER 1990, 179.196).

6.3.2. In der Abhandlung schreibt LEIBNIZ zu Beginn des 4.Abschnitts:

> *"Wären wir Europäer über das chinesische Schrifttum gut genug un-*
> *terrichtet, so könnten wir mit Hilfe der Logik, des kritischen Scharf-*
> *sinns, der Mathematik und unserer begrifflich genaueren Ausdrucks-*
> *weise in den chinesischen Denkmälern einer so entfernten Vergan-*
> *genheit sehr wahrscheinlich viele Dinge entdecken, die den heutigen*
> *Chinesen und selbst den neueren Auslegern der Alten, für wie klas-*
> *sisch man sie auch hält, unbekannt sind. So haben der hochw.*
> *P.BOUVET und ich den eigentlich gemeinten Sinn der Charaktere des*
> *Reichsgründers FO HI entdeckt. Diese Charaktere bestehen aus der*
> *Kombination von ganzen und unterbrochenen Linien und gelten als*
> *die ältesten Schriftzeichen Chinas, wie sie gewiß auch die einfachsten*
> *sind. Insgesamt gibt es 64 Figuren dieser Art, die in einem Buch, das*
> *YE KIM <Yi Jing> oder Buch der Variationen heißt, zusammengefaßt*
> *sind. ...Tatsächlich handelt es sich genau um das binäre Zahlensy-*
> *stem, das dieser große Gesetzgeber besessen zu haben scheint, und*
> *das ich einige Tausend Jahre später wiederentdeckt habe."* (LEIBNIZ
> 1716, Abhandlung / LOOSEN-VONESSEN 1966; 195)

6.3.3. Halten wir auch an dieser Stelle einen Augenblick inne und klären
wir aus heutiger Sicht die Zusammenhänge.

FO HI - FU XI (FU HSI) wie wir ihn heute schreiben - war einer der drei
"Kulturheroen" Chinas, die (ca 3000 v.Chr.) die (chinesische) Kultur begründet haben sollen. Er war ein legendärer Held, der als erster die Kö-
nigsgewalt errichtet haben soll. Er gilt, was in unserem Zusammenhang
von besonderer Bedeutung ist, als Erfinder der *"Acht Diagramme" (Bagua)*,
aus denen sich durch Verdoppelung die 64 Diagramme im *"Buch der*
Wandlungen" (Yi Jing) zusammensetzen. (Abb.10)

"FU XI und seiner Schwester-Gemahlin NU WA wurden weiter die Erfindung der Künste und Handwerke zugeschrieben. Sie halten Zirkel und
Winkelmaß, als Symbole des Aufbaus und der Ordnung, in den Händen.
Auf den Reliefs der HAN-Zeit (206 v.Chr.- 220 n.Chr.) wurden sie als
mythische Wesen dargestellt. Er trägt die Kopfbedeckung eines Mannes,
sie die Frauenkappe. Ihre Beine sind zu Drachenleibern verschmolzen, und
geflügelte Luftgeister dienen ihnen. Man fand diese Darstellung oft in Grä-
bern und Opferhallen, da FU XI und NU WA auch als Beschützer des Menschen im Dies- und Jenseits galten." (EINHOLZ 1979; 31,70-71)

Abb.9: Fu Xi und seine Schwester-Gemahlin Nu Wa : Relief in einem Grab der Han-Dynastie[52] (nach EINHOLZ 1979; Nr.18, 31)

6.3.4. Die *Bagua* sind die 8 Grundformen der Diagramme im *"Buch der Wandlungen" (Yi Jing)*. Sie bestehen als Trigramme aus Kombinationen von je 3 ungebrochenen (männlichen = *yang)* bzw. gebrochenen (weiblichen = *yin*) Linien (Strecken), die je nach ihrer Zusammensetzung Himmel, Erde, Wasser, Feuer, Feuchtigkeit, Wind, Donner, Berge symbolisieren. Durch Verdoppelung entstehen in entsprechenden Kombinationen die 64 Hexagramme.

Nach Marcel GRANET sind die 8 Grunddiagramme als *"Verdichtung des Kosmos"* aufzufassen, die 64 Hexagramme aber als *Chiffren für die menschlichen Gegebenheiten und Zustände*. Sie bilden den Grundtext der dem Orakelbuch Yi Jing zugrunde liegt. Der Rest des Buches sind Kommentare und Interpretationen dieser Diagramme (GRANET 1963; 127,136).

6.3.5. Die 64 Hexagramme werden in der Überlieferung in zwei verschiedenen Formen arrangiert. Die sog. ältere Anordnung, *houtian*, wird traditionellerweise dem König WEN (WEN WANG, ca. 1050 v. Chr.), dem Stammvater der *Zhou*-Dynastie (1100 - 251 v. Chr.) zugeschrieben und ist die Anordnung, die im *Yi Jing* präsentiert wird. Hier schreiten die Hexagramme ausgehend von sechs ungebrochenen Linien *qian,* dem 'Himmel', zu *kun ,* der 'Erde' , also zu sechs gebrochenen Linien und weiter

---

[52] Grabanlage von Wu Liangzi in Qia Xiang Xian, Provinz Shandong, 147 n.Chr..

Abb.10: FU XI erfindet die acht Trigramme (Bagua)

jeweils im Übergang und unter Abtausch von ungebrochenen und gebrochenen Linien zum inversen Spiegelbild fort. Anders die mit dem legendären FU XI verbundene "neuere" Anordnung, *xiantian*, die LEIBNIZ von
BOUVET übermittelt wurde. Im Gegensatz zur WEN-WANG-Anordnung
schreiten in ihr die Hexagramme beginnend mit sechs gebrochenen Linien
(*kun*) systematisch mit zunehmender Anzahl der ungebrochenen Linien fort
(Abb.8), so wie es der Anordnung der natürliche Zahlen in ihrer Dual-Zahl-
Darstellung entspricht.

Freilich, wir wissen heute, daß die Anordnung der Hexagramme, die der
binären Zahlnotation entspricht, nicht auf FU XI und auch nicht auf WEN
WANG zurückgeht. Sie entstammt einem Buch des Song-Philosophen SHAO
YONG (1011-77) geschrieben um 1060[53],[54].

6.3.6. LEIBNIZ hoffte, daß durch die Entdeckung der Entsprechung zwischen den Hexagrammen und den Binärzahlen schließlich auch der hoch-

---

[53] Vgl. WIDMAIER 1990; 164/5 und NEEDHAM II 1956; 341ff..

[54] Selbst die *houtian*-Anordnung kann nicht auf WEN WANG zurückgehen, wie neuere
Funde (1973) in der Grabstätte eines Adeligen aus der frühen *Han*-Dynastie (206
v.Chr. – 5 n.Chr.) in *Mawangdui* in der Nähe der Stadt *Chansha*, Provinz *Hunan*, ergeben. Sie haben eine Anordnung ans Licht gebracht, die von bisher bekannten Ar-
rangements abweicht.

gebildete chinesische Kaiser KANG XI das Christentum akzeptieren und ihm die Übereinstimmung der natürlichen Theologie Chinas mit der geoffenbarten christlichen Religion demonstrieren müßte, weil ja ganz sicherlich Gott den alten chinesischen Kaiser FU XI inspiriert haben mußte, die Hexagramme in dieser Anordnung aufzuzeichnen.

6.3.7. Schon 1697 hatte LEIBNIZ in seinem *"Neujahrsbrief* an den Herzog Rudolph August von Braunschweig-Lüneburg-Wolfenbüttel" von seinem binären Zahlensystem gesagt:

> *"Denn einer der Haupt-Punkten des christlichen Glaubens, und zwar unter denjenigen, die den Weltweisen am wenigsten ein<ge>gangen, und noch den Heiden nicht wohl beizubringen, ist die Erschaffung aller Dinge aus nichts durch die Allmacht Gottes. Nun kann man wohl sagen, daß nichts in der Welt sie besser vorstelle, ja gleichsam demonstriere, als der Ursprung der Zahlen, wie er allhier vorgestellet, durch deren Ausdrückung bloß mit Eins und Null oder Nichts."*
> (LEIBNIZ 1697, *Das Geheimnis der Schöpfung;* VONESSEN 1966; 123)

Und ganz ähnlich heißt es an anderen Stellen:

> *"Alle Kombinationen entstehen aus der Einheit und dem Nichts, was so viel besagt wie, Gott machte alles aus dem Nichts, und daß es nur zwei erste Prinzipien gibt, Gott und das Nichts."*

> *"Alle Geschöpfe sind von Gott und nichts; ihr Selbstwesen von Gott, ihr Unwesen vom nichts. Solches weisen auch die Zahlen durch eine wunderbare Weise, und die Wesen der Dinge sind gleich den Zahlen."*
> (LEIBNIZ 1694/97, *Von der wahren Theologia mystica;* VONESSEN 1966;130)

6.3.8. LEIBNIZ geht es also im letzten Abschnitt der *Abhandlung* um *Shu*, um die Grundlagen der mit dem binären Zahlensystem verbundenen Zahlensymbolik und Zahlentheologie, um eine weitere Stütze für die Existenz einer natürlichen Theologie bei den Chinesen. LEIBNIZ war über die Möglichkeit dieser wechselseitigen Interpretation, der Hexagramme als eine andere Form der binären Zahldarstellung, außerordentlich erfreut, brachte sie ihm doch eine Bestätigung der zahlentheologischen Deutung seiner binären Arithmetik durch die Symbolik und Gedankenwelt der alten Chinesen. - Die Tatsache dieser formalen Analogie markierte für Leibniz einen besonderen und letzten Höhepunkt in seinem an Entdeckungen und geistigen Errungenschaften reichen Lebens.

7. Schlußbemerkungen zur Weltsituation im Jubiläumsjahr 1996

7.1. Wie beurteilen wir heute LEIBNIZ und seine Begegnung mit und sein Engagement für die chinesische Geisteswelt? -

Der Themenkreis *"Leibniz und China"* umgreift ein weites Feld. Auch er umgreift LEIBNIZ' Haltungen, Leitideen, LEIBNIZ' Hoffnungen, Erwartungen und Ziele, umgreift in seinem Bereich auch geistiges Wagnis und Scheitern

- er zeigt uns das Verstricktsein von LEIBNIZ in die Welt der Wirklichkeit, bestimmt von Polaritäten

- er zeigt die Widersprüchigkeit von LEIBNIZ' Denken, oder sagen wir besser: das Pendeln in Kraftfeldern bestimmt von antagonistischen Polen, die dennoch nur im Zusammen existieren können.

Unsere Anmerkungen zum Themenkreis *"Leibniz und China"* zeigten, daß LEIBNIZ' Denken nicht nur rational bestimmt war von der logischen Kategorie des Widerspruchs, sondern getragen auch von den ontologischen Kategorien der Polarität und der Komplementarität, daß es sich bewegte zwischen Rationalismus und Metaphysik, auf verschiedenen Denkebenen zwischen System und Metasystem.

7.2. Zitieren wir Otto FRANKE aus dem Jahr 1946: "Wenn wir heute auf LEIBNIZ' chinesisches Wunschbild zurückblicken, so werden wir gewiss nicht ohne Bedauern erkennen, wie hart der Lauf der Zeit mit ihm umgegangen ist. Aber es würde uns übel anstehen, wenn wir etwa von der Höhe unseres heutigen Wissens aus die Anschauungen und Forschungswünsche des großen Mannes belächeln wollten. Wer die vielverschlungenen Irrwege der Sinologie kennt, der kann nur mit ehrfürchtigem Staunen die Klarheit bewundern, mit der hier die großen Probleme erkannt sind, den Scharfsinn, mit dem vielen wichtigen Einzelfragen nachgegangen wird. Gewiß hat LEIBNIZ das China seiner Zeit verkannt, weil er nicht sah und nicht sehen konnte, daß vieles in dem von ihm so bewunderten Kulturgebäude längst erstarrte Form geworden war, kein Leben mehr besaß, vieles auch nur aus literarischem Machwerk bestand, das die Wirklichkeit so wenig wiedergab wie eine stilisierte Figur das Original. ... Dem Irrtum, in dem sich LEIBNIZ befand, waren in Europa zahllose Geister verfallen, die den Berichten der Jesuiten vertraut hatten. ... Freilich an der Möglichkeit einer Verbindung zwischen der europäischen und der chinesischen Geisteswelt brauchen wir darum nicht zu verzweifeln. Sie hat sich, wenn auch in anderer Form, angebahnt in diesem Jahrhundert...." (FRANKE 1946; 109).

7.3. LEIBNIZ' Denken war auf Versöhnung der Gegensätze aus - nicht auf Nivellierung, deswegen plante und hoffte er auf den gegenseitigen Austausch, auf die gegenseitige Befruchtung der entfernten Kulturen. LEIBNIZ Haltung, die er nicht nur vertreten, sondern auch gelebt hat, könnte, sollte uns bei der Bewältigung vieler Gegenwartsprobleme Vorbild sein.

Literatur:

- (1966): Herrn von Leibniz' Rechnung mit Null und Eins. Siemens Aktiengesellschaft, Berlin- München.

CHING, J. / OXTOBY, W.G.(1992): Moral Enlightment - Leibniz und Wolff on China. Nettetal.

CLAVIUS, Chr. (1574; 1611): Euclidis Elementorum Libri XV.Mainz. - Nachdruck hrsg. und Vorwort Knobloch, E. (1997), Hildesheim.

CONTAG, V. (1964): Konfuzianische Bildung und Bildwelt. Zürich/Stuttgart.

DUTENS, L. (Hrsg.) (1768) : G.G. Leibnitii Opera omnia. 6 Bände, Genf.

EINHOLZ, S. (1979): Die Chinesische Steinabreibung. Berlin.

FINSTER, R. / Van den HEUVEL, G. (1993): Gottfried Wilhelm Leibniz mit Selbstzeugnissen und Bilddokumenten dargestellt. Hamburg.

FISCHER, W.L. (1987): Koinzidenzen in Kunst- und Mathematikgeschichte. In: Hohenzollern, J.G.Prinz von/ LIEDTKE, M. (Hrsg.): Vom Kritzeln zur Kunst. (Schriftenreihe zum Bayerischen Schulmuseum Ichenhausen, Bd.6). J.Klinkhardt Verlag, Bad Heilbrunn 1987; 101-133.

FISCHER, W.L.: (1995): Die mathematischen Grundlagen der abendländischen Zahlen-Symbolik, der Zahlen-Mystik und der Zahlen-Magie bei den Pythagoreern. In: LIEDTKE, M. (Hrsg.) (1995): Aberglaube, Magie, Religion. Matreier Gespräche 1990. (Festschrift f. W.Hirschberg). Austria Medienservice, Graz; 11-43.

FISCHER-SCHREIBER, I. (1996): Lexikon des Taoismus. München.

FORKE, A. (1927): Die Gedankenwelt des chinesischen Kulturkreises. München/Berlin.

FRANKE, O. (1946): Leibniz und China. Hamburger Rundschau. Hamburg; 97-109.

GERHARDT, C.I. (1849-63): Leibniz' Mathematische Schriften, 7 Bde. Berlin. Nachdruck Hildesheim 1971.

GERHARDT, C.I. (1875-90): Leibniz' Philosophische Schriften. Berin, Halle. Nachdruck Hildesheim 1961.

GRANET, M. (1934, 1963): Das chinesische Denken. München.

GREVE, H.E. (1966): Entdeckung der binären Welt. In: (1966): Herrn von Leibniz' Rechnung mit Null und Eins. Siemens Aktiengesellschaft, Berlin-München; 21 - 31.

GUMIN, H. (1966): Die mathematischen Grundlagen der Dualzahlen und ihre Bedeutung für die Technik und Datenverarbeitung. In: (1966) : Herrn von Leibniz' Rechnung mit Null und Eins. Siemens Aktiengesellschaft, Berlin- München; 33- 39.

HO, P.Y. (1985): Li, Qi and Shu: An Introduction to Science and Civilisation in China. Hong Kong.

HOCHSTETTER, E. (1966): Gottfried Wilhelm Leibniz. In: (1966): Herrn von Leibniz' Rechnung mit Null und Eins. Siemens Aktiengesellschaft, Berlin- München; 11-19.

HSIA, A. (1985): Deutsche Denker über China. Frankfurt a.M.

KOLONKO, P. (1992): Mandarin und Missionar - Adam Schall von Bell und das Gespenst der völligen Verwestlichung in China. In: Frankfurter Allgemeine 2.5.1992, Nr. 102; Bilder und Zeiten.

KORTHOLT, Chr. (Hrsg.) (1734-42): Leibnitii Epistolae ad diversos. 4, Bände. Leipzig.

KNOBLOCH, E. (1997): siehe Clavius.

LEIBNIZ : Leibniz' Korrespondenz mit China. Vgl. Widmaier 1990.

LEIBNIZ, G.W. (1694/1697?): Von der wahren Theologia mystica. (LH I/5, Blatt 1) - Deutsch von Vonessen, Fr., Antaios Bd.VIII, Nr.2 (Juli 1966); 128 -123.

LEIBNIZ, G.W. (1697): Das Geheimnis der Sch"pfung. (Neujahrsbrief an den Herzog Rudolph August von Braunschweig-Lüneburg-Wollfenbüttell.

(LBr II/15, Blatt 18-19) - Deutsch von VONESSEN, Fr., Antaios Bd.VIII, Nr.2 (Juli 1966); 122 -127.

LEIBNITII, G.G. (1768) : Zwei Briefe. In: Opera Omnia. Hrg.L.DUTENS (1768), Bd.3.; 183 -190. - Deutsch (von F.X.WERNZ) in: (1966): Herrn von Leibniz' Rechnung mit Null und Eins. Siemens Aktiengesellschaft, Berlin-München; 53 -60.

LEIBNIZ, G. (1697/1699): Novissima Sinica Historiam Nostri Temporis Il-lustratura. - Deutsch in: Nesselrath, H.G. / Reinbote, H. (1979) und Hsia, A. (1985).

LEIBNITZ, G. (1703): Explication De L'Arithmetique Binaire. In: Histoire des L'Academie Royale Des Sciences Ann,e MDCCIII. Paris, MDCCV; 85 - 89. - Faksimile und deutsch (von R.Soellner) in: (1966): Herrn von Leib-niz' Rechnung mit Null und Eins. Siemens Aktiengesellschaft, Berlin-München. 48-54.- Auch: Gerhardt (1971): Leibniz' Mathematische Schrif-ten, Bd.7.; 223-27.

LEIBNIZ, G.W. (1700): De Cultu Confucii Civili. (LBr. 954, fol.32-33). - Englisch: On the Civil Cult of Confucius. In: Ching, J. / Oxtoby, W.G.(1992); 78-80.

LEIBNIZ, G.W. (1716): Abhandlung über die chinesischen Philosophie. (MS XXXVII,1810,Nr. 1,Blatt 1-16) .- Französisch aus der Urschrift ediert von KORTHOLT. Vgl. KORTHOLT Bd.II (1835); 413-494. .- Deutsch von LOOSEN, R./ VONESSEN Fr. (1966) in: Antaios Bd.VIII, Nr.2 (Juli 1966); 144 - 203. - Englisch: Ching/Oxtoby (1992); 87-141. - Faksimilie: Ching/Oxtoby (1992); 249-280.

LI, Y. / DU, Sh. (1987): Chinese Mathematics - A Concise History. Oxford.

LOOSEN R. (1966): Leibniz und China. In: Antaios Bd.VIII, Nr.2 (Juli 1966); 134 -143.

LOOSEN R. / VONESSEN Fr. (1966) : LEIBNIZ' Abhandlung über die chinesi-sche Philosophie; In: Antaios Bd.VIII, Nr.2 (Juli 1966); 144-145.

MATHEWS (1960): Chinese-English Dictionary. Cambridge Mss.

NEEDHAM, J. (1956): Science and Civilisation in Ancient China. Vol.II. Cambridge.

NEEDHAM, J. (1958): Science and Civilisation in Ancient China. Vol.III. Cambridge.

NESSELRATH, H.G. / REINBOTE, H. (1979): Gottfried Wilhelm Leibnbiz : Das Neueste von China - Novisssima Sinica. Köln.

REICHWEIN, A. (1923): China und Europa - Geistige und künstlerische Beziehungen. Berlin.

RÜDENBERG, W. / STANGE, H.O. (1963): Chinesisch-Deutsches Wörterbuch. Hamburg.

SCHISCHKOFF, G. (1947): Die gegenwärtige Logistik und Leibniz. In: Beiträge z. Leibniz-Forschung.(Monographien zur Philosophischen Forschung, Bd.1.), Reutlingen; 224-240.

SCHISCHKOFF, G. (1949): Begriff und Aufbau eines kategorial-analytischen Wörterbuchs. In: Z.f.Philosophische Forschung, III,4;547-564.

SIU, M.K. (1993): Success and Failure of Xu Guangqi: Response to the first dissemination of European Science in China. 19th Intern.Congress of History of Science, Zaragoza/Spain Aug.1993.

STEENBERG, C. (1978): Johann Adam Schall Von Bell - Missionar und Mandarin Erster Klasse. Bayer. Rundfunk. Sendung: 26.8.1878.

VÄTH, A. (1933,1991): Johann Adam SCHALL VON BELL SJ. Ein Lebens- und Zeitbild. Nettetal.

VONESSEN, F. (1966): Reim und Zahl bei Leibniz. In: Antaios Bd.VIII, Nr.2 (Juli 1966); 99-120.

VOGEL, K. (1968) : Neun Bücher arithmetischer Technik. Braunschweig. (Übersetzung des Jiuzhang Suanshu aus dem Chinesischen).

WIDMAIER, R. (1983): Die Rolle der chinesischen Schrift in Leibniz' Zeichentheorie. Wiesbaden.

WIDMAIER, R. (1990): Leibniz korrespondiert mit China. Frankfurt a.M.

WIDMAIER, R. (1991): Eine Kultur, älter als die Sinflut. Leibniz und sein großes Projekt eines Wissensaustausches mit China. In: FAZ, 31.Dezember 1991, Nr.302, Seite N3-4.

WILLIAMS, C.A.S. (1976): Outlines of Chinese Symbols and Art Motives. New York.

ZACHER, H.J. (1973): Die Hauptschriften zur Dyadik von G.W.Leibniz. Frankfurt.

Albert Daniel Mercklein

Naturwissenschaftler und/oder Pfarrer
in der ersten Hälfte des 18. Jahrhunderts

Rudolf und Gerda Fritsch

ALBERT DANIEL MERCKLEIN ist heute ganz unbekannt im Gegensatz zu seiner Zeit, in der er durchaus überregionales wissenschaftliches Ansehen genießt. Er kann - wie die nachfolgende Genealogie zeigt - als wissenschaftlicher Neffe von LEIBNIZ angesehen werden, womit seine Vorstellung im Rahmen des Leibnizforums gerechtfertigt ist. Außerdem ist Altdorf die Stadt, in der, wenn auch nicht er selbst so doch sein Vater, sein Großvater und viele weitere Verwandte studierten. Sein Lebenslauf ist stark mit der Geschichte seiner fränkischen Heimat verwoben; dadurch kann dem weltumspannenden Geist von LEIBNIZ durch ihn etwas Lokalkolorit beigemengt werden. ALBERT DANIEL MERCKLEINS Lebenslauf nachzuspüren bringt aufschlußreiche Einsichten in seine Zeit. Er entstammt einer Familie mit mindestens lokaler Bedeutung, studiert bei bekannten Professoren und hat ein nicht einfaches Leben zu meistern: hin- und hergerissen zwischen brotlosen akademischen Künsten, mit dem verzweifelten Versuch, diese doch zu Geld zu machen, und dem notwendigen Brotberuf, den er schließlich als Dorfpfarrer ausübt.[1]

Im folgenden steht die Biografie ALBERT DANIELS MERCKLEINS im Vordergrund, die Einordnung seiner naturwissenschaftlichen Leistungen wird nur kurz skizziert und soll zu einem späterem Zeitpunkt im Detail erfolgen.

Herkunft

ALBERT DANIEL MERCKLEIN enstammt einer mittelfränkischen Familie. In der zweiten Hälfte des 16. Jahrhunderts werden sein Altvater HANS MERCKLEIN (1540-1614) und dessen Bruder GEORG (1550-1614) - Barbiere

---

[1] Dieses hat, wie bei vielen anderen im folgenden genannten Pfarrern, einen Vorteil: Die Orte, an denen die Personen dieses Beitrags wirken, sind heute oft schwer zu identifizieren; aber wenn es einen Pfarrer gibt, dann gibt es auch eine Kirche, und diese findet man im DEHIO, hier speziell in Georg Dehio: *Handbuch der Deutschen Kunstdenkmäler, Bayern I: Franken,* Darmstadt: Wissenschaftliche Buchgesellschaft 1979

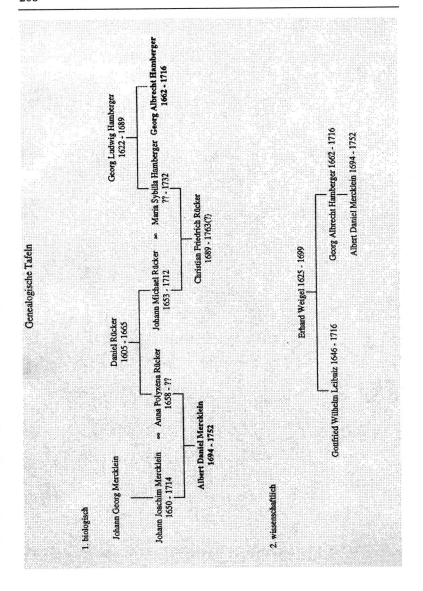

Genealogische Tafeln

1. biologisch

Georg Ludwig Hamberger
1622 - 1689

Georg Albrecht Hamberger
1662 - 1716

Maria Sybilla Hamberger
?? - 1732

Daniel Rücker
1605 - 1665

Johann Michael Rücker
1653 - 1712

Christian Friedrich Rücker
1689 - 1763(?)

Johann Georg Mercklein

Anna Polyxena Rücker
1658 - ??

Johann Joachim Mercklein
1650 - 1714

Albert Daniel Mercklein
1694 - 1752

2. wissenschaftlich

Erhard Weigel 1625 - 1699

Georg Albrecht Hamberger 1662 - 1716

Albert Daniel Mercklein 1694 - 1752

Gottfried Wilhelm Leibniz 1646 - 1716

aus Flachslanden[2] - Bürger der freien Reichsstadt Windsheim[3]. Ihre Nachkommen gehören zur reichsstädtischen Oberschicht. Berühmt wird zunächst GEORGS Enkel JOHANN JAKOB MERCKLEIN (1620-1700) durch den erstmalig 1663 gedruckten Bericht über seine Ostasienreise, bei der er erst als Unterbarbier und dann als Oberbarbier, also Schiffsarzt und Chirurg, tätig ist[4].

ALBERT DANIELS Urgroßvater GEORG SIGISMUND MERCKLEIN (* Windsheim 1599, † Windsheim 19. Januar 1663) studiert von 1619 an in Altdorf und Wittenberg Jurisprudenz, erhält 1623 das Bürgerrecht in Windsheim und wird dort 1632 Ratsherr, 1645 Bürgermeister (Consul) und 1653 Oberrichter (Praetor totius urbis supremus). Der Großvater JOHANN GEORG MERCKLEIN studiert ebenfalls Jurisprudenz in Altdorf und Wittenberg und außerdem noch in Leiden. Er wird in Windsheim 1649 zum Ratsherrn, 1654 zum Blutrichter gewählt (erst am 7. Februar 1659 verpflichtet) und amtiert von 1671 bis 1678 als Bürgermeister (Consul).

Der Vater DR. JOHANNES JOACHIM MERCKLEIN (* Windsheim 6. August 1650[5], † Windsheim 17. Juni 1714[6]) studiert auch wieder Rechtswissenschaft in Altdorf, später dann in Straßburg im Elsaß. Er erhält 1674 das Bürgerrecht in Windsheim, wird bald Ratsherr (Senator) und 1698 Erster Bürgermeister (Consul primarius), sowie Protoscholarch (Protus Scholarchus[7]) später auch "Avarii Publici Praesidens".[8]

Am 1. September 1674 heiratet er in Windsheim ANNA POLYXENA RÜCKER (* Marbach am Neckar 22. Juni 1658), die Tochter des DR. DANIEL RÜCKER (* Rothenburg ob der Tauber 1. Februar 1605, † Rothenburg 13. März 1665). Dieser studiert in Altdorf, Jena, Straßburg und Marburg, wirkt

---

[2] 91604 Flachslanden, Landkreis Ansbach (bei Orten mit Namensänderung und kleineren Orten, insbesondere solchen, die nicht mehr selbständig existieren, werden die aktuellen Postleitzahlen, Ortsnamen und Kreiszugehörigkeiten angegeben)

[3] (seit 1961) 91438 Bad Windsheim, Landkreis Neustadt an der Aisch - Bad Windsheim

[4] Gerd Wunder: Die Familie Johann Jakob Merkleins, in: Johann Jakob Merklein: Reise nach Ostasien 1644-1653, (Nürnberg: [1]1663, [2]1672) München und Bad Windsheim: Delp Verlag 1985

[5] Evangelisch-Lutherisches Dekanat Bad Windsheim, Taufbuch 1648-77, Seite 77

[6] Evangelisch-Lutherisches Dekanat Bad Windsheim, Sterbebuch 1653-1717, Seite 428

[7] soviel wie Leiter des Stadtschulamtes

[8] soviel wie Stadtkämmerer, in einer zeitgenössischen Darstellung gibt es in der Windsheimer Verfassung zunächst nur "Praefecti Aerarii Publici" (deutsch: "Zins-Herren"), siehe Melchior Adam Pastor: *Kurtze Beschreibung Des H. R. Reichs Stadt Windsheim,* Nürnberg: Christian Sigmund Froberg 1692, Seite 19

in Aachen als heimlicher Prediger der Evangelischen und wird 1629 außerordentlicher Professor der Theologie und Philosophie in Marburg[9]. Im März 1631 erhält er eine feste Anstellung als Pfarrer von Nidda in der Wetterau[10] und gründet einen eigenen Hausstand durch Heirat (Straßburg 27. September 1631) mit seiner Studentenliebe, der Straßburger Bürgerstochter JUDITH BREIDENBACH († 3. September 1640). 1632 wird er Superintendent in Aschaffenburg, muß aber in den Wirren des Dreißigjährigen Krieges von dort fliehen und begibt sich zur Familie seiner Frau nach Straßburg, wo er 1635 Hofprediger beim Grafen GEORG FRIEDRICH VON HOHENLOHE wird[11]. Danach ist er "Herzog Bernhards des Großen zu Sachsen (Bernhard von Sachsen-Weimar, * Weimar 16. August 1604, † Neuenburg am Rhein 8. Juli 1639) gewesener Ober-Hof-Prediger, damahliger Superintendens zu Breysach, und Praeses Consistorii Castrensis bey der conföderierten Weimarschen Armee; darauf er als Superintendens nach Rothenburg gekommen".[12] Nach dem Tod seiner ersten Frau geht DANIEL RÜCKER am 4. Februar 1641 eine zweite Ehe mit ANNA POLYXENA MÜLLER ein (* 7. Juli 1625[13], † Windsheim 7. Oktober 1706[14]) Tochter des Proviantcommissärs (im Heer für den täglichen Unterhalt verantwortlich) und Burgvogts JOHANN CONRAD MÜLLER zu Breisach[15]. Sie heiratet sieben Jahre nach dem Tod DANIEL RÜCKERS am 2. Dezember 1672 in zweiter Ehe den Windsheimer Bürgermeister (1654) und Oberrichter (1671) JOHANN GEORG STELLWAG (* Windsheim 1621, † Windsheim 24. September 1691) und kommt so mit ihren jüngeren Kindern nach Windsheim.

Das siebte Kind aus der zweiten Ehe DANIEL RÜCKERS IST JOHANN MICHAEL RÜCKER (* Rothenburg 6. Oktober 1653, † Windsheim 7. August 1712), das neunte Kind ist ANNA POLYXENA RÜCKER, die Mutter ALBERT

---

[9] Wilhelm Dannheimer: *Verzeichnis der im Gebiete der freien Reichsstadt Rothenburg o. T. von 1544 bis 1803 wirkenden ev.-luth. Geistlichen,* Nürnberg: Kommissionsverlag Die Egge 1952

[10] 63667 Nidda, Wetteraukreis

[11] Man mag spekulieren, daß die Verbindung zwischen Johann Joachim Mercklein und Anna Polyxena Rücker über die beiderseitigen Beziehungen nach Straßburg zustande kam.

[12] Johann Matthias Groß, *Historisches Lexicon Evangelischer Jubel-Priester,* Nürnberg: W. M. Endterische Töchter und Jul. Arn. Engelbrecht 1727

[13] Schragsches Wappen- und Familienbuch von Rothenburg, II. Band, Seite 1169

[14] Evangelisch-Lutherisches Dekanat Bad Windsheim, Sterbebuch 1653-1717, Seite 385

[15] Schrag: Wappen- und Geschlechterbuch, II. Band S. 1169, Handschrift im Stadtarchiv Rothenburg ob der Tauber

DANIEL MERCKLEINS. JOHANN MICHAEL RÜCKER studiert von 1672 bis 1674 in Jena und wird - wohl durch Vermittlung seines SCHWAGERS JOHANN JOACHIM MERCKLEIN, damals Ratsherr in Windsheim - am 6. Februar 1685 zum Archidiakon, 1689 zum Vesperprediger[16] und am 29. Mai 1691 zum Frühprediger[17] in Windsheim berufen. Er ist seit dem 10. Juli 1677 mit MARIA SIBYLLA HAMBERGER (* Beyerberg[18], † Windsheim 23. April 1732) verheiratet, einer Tochter des Pfarrers GEORG LUDWIG HAMBERGER (* Breitenau[19] 15. April 1622, † Beyerberg 11. Februar 1689) und Schwester des Mathematikers GEORG ALBRECHT HAMBERGER, bei dem ALBERT DANIEL MERCKLEIN später in Jena studiert. Aus der Ehe gehen zehn Söhne und drei Töchter hervor; ein Sohn, CHRISTIAN FRIEDRICH RÜCKER (* Windsheim 25. August 1689[20] wird 1747 Bürgermeister und 1762 Oberrichter[21] in Windsheim.

ALBERT DANIEL MERCKLEIN hat drei aktenkundige Brüder, von denen zwei früh versterben. Der Bruder JOHANN GERHARD MERCKLEIN (* Windsheim 1681) studiert 1699 in Altdorf, erhält 1705 das Bürgerrecht in Windsheim, wird bald Ratsherr, 1732 Bürgermeister und 2. Scholarch und 1743 Protoscholarch und Oberrichter als Nachfolger seines Onkels 4. Grades, FRANZ JAKOB MERCKLEIN (1670 - 1742), der dieses Amt 1732 übernahm[22].

Das Windsheimer Stadtregiment besteht im 17. und 18. Jahrhundert aus zwölf inneren und zwölf äußeren Ratsherren, acht Bürgermeistern und einem Oberrichter, dem höchsten Amtsträger in der freien Reichsstadt. Dieser mußte ursprünglich dem Adel angehören, seit einer Entscheidung Kai-

---

[16] soviel wie 2. Pfarrer

[17] Stadtpfarrer (= 1. Pfarrer), siehe Matthias Simon (Herausgeber): *Pfarrerbuch der Reichsstädte Dinkelsbühl, Schweinfurt, Weißenburg i. Bay. und Windsheim, sowie der Reichsdörfer Gochsheim und Sennfeld*, Nürnberg: Selbstverlag des Vereins für Bayerische Kirchengeschichte 1962

[18] 91725 Ehingen - Beyerberg, Landkreis Ansbach

[19] heute eingemeindet nach 91555 Feuchtwangen, Landkreis Ansbach

[20] Evangelisch-Lutherisches Dekanat Bad Windsheim, Taufbuch K 10, 1678-1722, Seite 178

[21] Sein Sterbedatum konnte bisher nicht festgestellt werden. Geht man davon aus, daß das Amt des Oberrichters ein Amt auf Lebenszeit war und sein Nachfolger 1777 ernannt wurde, so dürfte er um 1776 gestorben sein und damit ein gesegnetes Alter von etwa 87 Jahren erreicht haben, siehe Matthäus Geuder: *Chronik der Stadt Windsheim*, Windsheim: Selbstverlag des Verfassers 1925

[22] Johann Gerhard Mercklein muß kurze Zeit später verstorben sein, da sein Nachfolger als Oberrichter bereits 1745 ernannt wird.

ser Karls V. vom 22. August 1522 wurde er aber aus den Ratsmitgliedern
berufen, traditionsgemäß war es der älteste Bürgermeister. Die große Zahl
der Bürgermeister erklärt sich daraus, daß für einen einzelnen die Amtszeit
als geschäftsführender Bürgermeister nur für ein Vierteljahr zumutbar ist,
da in dieser Zeit sein Haus praktisch Tag und Nacht für Bürgerbegehren
offen sein muß. Zur Familie MERCKLEIN gehören dreiundzwanzig Absol-
venten des dortigen Gymnasiums, vierzehn Studenten, dreizehn Ratsherren
und Bürgermeister und drei Oberrichter.

Ausbildung

ALBERT DANIEL MERCKLEIN wird am 15. September 1694 in Windsheim
getauft.[23] Von 1700 bis 1713 besucht er das Gymnasium seiner Vater-
stadt.[24] 1595 als Lateinschule gegründet tritt 1691 auch im Kopf der Schul-
ordnung die Bezeichnung "Gymnasium" in der latinisierten Form "Gymnasium Windsheimensis" auf, die schon von 1611 an ab und zu verwendet
wird. Das Gymnasium hat zu dieser Zeit sechs Klassen, Sexta bis Prima,
deren jede ein Schüler zwei bis drei Jahre besucht, so daß sich eine Ge-
samtschulzeit bis zu 13 Jahren ergibt. Heute führt die Schule den Namen
"Georg-Wilhelm-Steller-Gymnasium" nach dem Alaska-Forscher GEORG
WILHELM STELLER (1709-1747), der die Schule von 1714 bis 1729 be-
suchte. Nach dem erfolgreichen Abschluß des Gymnasiums immatrikuliert
sich MERCKLEIN am 12. Oktober 1713 an der Universität Jena[25]. In einem
Lebenslauf, den er aus Anlaß seiner Aufnahme in die "Academia Caesarea
Leopoldina Naturae Curiosorum" (Kaiserlich Leopoldinische Akademie
der Naturforscher, heute "Deutsche Akademie der Naturforscher Leopoldina") verfaßt, nennt er seine akademischen Lehrer:

> per quatuor Annos in Philosophicis ac Philologicis Magnificos Do-
> minos Dantziam, Rusium et Adjunctum Facultatis Philosophicae
> Boyum audivi; in Theologicis ad Pedes Dr. Dr. Förtschii in Theolo-
> gicis solidissimi fui. In homileticis solus extraodinariis sumptibus

---

[23] Das in manchen Verzeichnissen angegebene Geburtsdatum 27.10.1694 ist falsch, wie
eine Überprüfung im Geburtsregister von Bad Windsheim ergab (Evangelisch-
Lutherisches Dekanat Bad Windsheim, Taufbuch 1678-1722, Seite 232)
[24] Hans Bauer und Alfred Roth: Die Matrikel des Gymnasiums Windsheim 1678-1887,
Neustadt an der Aisch: Kommissionsverlag Degener & Co. 1987
[25] Matrikel der Universität Jena, Band II: 1652 bis 1723, Weimar 1977, Seite 516

per integrum Annum facundissimum Posnerum Doctorem habui privatissimum. In Physicis ac Mathematicis incomparabilem Hambergerum Patrem Ducem nominare potui.

Der väterliche Führer durch Physik und Mathematik, GEORG ALBRECHT HAMBERGER (* Beyerberg 26. November 1662, † Jena 13. Februar 1716), ist - wie schon erwähnt - ein angeheirateter Onkel. Das mag ALBERT DANIEL MERCKLEIN angesichts seines Interesses an diesen Fächern zum Studium in Jena bewogen haben, im Gegensatz zu Vater, Bruder und anderen Verwandten, die, mehr an Jurisprudenz interessiert, ihre Hochschulstudien an der nächstgelegenen Universität Altdorf aufnehmen.

Der Pfarrerssohn HAMBERGER wird 1677 in die Fürstenschule Heilsbronn aufgenommen und studiert dann in Altdorf und Jena. Er hat "zu Jena um die Zeit, als Er in Patria sollte bedienstet werden, auf selbständigen Antrag des berühmten ERHARDI WEIGELI (* Weiden in der Oberpfalz 16. Dezember 1625, † Jena 21. März 1699), von der gantzen Universitaet zum Professor Mathematum verlanget worden, solche Professio auch nebst der Physic und Inspectione Alumnorum Ducalium biß ad Annum 1716, in welchem er verstorben, rühmlichst verwaltet"[26]. HAMBERGER wurde 1689 in Jena zum Magister promoviert, 1694 Adjunkt der Philosophischen Fakultät[27], 1696 außerordentlicher, 1698 ordentlicher Professor der Mathematik und 1705 Professor "Physices". MORITZ CANTOR hebt zwei von HAMBERGERs Arbeiten heraus *De meritis Germanorum in mathesin 1694, De usu matheseos in theologia 1694.*

Nun zu den anderen von MERCKLEIN genannten Jenenser Professoren.

- JOHANN ANDREAS DANZ (* Sandhausen bei Gotha[28] 1. Februar 1654, † Jena 20. Dezember 1721), 1680 in Jena habilitiert, dort 1685 Professor der orientalischen Sprachen, 1710 Doktor und Professor der Theologie,

---

[26] Johann Ludwig Hocker: Supplementa zu dem Haylßbronnischen Antiquitäten-Schatz, Nürnberg: Peter Conrad Monath 1739, Seite 44

[27] Da diesen Posten noch mehrere der im folgenden zu behandelnden Personen bekleiden, hier eine Beschreibung aus einem zeitgenössischen Lexikon: "Auf Universitäten werden die Beysitzer in Facultäten Adjuncti, Lat. *Ordini adscripti,* genennet, welche sich Hoffnung machen können, nach ereigneter Gelegenheit zu einer Professors-Stelle in ihrer Facultät zu gelangen." Aus *Johann Hübners Reales Staats-Zeitungs- und Conversations-Lexikon,* Regensburg und Wien: Emerich Felix Baders seel. Wittib 1769

[28] heute eingemeindet nach 99867 Gotha

bedeutender Sprachwissenschaftler mit umstrittenen Theorien zur hebräischen Sprache[29],

- JOHANN REINHARD RUS (* Rod am Berg[30] 24. Februar 1679, † Jena 18.
  April 1738), nach Studium in Gießen und Jena 1699 Magister in Jena,
  1708 Adjunkt der Philosopischen Fakultät, 1713 außerordentlicher Professor der orientalischen Sprachen, 1715 ordentlicher Professor, 1721
  auch Professor der griechischen Sprache, schließlich Professor der
  Theologie und Primarius[31], besondere Lehrmeinungen zum Sabbath, zur
  Höllenfahrt Christi sowie zur altjüdischen Geschichte,

- JOHANN LUDWIG BOYE (* Königsberg in Preußen 1685, † 1724), immatrikuliert Königsberg 19.3.1701 als JOH. LUDOV. BOY, immatrikuliert in
  Jena 22. Mai 1708 als JOH. LUDOV. BOYE, Regiomonte Borussus, bittet
  (in Jena) um Nostrifikation seines Königsberger Magisters; wird zum
  Magister promoviert und am 30.1.1712 Adjunkt der philosophischen Fakultät, ab 1714 Rektor und Professor der Philosophie und Theologie in
  Durlach und Durlachischer Konsistorialrat,

- MICHAEL FÖRTSCH (* Wertheim 24. Juli 1654, † Jena 24. April 1724),
  1704 Professor der Theologie und Primarius in Jena, Vertreter einer ge-
  mäßigten, aber antiunionistischen und antipietistischen Orthodoxie). Es
  könnte sein, daß FÖRTSCH ihm die Geisteshaltung einpflanzt, die zu seinen späteren Schwierigkeiten in Heidelberg und Mainstockheim führt

- JOHANN CASPAR POSNER (* 1673, † 16. Oktober 1718), Magister in Jena,
  1699 Professor Physices, als Nachfolger seines Vaters, 1705 Professor
  der Eloquenz.

Bei DANZ, RUS und BOYE hört MERCKLEIN Philosophie und Philologie, bei
FÖRTSCH Theologie und bei POSNER Homiletik (Geschichte und Theorie
der Predigt).

Aus einer Akte des Archivs der Universität Jena geht hervor, daß "ALBERT
DANIEL MERCKLIN aus Windsheim in Franken" den Dekan der philosophischen Fakultät um eine Privatrenunciation zum Magister ersucht hat. Die
Akte enthält ferner das Ergebnis des Examens und die gedruckte Urkunde
darüber, die vom 29. August 1716 datiert ist. Am 18. März 1717 wird

---

[29] *Allgemeine Deutsche Biographie*, Band 4, Seite 751
[30] 1970 mit Anspach und Hausen-Arnsbach vereinigt zu 61267 Neu-Anspach, Hochtau-
nuskreis
[31] *Allgemeine Deutsche Biographie*, Band 29, Seite 753-754

MERCKLEIN der akademische Grad des Magisters der Philosophie verliehen. In seinem schon genannten Lebenslauf schreibt er:

> Amor horum Professorum in me erat tantus ut omnes me invitum, absit jactantia verbis, tempore extraordinario in Doctorem Philosophia non modo crearent, ...

Der Leiter des Universitätsarchivs in Jena, DR. HERZ, schreibt dazu in einem Brief vom 7. Januar 1987: "Seine (MERCKLEINS) eigene Aussage, in Jena zum Doktor der Philosophie promoviert worden zu sein, ist vielleicht darauf zurückzuführen, daß möglicherweise der Magister- und Doktortitel der Philosophischen Fakultät im zeitgenössischen Gebrauch gleichgesetzt wurde. Ob eine präzise Unterscheidung beider Grade überall getroffen wurde, muß dahingestellt bleiben. Einen exakten Nachweis der Promotion zum Dr. phil. können wir anhand der Akten nicht führen." Für den zeitgenössischen Gebrauch sprechen noch die folgenden Fakten: In die Matrikel der Universität Heidelberg wird am 2. November 1726 eingetragen:

> ALBERTUS DANIEL MERCKLIN, Windsheimensis ex Francis, philos. doctor Jenensis,

während alle uns bekannten Veröffentlichungen als Autor angeben

> M. (= Magister) Daniel Mercklein.

Wanderjahre

Zur Regelung von Familienangelegenheiten kehrt MERCKLEIN anschließend nach Windsheim zurück und findet 1720 eine erste Anstellung als Hofmeister beim Baron v. HELMSTADT. Die HELMSTADTs sind ein uraltes Adelsgeschlecht im Kraichgau, im 11. Jahrhundert begründet, reichsfreie Ritter und 1792 in den Grafenstand erhoben. Im 19. Jahrhundert dienten sie dem Großherzog von Baden in hohen Positionen zum Beispiel als Finanzminister; so fördert MERCKLEIN als Hauslehrer die Mutation vom mittelalterlichen zum modernen Raubritter. Im 20. Jahrhundert ist die Familie erloschen. Als Pfarrer (Prediger) in Neckarbischofsheim (seit 1720/21-1724) bemüht MERCKLEIN sich von 1724 bis 1727 mehrfach vergeblich um eine Professur für Optik und theologische Eloquenz lutherischer Prägung an der Universität Heidelberg, wo er seit dem 2. November 1726 immatrikuliert ist. In seinem für die Aufnahme in die Leopoldina handgeschriebenen Lebenslauf behauptet er, Kurfürst KARL PHILIPP (* 1661, Regierungsantritt 1716, † 1742) sei ihm gewogen gewesen:

peculiari Electoris Clementia qui aliquoties solus mihi aures prae- buit clementissimas, Licentiam docendi Mathemata, cum spe futuro Promotionis accepi, et per integros quatuor annos cum applausu li- vorem aliorum excitante docui

[durch die außergewöhnliche Güte des Kurfürsten, der mehrmals nur mir seine allergnädigsten Ohrwascheln lieh, habe ich die Erlaubnis erhalten, Mathematik zu lehren, mit der Hoffnung auf künftige Be- förderung, und ich habe vier ganze Jahre mit Erfolg, der den Neid anderer erregte, doziert.]

Aber:

Persecutionibus autem duarum Religionum reliquarum se invicem vexantium et coniunctim tamen nos destruentium, exantlatus ...

[Aber durch die Verfolgungen der beiden übrigen Religionen[32], die sich gegenseitig quälten und uns dennoch gemeinsam vernichten wollten, erschöpft ...]

Die Akten des Heidelberger Universitätsarchivs stellen die Sache etwas anders dar.[33] Danach wird er mehrfach sowohl von der Universität als auch vom Kurfürsten abgewiesen, da bereits drei vollbezahlte Professoren für Mathematik und Eloquenz vorhanden seien. MERCKLEIN kommt dann un- term 30. Oktober 1726 bei der Universität darum ein, "auf i. churf. künfti- gen nahmenstag eine oration in aula halten zu dürffen, wollte nach gehalte- ner oration die gantze universtät bey baucken und trompeten tractiren." Darauf wurde ihm eröffnet: "l. seye er kein immatriculirter civis academi- cus und alßo alß ein frembdter zu consieriren; 2. müße von seithen der Universität ein programm gemacht und angesclagen werdten; 3. daß es ge- bräuchlich, eine oration derselben zuvor ad censuram zu geben." MERCKLEIN erklärt sich zu allem bereit, läßt sich immatrikulieren und reicht das Konzept der Rede ein. Diese findet jedoch nicht den Beifall der Universität, unter anderem wegen der Verwendung der deutschen statt der lateinischen Sprache. Aber die angegebenen Gründe scheinen vorgescho-

---

[32] Katholiken und Reformierte gegen den Lutheraner
[33] Gustav Toepke: *Die Matrikel der Universität Heidelberg*. Band IV, Heidelberg: 1884-1916, Seiten 56-57, Anmerkung 4

ben. Man will den Lutheraner nicht, darin sind sich Reformierte und Katholiken einig.

Kurz darauf verfaßt MERCKLEIN seine erste auffindbare wissenschaftliche Veröffentlichung, die in den *Miscellanea Physico-Medico-Mathematica,* oder Angenehme, curieuse und nützliche Nachrichten, Erstes und Zweytes Quartal An. 1727 unter dem Titel: "Tentaminibus und würcklichen Proben, wie die bisher erfunden Optische Instrumenta durch parabolische und hyperbolische Gläser ungemein können verbessert werden"[34] erscheint, allerdings erst 1731 gedruckt. Diese auch in den *Acta Eruditorum Lipsiae*[35] im Oktober 1731 angekündigte, in deutscher Sprache verfaßte Arbeit sollte vielleicht ursprünglich dem Kurfürsten von der Pfalz zum Namenstag gewidmet werden. Die Veröffentlichung durch die Leopoldina bedeutet möglicherweise eine Antwort an die Universität Heidelberg und den Kurfürsten.

MERCKLEIN folgt dann um 1728 dem Ruf des markgräflich-ansbachischen Geheimen Ratspräsidenten CHRISTOPH FRIEDRICH REICHSFREIHERR VON SECKENDORFF-ABERDAR (1679-1759), der im Auftrag der regierenden Markgräfin CHRISTIANE CHARLOTTE (* Kirchheim unter Teck 20. August 1694, † Ansbach 25. Dezember 1729) die Errichtung einer Landesuniversität in Ansbach vorsah, wofür am 16. Juni 1726 ein kaiserliches Privileg erteilt worden ist. MERCKLEIN verdient seinen Lebensunterhalt in der Wartezeit durch Privatvorlesungen über Physik und Mathematik für Adelssöhne in Konkurrenz mit dem fürstlichen Gymnasium. Der frühe Tod der Markgräfin dürfte schuld daran sein, "daß aus diesem beschlossenen Rath [der Universitätsgründung] nichts worden," wie der Hoch-Fürstlich Brandenburgische Prediger JOHANN LUDWIG HOCKER in seiner Lebensbeschreibung konstatiert. Damit wird die Lage MERCKLEINS in Ansbach auf die Dauer unhaltbar. Am 19. April 1731 verbietet ihm das Konsistorium den Privatunterricht, ausgenommen für die Kinder von zwei Ministern und Räten, über die das Konsistorium wohl keine Gewalt hat. Diese hohen Herren setzen wahrscheinlich auch die Aufhebung des Verbotes durch und im Gegensatz zum Konsistorium erlaubt der Geheime Rath am 27. Oktober 1731 die Unterrichtung von 25 Schülern, worüber MERCKLEIN jedoch jedes halbe Jahr berichten muß. Beide Bescheide sind vom wilden Markgrafen CARL WILHELM FRIEDRICH (1712-1757) persönlich gezeichnet.

---

[34] Seiten 182-187
[35] Seite 484

Pfarrdienst

Durch die FREIHERRN VON CRAILSHEIM, die sich ihm verpflichtet fühlen,
kommt MERCKLEIN 1732 in den Pfarrdienst, mit dem er bis zu seinem Tod
seinen Lebensunterhalt bestreitet. Zunächst erhält er Crailsheimische Pa-
tronatspfarrstellen in Rügland[36] (29.6.1732) und Fröhstockheim[37] (1735-
1740).

Die Anstellung in Rügland ermöglicht es ihm, einen eigenen Hausstand zu
gründen. Er heiratet am 20. Januar 1733 in Dornhausen[38] AGNES HELENE
AMMON, Tochter des dortigen Pfarrers Magister JOHANNES NICOLAUS
AMMON (* Schwabach 16. April 1681, † Domhausen 1. Oktober 1763, 2.
Stiftskaplan in Ansbach ab 1707, Waisenhausprediger in Ansbach 1711,
Pfarrer in Dornhausen von 1712 bis 1763) und der MARIA ELISABETHA
HOFFMANN aus Leipzig. Der Ehe entstammen drei überlebende Kinder,
mindestens ein Sohn und eine Tochter. Der Sohn JOHANN ALBERT (* Mainstockheim[39] 1. April 1748, † Altenmuhr[40] 8. Dezember 1816) wird ebenfalls Pfarrer (Ordination 1777 in Rügland, Ernennung zum Pfarrer in Altenmuhr und Neuenmuhr am 2. Mai 1777) und heiratet am 12. November
1777 in Altenmuhr EVA MARGARETE PFISTER, eine Pfarrerstochter aus Sin-
bronn[41].

Nicht allzuweit von Fröhstockheim liegt der Ort Mainstockheim, ein Para-
debeispiel für den Fleckerlteppich des Heiligen Römischen Reiches Deutscher Nation. In die Oberherrschaft über den Ort teilen sich mehrere Herr-
schaften, die wichtigsten sind der evangelische Markgraf von Ansbach und
der katholische Fürstbischof von Würzburg. Die Gemeinde ist evangelisch;
sie hatte sich unter Berufung auf den Nürnberger Reichsdeputationshaupt-
schluß von 1650 mit großen Mühen das Recht der Wahl des Pfarrers er-
kämpft.[42] Seit 1690 amtiert dort JOHANN FRIEDRICH HESS (* 1663, † Mainstockheim 1742, begraben am 29. Juni). Zum 50. Jahrestag seiner Ordinati-

---

[36] 91622 Rügland, Landkreis Ansbach
[37] 97348 Rödelsee - Fröhstockheim, Landkreis Kitzingen
[38] 91471 Theilenhofen - Dornhausen
[39] 97320 Mainstockheim, Landkreis Kitzingen
[40] 91735 Muhr am See - Altenmuhr/Neuenmuhr, Landkreis Weißenburg-Gunzenhausen
[41] heute eingemeindet nach 91550 Dinkelsbühl
[42] Otto Selzer: Mainstockheim, in: Fränkische Heimat, Heimatbeilage zum Fränkischen
und Schweinfurter Volksblatt, 62, Nummer 19, Seiten 73-76, Würzburg 29.9.1932

on im Jahr 1738 wird festgestellt, daß "er von Gott mit solchen Kräften ge-segnet worden, daß er sein priesterliches Amt noch selbst erbaulich ver-walten, und manche Wochen 3 bis 4 Predigen durch Gottes Gnade ablegen, auch beym Licht den klärsten Druck lesen konnte".[43] Aber allmählich be-ginnt die Gemeinde doch über einen Nachfolger nachzudenken und beruft den "Hoch-Freyherlichen Crailsheimischen Pfarrer zu Fröhstockheim" ALBERT DANIEL MERCKLEIN als Pfarrer adjunctus; er wird am 10. April 1740 in dieses Amt eingesetzt. Für seine Wahl ist ausschlaggebend, daß er ein "wegen seiner Mathematischen Wissenschaft in die Kayserliche Leo-pold-Carolinische Academie Nat. Curios. aufgenommenes Mitglied"[44] ist. Er erweist sich als unbeugsamer Lutheraner, der in dem Kondominium nachdrücklich die Interessen des Markgrafen gegen den Fürstbischof ver-tritt, obwohl letzterer ihm - ebenfalls im Jahr 1740 - ein finanziell durchaus interessantes Privileg erteilt hat, von dem später noch die Rede sein wird. Nach dem Tod seines Vorgängers im Sommer 1742 dauert es deswegen bis 1744, bis MERCKLEIN zum wirklichen Pfarrer ernannt wird, und schon nach zwei weiteren Jahren setzt der katholische Fürstbischof die Amtsenthebung des evangelischen Pfarrers durch. MERCKLEIN sitzt nun drei Jahre arbeits-los in Mainstockheim, wird von den Beamten des Fürstbischofs bedroht und richtet an den Markgrafen mehrere verzweifelte Gesuche um Verset-zung in eine andere Pfarrei oder um "Restitution" in Mainstockheim[45]. Erst am 24. September 1748 wird er mit der Verwesung der Pfarrei in Sickers-hausen am Main[46] beauftragt[47]. Der dortige Pfarrer war überraschend am 22. September 1748 verstorben, vierzehn Tage vor der für den 6. Oktober geplanten Weihe des Neubaus der Kirche. Die Sickershäuser Johanneskir-che, deren älteste Teile aus der Zeit um 1300 stammten, war um etwa das Doppelte vergrößert worden (Baubeginn 1747). Die Ausstattung der Mark-grafenkirche mit einem Kanzelaltar im Rokokostil fällt in MERCKLEINS

---

[43] Johann Matthias Groß: *Des Historischen Lexici Evangelischer Jubelpriester Dritter und letzter Theil*, Schwabach: Johann Jacob Enderes 1746, Seite 139

[44] ebenda

[45] Der Band spec. 565 des Bestandes "Markgräfliches Konsistorium Ansbach" im Lan-deskirchlichen Archiv in Nürnberg enthält etwa 100 Seiten Aktenmaterial zu diesem Vorgang.

[46] heute eingemeindet nach 97318 Kitzingen

[47] MKA spec. 814 (Bestand "Markgräfliches Konsistorium Ansbach" im Landeskirchli-chen Archiv in Nürnberg). Matthias Simon in *Ansbachisches Pfarrerbuch*, Nürnberg: Selbstverlag des Vereins für bayerische Kirchengeschichte 1957, Seite 319f datiert den Amtsbeginn einen Tag früher auf den 22.06.1749.

Amtszeit (um 1750)[48] [49]. MERCKLEIN predigt bereits zur Kirchweihe am
Erntedankfest 1748, sein offizieller Amtsbeginn ist aber erst am 23. Juni
1749[47]. Die Aufregungen der vergangenen Jahre haben jedoch seine Ge-
sundheit zerrüttet und durch Krankheit werden die letzten finanziellen Re-
serven verbraucht. Und so stirbt ALBERT DANIEL MERCKLEIN bereits am 9.
September 1752, morgens zwischen 1 und 2 Uhr, in Sickershausen unter
Hinterlassung von drei unmündigen Kindern und vieler Schulden. In einem
Bittschreiben an den Markgrafen weist seine Witwe darauf hin, "was vor
harte Drangsale mein nun seliger Mann auf seiner vorherigen Pfarre zu
Mainstockheim von Seiten Würzburg erduldet", und bittet, daß ihrem
"Bruder, dem Kandidaten AMMON VON DORNHAUSEN, das Vicariat der
Pfarre Sickershausen, zu meiner Erleichterung eben so gnädigst übertragen
werden möchte[50]. Diese Bitte wird aber nicht erfüllt, JOHANN KARL
GOTTLOB AMMON (* Dornhausen 27. April 1728, † Sausenhofen[51] 12.
März 1812) ist wohl noch zu jung, er wird erst am 22. März 1754 in Ans-
bach zum Pfarrer ordiniert.

Wissenschaftliche Tätigkeit

MERCKLEINS Hauptwerk sind die fünf Bände der Mathematischen Anfangsgründe, in denen er seine Erfahrungen zusammenfaßt, die er beim
Unterrichten der adeligen Knaben in Neckarbischofsheim und Ansbach
gemacht hat. Die ersten drei Bände decken den Stoff ab, der heute etwa in
den unteren und mittleren Klassen eines Gymnasiums unterrichtet wird; es
handelt sich um eine klare und didaktisch gut überlegte Darstellung. Seinem Schülerkreis und seiner Zeit entsprechend behandeln die abschließen-
den Bände architektonische Probleme, auch in der mathematischen Form:
Definition - Satz - Beweis. Ein besonderes Anliegen in allen Bänden ist
MERCKLEIN die Aufzeigung der Verwendbarkeit des Proportionalzirkels,

---

[48] Georg Dehio: *Handbuch der Deutschen Kunstdenkmäler, Bayern I: Franken*, Darmstadt: Wissenschaftliche Buchgesellschaft 1979, Seite 775
[49] Karl-Uwe Rasp: Sickershausens Markgrafenkirche von 1747/48, in: Festschrift: 250
Jahre Johanneskirche Sickershausen, herausgegeben von der Evang.-Luth. Kirchen-
gemeinde Sickershausen, Kitzingen: Selbstverlage bei Kummor 1997
[50] Handschriftlicher Brief der Witwe an den Markgrafen von Brandenburg-Ansbach
vom 11. September 1752, aufbewahrt im Landeskirchlichen Archiv in Nürnberg, Bestand MKA spec. 814
[51] 91723 Dittenheim - Sausenhofen, Landkreis Weißenburg - Gunzenhausen

des "universellen Analogrecheninstrumentes der Vergangenheit[52]. Er bietet seinen Lesern an, gegen 6 Rheinische Gulden, "alle Proben haltende Proportional-Circul zu verfertigen".[53] Sein wissenschaftliches Ansehen, das zur Aufnahme in die Leopoldina führt, gewinnt MERCKLEIN jedoch wahrscheinlich in dem Kreis um den Nürnberger Arzt CHRISTOPH JACOB TREW (* Lauf[54] 16. April 1695, † Nürnberg 18. Juli 1769). TREW, der auch als einer der bedeutendsten Botaniker des 18. Jahrhunderts gilt, wird zeitweise Leibarzt des wilden Markgrafen und 1746 Präsident der Leopoldina. Sein Großvater (?)[55] ABDIAS TREW (* Ansbach 29. Juli 1597, † Altdorf 12. April 1669) war von 1625 bis 1636 Rektor des Ansbacher Gymnasiums; er siedelte nach Altdorf über, "da er seinen Gehalt nicht regelmäßig bekam, dessen er als Vater von 21 Kindern doch dringend benötigte".[56] Für alle, die sich mit Altdorf und seiner Geschichte beschäftigen, lebt der Name TREW fort in den Signaturen der Universitätsbibliothek Erlangen, die die aus Altdorf übernommenen Bestände tragen. Einige Briefe MERCKLEINS an TREW sind in der Universitätsbibliothek Erlangen erhalten[57].

Trotz seiner Stellensorgen betätigt sich MERCKLEIN in dieser Periode weiter wissenschaftlich. Er verfaßt sein fünfbändiges Hauptwerk *Mathematische Anfangsgründe* und mehrere Arbeiten zur praktischen Optik, die sich vor allem mit der Herstellung geeigneten Glases für Linsen befassen. Hierfür bleibt die Anerkennung nicht aus: Am 4. April 1735 wird er mit der Matrikel-Nummer 446 und dem akademischen Beinamen EUCLIDES II. in die Leopoldinische Akademie aufgenommen. Er wird von ANDREAS ELIAS BÜCHNER (* Erfurt 9. April 1701, † Halle 29. Juli 1769) vorgeschlagen "ob insignem suam Eruditionem, in Physicis praecipue et Mathematicis" (wegen ausgezeichneter Bildung, hauptsächlich in der Physik, aber auch in der

---

[52] Ivo Schneider, *Der Proportionalzirkel*, Deutsches Museum, Abhandlungen und Berichte, 38. Jahrgang, Heft 2, München - Düsseldorf: R. Oldenbourg Verlag und VDI-Verlag 1970

[53] Wie groß der Absatz war konnte bisher nicht festgestellt werden.

[54] 91207 Lauf an der Pegnitz, Kreis Nürnberger Land

[55] Diese nahe verwandtschaftliche Beziehung zwischen Abdias und Christoph Jacob Trew behauptet Friedrich Vogtherr in seiner *Geschichte der Stadt Ansbach*, Ansbach: C. Brügel & Sohn 1927. Sie ist zwar biologisch gerade noch möglich, aber eher unwahrscheinlich und sollte nachgeprüft werden.

[56] Friedrich Vogtherr: ebenda

[57] Elenore Schmidt-Herrling: Die Briefsammlung des Nürnberger Arztes Chr. J. Trew, *Katalog der Handschriften der Universitätsbibliothek Erlangen*, Neubearbeitung, Band 5, Erlangen: 1940, Seite 399

Mathematik). BÜCHNER ist seit 1726 Mitglied der Akademie, zu dieser Zeit
Director Ephemeridum (Redakteur der von der Akademie herausgegebenen
Zeitschrift *Miscellanea Physico-Medico-Mathematica,* früher Miscellanea
sive Decuriae Ephemeridum Medico-Physicarum), in dieser Funktion Stell-
vertreter des Präsidenten, und nach dem Tode seines Vorgängers ab Oktober 1735 selbst Präsident. Er verlegt 1745 den Sitz der Akademie von Erfurt erstmalig nach Halle, weil er wegen der Aufnahme einer aus ihrem
Kloster geflohenen Nonne Erfurt verlassen muß. Der Sitz der Akademie
war früher an den Wohnort des Präsidenten gebunden, befindet sich aber
seit 1878 ständig in Halle.

Unter den bereits erwähnten Briefen MERCKLEINS an TREW findet sich
auch ein Brief vom 23. November 1733 an DR. JOHANN CHRISTOPH
GÖTZ(E), Medikus zu Nürnberg (* Nürnberg 8. März 1688, † Nürnberg 22.
November 1733). GÖTZ, der 1711 in Altdorf zum Doktor der Medizin promoviert wird und seit 1713 Mitglied des Collegio Medico zu Nürnberg und
seit 1726 Mitglied der Leopoldina ist, ist der Gründungsherausgeber der
Zeitschrift *Commercium Litterarium ad rei medicae et scientiae naturalis
incrementum,* in deren Jahrgang 1734 dieser Brief abgedruckt wird. "Es
war dies die erste in Deutschland erschienene Zeitschrift, welche außer Re-
zensionen größerer Werke und Dissertationen auch größere und kleinere
Originalabhandlungen enthielt"[58]. Der Brief MERCKLEINS enthält ein Verfahren zur Herstellung von Glas für Mikroskope und Teleskope, die zu wissenschaftlichen Zwecken verwendet werden. Um Fragen der praktischen
Optik geht es MERCKLEIN auch in den sonstigen in Zeitschriften veröffentlichten Arbeiten. Er setzt sich mit den Brechungsgesetzen auseinander, die
für die Konstruktion optischer Instrumente wesentlich sind. Er erkennt, daß
die von den damaligen Optikern verwendete, auf CHRISTIAN HUYGENS zurückgehende Faustformel 2:3 nur ungenügende Resultate liefert und setzt
eine sehr differenzierte Berechnung von Brechungsindizes dagegen.

Als Kuriosität ist noch zu erwähnen, daß er 1740 im Hinblick auf den "ohn-
fehlbar unsern Nachkömmlingen in weniger Zeit ... drohende(n) gäntzli-
che(n) Mangel des Holzes" einen Ofen konstruiert, der bei gleicher Wär-
meleistung nur halb so viel Holz brauchen sollte wie die bis dahin üblichen
Öfen. Für diese Konstruktion erhält er vom Bischof von Würzburg ein Privileg auf 19 Jahre, "so daß ihm oder seinen Erben für jeden also gesetzten

---

[58] E. Wunschmann: Trew, in: *Allgemeine Deutsche Biographie,* Band 38, S. 593-595

Ofen 1 Reichsthaler Recognition bezahlt werden sollte".[59] Dieses Privileg konnte leider im Original bisher nicht aufgefunden werden, jedoch hat die Sache einen ganz ernsten Hintergrund. In zeitgenössischen Dokumenten, die im Staatsarchiv Würzburg aufbewahrt werden, ist allenthalben von Holzmangel im Hochstift Würzburg die Rede, auch werden Klagen über die hohen Holzpreise geführt und mehrfach Anordnungen im Interesse einer Brennholzeinsparung erlassen.

Fast die gesamte überlieferte wissenschaftliche und sozusagen technische Tätigkeit MERCKLEINS fällt in die Zeit, in der er als Crailsheimischer Patronatspfarrer tätig war. Von der Berufung nach Mainstockheim an scheint er sich nur noch seinem Pfarramt und dessen politischen Implikationen gewidmet zu haben. Reichtümer haben seine Erfindungen und Konstruktionen ihm nicht eingebracht; er starb unter Hinterlassung großer Schulden.

Bei der Spurensuche nach MERCKLEIN haben wir vielfältige Hilfe erfahren. Unser besonderer Dank gebührt Stadtarchivar MICHAEL SCHLOSSER, Bad Windsheim, DR. WIELAND BERG, Archiv der Leopoldina, Dipl.-Math. INGE KEIL, Augsburg, DR. FRIEDERIKE BOOCKMANN, München, DR. KONRAD GOEHL, Heidenheim, Stadtarchivar DR. L. SCHNURRER, Rothenburg ob der Tauber, Archivrat DR. FRHR. VON BRANDENSTEIN, Nürnberg, Archivoberinspektorin ANNEMARIE MÜLLER, Nürnberg, Pfarrer JOHANNES JURKAT und dem Ev. -Luth. Pfarramt der Johanneskirche Sickershausen, Pfarrer GEORG KUHR †.

Veröffentlichungen von Albert Daniel Mercklein

Hauptwerk: Mathematische Anfangsgründe (5 Bände):

- Die Arithmetic, Mathematische Anfangsgründe, Erster Theil, 320 Seiten, 3 Tafeln, 13 Figuren, Frankfurt und Leipzig: Carl Friedrich Jungnicol (Erfurt) 1732 (gewidmet dem Markgrafen Carl Wilhelm Friedrich von Brandenburg-Ansbach, dem "Wilden Markgrafen").

- Die Geometrie, Mathematische Anfangsgründe, Zweyter Theil, 494 Seiten, 26 Tafeln: Frankfurt und Leipzig: Carl Friedrich Jungnicol (Erfurt) 1733.

---

[59] Karl Heinrich Ritter von Lang: *Geschichte des vorletzten Markgrafen von Brandenburg-Ansbach*, (Göttingen: [1]1798) Ansbach: Carl Brügel 1848, [Seite 41]

- Die Trigonometria Plana, Mathematische Anfangsgründe, Dritter Theil, 374 Seiten, 11 Tafeln, Frankfurt und Leipzig: Carl Friedrich Jungnicol (Erfurt) 1734 (gewidmet seinem Patronatsherren, Hannibal Friederich Freyherren von Creylsheim).

- Die Architectura Militaris, oder Kriegs-Bau-Kunst, Mathematische Anfangsgründe, Vierter Theil, 546 Seiten, 23 Tafeln, Frankfurt und Leipzig: Carl Friedrich Jungnicol (Erfurt) 1735 (gewidmet dem hoch-fürstl. Brandenburg-Onoltzbachischen vördersten geheimen Staatsminister, Christoph Friederich Freyherrn von Seckendorff).

- Die Architectura Civilis, oder Die Civil-Baukunst, Mathematische Anfangsgründe, Fünfter Theil, 486 Seiten, 14 Tafeln, Frankfurt und Leipzig: Carl Friedrich Jungnicols hinterlassene Witwe (Erfurt) 1737 (gewidmet dem Präsidenten der Leopoldina, Andreas Elias Büchner).

Zeitschriftenbeiträge und ähnliches:

- Tentaminibus und würcklichen Proben, wie die bisher erfunden Optische Instrumenta durch parabolische und hyperbolische Gläser ungemein können verbessert werden, in: Miscellanea Physico-Medico-Mathematica, oder Angenehme, curieuse und nützliche Nachrichten, Erstes und Zweytes Quartal An. 1727, 182-187. Hinweis darauf in: Acta Eruditorum, Mensis Octobris A. MDCCXXXI, Seite 485.

- Brief an J. C. Götz († 22. November 1733) vom 23.11.1733, *Commercium Litterarium ad Rei Medicae et Scientiae Naturalis incrementum* 4/1734, 9-11.

- De emendanda massa vitrea, pro acquirendis lentibus perfectioribus in opticis ad huc desideratis, *Acta physico-medica Academiae Caesareae Leopoldino-Carolinae Naturae Curiosorum* (Nürnberg) 4/1737, 507-521.

- De refractionis ratione in unoquoque frusto vitreo facillime invenienda, *Acta physico-medica Academiae Caesareae Leopoldino-Carolinae Naturae Curiosorum* (Nürnberg) 6/1742, 117-128.

- *Kurzer Entwurff zu einer höchst nöthigen und nutzlichen Holtz-Menage.* Wirtzburg (= Würzburg): Nicolaus Rausch 1740.

Anschriften der Autoren der wissenschaftlichen Beiträge

Dr. Antonella Balestra; Via Trevano 37; CH-6900 Lugano; Schweiz

Prof. Dr. Peter Baptist; Mathematisches Institut der Universität Bayreuth; Lehrstuhl für Math. und ihre Didaktik; Postfach 101251; 95440 Bayreuth

Prof. Dr. Stefan Deschauer; Fakultät für Mathematik und Naturwissenschaften; Technische Universität Dresden; Lehrstuhl für Didaktik der Mathematik; Zellescher Weg 12-14; 01062 Dresden

Prof. Dr. Rudolf Fritsch und Gerda Fritsch; Mathematisches Institut der Universität München; Theresienstraße 39; 80333 München

Prof. em. Dr. Walther L Fischer; Erziehungswissenschaftliche Fakultät der Universität Erlangen-Nürnberg; Lehrstuhl für Didaktik der Mathematik; Regensburger Straße 160; 90478 Nürnberg

Prof. Dr. Günther Görz; Universität Erlangen-Nürnberg; IMMD VIII - Künstliche Intelligenz; Am Wechselgarten 9; 91058 Erlangen

Dr. Hartmut Hecht; Europa-Universität Viadrina, Lehrstuhl für Philosophie; Postfach 776; 15207 Frankfurt/Oder

Dr.phil. Heinz-Jürgen Heß; Leibniz-Archiv;Waterloostr.8; 30169 Hannover

Prof. em. Dr. Harro Heuser; Mathematisches Institut I der Universität Karlsruhe; Englerstraße 2; 76128 Karlsruhe

OStR Günter Löffladt; Cauchy-Forum-Nürnberg e. V. - Interdisziplinäres Forum für Math. und ihre Grenzgebiete; Wielandstr. 13, 90419 Nürnberg

Dipl.-Math. LAss. Caroline Merkel; Schnieglinger Str. 59; 90419 Nürnberg

Priv.-Doz. Dr. Dr. habil. Volker Peckhaus; Institut für Philosophie der Universität Erlangen-Nürnberg; Bismarckstraße 1; 91054 Erlangen

Prof. Knut Radbruch; Universität Kaiserslautern; Fachbereich Mathematik; Erwin-Schrödinger-Straße; 67663 Kaiserslautern

StD a. D. Hans Recknagel; 90518 Altdorf

Prof. Dr. Christian Thiel; Institut für Philosophie der Universität Erlangen-Nürnberg; Bismarckstraße 1; 91054 Erlangen

Priv.-Doz. Dr. Dr. habil. Rüdiger Thiele; Karl-Sudhoff-Institut für Geschichte der Naturwiss., Univ. Leipzig; Augustusplatz 10; 04109 Leipzig

Alphabetisches Autorenverzeichnis

Namenverzeichnis

Die im vorliegenden Band weit über hundert Verweise auf Leibniz wurden nicht in das Namenverzeichnis aufgenommen.

MATHEMATIKGESCHICHTE UND UNTERRICHT I
Michael Toepell (Hrsg.)
Mathematik im Wandel
Anregungen zu einem fächerübergreifenden Mathematikunterricht,
Band 1
442 Seiten, br., 19,5 x 12,7 cm, ISBN 3-88120-302-8, 22,80 Euro

MATHEMATIKGESCHICHTE UND UNTERRICHT III
Michael Toepell (Hrsg.)
Mathematik im Wandel
Anregungen zu einem fächerübergreifenden Mathematikunterricht,
Band 2
480 Seiten, br., 19,5 x 12,7 cm, ISBN 3-88120-342-7, 22,80 Euro

Die alarmierenden Ergebnisse der TIMSS-Studien und die dadurch belebte Diskussion um eine Erneuerung der Aufgaben und Schwerpunkte des Mathematikunterrichts ließen neben den bisher dominierenden Aspekten der Mathematik, als nützliche und brauchbare Wissenschaft und als formale Strukturwissenschaft, einen weiteren Aspekt in den Vordergrund treten.
Die Bedeutung von Mathematik als einer historisch gewachsenen und kulturell eingebetteten Wissenschaft findet als ein gleichwertig zu fordernder Aspekt für einen zeitgemäßen Mathematikunterricht immer breitere Anerkennung.
Die Bände dieser Buchreihe Mathematikgeschichte und Unterricht sollen dem Rechnung tragen und an verschiedensten Beiträgen zeigen, daß dieser Aspekt Wesentliches zur Belebung, Bereicherung und zum Verständnis dieses Faches an Schulen und Hochschulen beitragen kann. Die Buchreihe unterstreicht damit zugleich die wichtige bildungspolitische Bedeutung de Mathematikgeschichte.
Die Beiträge richten sich an interessierte Mathematiker, Lehrer, Didaktiker und Historiker. Sie berichten über eigenen mathematikhistorische Forschungsergebnisse, über diesbezügliche Erfahrungen zum fachübergreifenden Unterricht, über biographische Untersuchungen oder auch über lokalgeschichtliche Themen.
Sie bieten dem Mathematiklehrer wie auch dem Lehrer anderer Fächer eine Reihe von Anregungen und bereichernden Ergänzungen seines Unterrichts.

Verlag Franzbecker
Postfach 100 420 - 31104 Hildesheim
Tel. 05121/877955 - Fax. 05121/877954
Internet: www.franzbecker.de - Mail: verlag@franzbecker.de